U0386427

中国石油气藏型储气库丛书

储气库地面工程

汤　林　刘科慧　班兴安　等编著

石油工业出版社

内 容 提 要

本书详细介绍了中国石油气藏型储气库地面工程设计与建设相关技术成果,并对未来气藏型储气库地面工程技术的发展趋势作出了展望。主要内容包括气藏型储气库地面工程总体设计、地面注采工艺技术、注采集输管道设计技术、安全放空技术、自控技术、标准和模块化设计以及信息化、数字化、智能化建设等。

本书可供从事储气库地面工程设计与建设的科研人员、技术人员以及管理人员使用,也可供高等院校相关专业的师生参考阅读。

图书在版编目(CIP)数据

储气库地面工程 / 汤林等编著. —
北京:石油工业出版社,2020.8
(中国石油气藏型储气库丛书)
ISBN 978 – 7 – 5183 – 2604 – 4

Ⅰ.① 储… Ⅱ.① 汤… Ⅲ.① 地下储
气库 – 地面工程 Ⅳ.① TE972

中国版本图书馆 CIP 数据核字(2020)124156 号

出版发行:石油工业出版社
　　　　(北京安定门外安华里 2 区 1 号楼　 100011)
　　　　网　　址:www.petropub.com
　　　　编辑部:(010)64523687　 图书营销中心:(010)64523633
经　　销:全国新华书店
印　　刷:北京中石油彩色印刷有限责任公司

2020 年 8 月第 1 版　 2020 年 8 月第 1 次印刷
787 × 1092 毫米　 开本:1/16　 印张:14.5
字数:320 千字
定价:120.00 元
(如出现印装质量问题,我社图书营销中心负责调换)

版权所有,翻印必究

《中国石油气藏型储气库丛书》
编 委 会

主　　任：赵政璋

副 主 任：吴　奇　马新华　何江川　汤　林

成　　员：(按姓氏笔画排序)

丁国生	王　平	王建军	王春燕	王皆明
毛川勤	毛蕴才	文　明	东静波	卢时林
申瑞臣	冉蜀勇	付建华	付锁堂	刘存林
刘国良	刘科慧	李　彬	李丽锋	吴安东
何　刚	何光怀	张刚雄	陈显学	武　刚
罗长斌	罗金恒	郑得文	赵平起	赵爱国
班兴安	袁光杰	董　范	谭中国	熊建嘉
熊腊生	霍　进	魏国齐		

《储气库地面工程》

编 委 会

主　　任：汤　林

副 主 任：班兴安　刘科慧　王春燕

成　　员：（按姓氏笔画排序）

丁建宇　卫　晓　云　庆　王东军　王兰花

王念榕　文韵豪　巴玺立　刘　欣　刘　烨

齐德珍　李　庆　李　朋　李　彦　陈　博

陈雪松　张　哲　张　博　张东波　范　欣

苗新康　金　硕　郑　欣　胡玉涛　胡连峰

崔新村　熊新强

《储气库地面工程》

编写与审稿人员名单

章	编写人员	审稿人员
第一章	汤 林	李海平 孟宪杰 王瑞泉 张效羽
第二章	班兴安　王春燕　刘科慧　熊新强	
第三章	刘科慧　王春燕　巴玺立　卫 晓　王东军　齐德珍　李 彦	
第四章	王春燕　刘科慧　陈雪松　刘 烨　陈 博　金 硕　李 朋	
第五章	王春燕　张 哲　王念榕　张 博　王兰花　张卫兵　郑 欣	
第六章	刘科慧　张东波　范 欣	
第七章	汤 林　班兴安　云 庆　李 庆　齐德珍　胡玉涛　崔新村　胡连峰	
第八章	班兴安　王春燕　王东军　苗新康　丁建宇	
第九章	汤 林　班兴安	
统稿	汤 林　班兴安	

丛书序

进入21世纪，中国天然气产业发展迅猛，建成四大通道，天然气骨干管道总长已达7.6万千米，天然气需求急剧增长，全国天然气消费量从2000年的245亿立方米快速上升到2019年的3067亿立方米。其中，2019年天然气进口比例高达43%。冬季用气量是夏季的4~10倍，而储气调峰能力不足，严重影响了百姓生活。欧美经验表明，保障天然气安全平稳供给最经济最有效的手段——建设地下储气库。

地下储气库是将天然气重新注入地下空间而形成的一种人工气田或气藏，一般建设在靠近下游天然气用户城市的附近，在保障天然气管网高效安全运行、平衡季节用气峰谷差、应对长输管道突发事故、保障国家能源安全等方面发挥着不可替代的作用，已成为天然气"产、供、储、销"整体产业链中不可或缺的重要组成部分。2019年，全世界共有地下储气库689座（北美67%、欧洲21%、独联体7%），工作气量约4165亿立方米（北美39%、欧洲26%、独联体28%），占天然气消费总量的10.3%左右。其中：中国储气库共有27座，总库容520亿立方米，调峰工作气量已达130亿立方米，占全国天然气消费总量的4.2%。随着中国天然气业务快速稳步发展，预计2030年天然气消费量将达到6000亿立方米，天然气进口量3300亿立方米，对外依存度将超过55%，天然气调峰需求将超过700亿立方米，中国储气库业务将迎来大规模建设黄金期。

为解决天然气供需日益紧张的矛盾，2010年以来，中国石油陆续启动新疆呼图壁、西南相国寺、辽河双6、华北苏桥、大港板南、长庆陕224等6座气藏型储气库（群）建设工作，但中国建库地质条件十分复杂，构造目标破碎、储层埋藏深、物性差，压力系数低，给储气库密封性与钻完井工程带来了严峻挑战；关键设备与核心装备依靠进口，建设成本与工期进度受制于人；地下、井筒和地面一体化条件苛刻，风险管控要求高。在这种情况下，中国石油立足自主创新，形成了从选址评价、工程建设到安全运行成套技术与装备,建成 100 亿立方米调峰保供能力,在提高天然气管网运行效率、平衡季节用气峰谷差、应对长输管道突发事故等方面发挥了重要作用,开创了我国储气库建设工业化之路。因此,及时总结储气库建设与运行的经验与教训,充分吸收国外储气库百年建设成果,站在新形势下储气库大规模建设的起点上,编写一套适合中国复杂地质条件下气藏型储气库建设与运行系列丛书,指导储气库快速安全有效发展,意义十分重大。

《中国石油气藏型储气库丛书》是一套按照地质气藏评价、钻完井工程、地面装备与建设和风险管控等四大关键技术体系,结合呼图壁、相国寺等六座储气库建设实践经验与成果,编撰完成的系列技术专著。该套丛书共包括《气藏型储气库总论》《储气库地质与气藏工程》《储气库钻采工程》《储气库地面工程》《储气库风险管控》《呼图壁储气库建设与运行管理实践》《相国寺储气库建设与运行管理实践》《双 6 储气库建设与运行管理实践》《苏桥储气库群建设与运行管理实践》《板南储气库群建设与运行管理实践》《陕 224 储气库建设与运行管理实践》等 11个分册。编著者均为长期从事储气库基础理论研究与设计、现场生产建设和运营管理决策的专家、学者,代表了中国储气库研究与建设的最高水平。

本套丛书全面系统地总结、提炼了气藏型储气库研究、建设与运行的系列关键技术与经验,是一套值得在该领域从事相关研究、设计、建设与管理的人员参考的重要专著,必将对中国新形势下储气库大规模建设与运行起到积极的指导作用。我对这套丛书的出版发行表示热烈祝贺,并向在丛书编写与出版发行过程中付出辛勤汗水的广大研究人员与工作人员致以崇高敬意!

中国工程院院士 胡文瑞

2019 年 12 月

前　　言

天然气作为清洁能源,其需求近年来强劲增长,2019 年我国天然气表观消费量达 $3067 \times 10^8 m^3$,预计 2025 年我国天然气表观消费量将达到 $4500 \times 10^8 m^3$,2030 年将达到 $5500 \times 10^8 m^3$,天然气占一次能源比例将达到 15% 以上。安全平稳供气已经成为国计民生的重中之重,而我国存在气源远离市场、管输能力受限、储气设施不足等问题,调峰保供面临严峻挑战。国内外实践表明,地下储气库是管网高效运行、平衡季节用气、应对管道事故、保障能源安全的战略性基础设施,建设地下储气库是最经济有效的应对手段。预估在 2025 年我国储气需求将达到 $450 \times 10^8 m^3$,而截至 2019 年底,我国储气库调峰能力为 $102 \times 10^8 m^3$,远低于储气需求量,加快储气库建设势在必行。

储气库地面工程是连接长输管道与地下储层的纽带,其建设受产气区、储气区及用户的多重影响,建造、运行工况复杂。与常规气田开发地面工程相比,储气库地面工程具有"大进大出、注采循环、气量波动大、压力高、使用寿命长、投资高"等特点,针对上述特点和要求,在关键技术研发、关键设备研发并借鉴国外先进技术的基础上,优化总体布局、优化工艺技术、优化平面布置、优化设备选择、优化安全设计、优化建设样式,确保地面工程绿色安全、节能高效,是储气库地面工程建设运行的关键。目前,我国已建设的储气库主要以气藏型储气库为主,中国石油积极开展地面技术科研攻关,经过近 20 余年的探索与积累,目前已经形成了一套适用于我国气藏型储气库特点的地面工艺技术,其中多项技术已达到国际先进水平。

为了提高储气库地面工程建设与运行水平,促进未来储气库地面工程技术的发展,编著了《储气库地面工程》,本书为《中国石油气藏型储气库丛书》分册之一。全书重点介绍了气藏型储气库地面工程建设与运行技术,内容涵盖气藏型储气库地面工程的总体设计、地面注采工艺技术、注采集输管道设计技术、安全放空技术、自控技术、标准化设计以及数字化智能化建设等内容,并对未来储气库技术的发展作出了展望。

本书在编写过程中得到了龙庆晏、曹广仁、李海平、孟宪杰、王瑞泉、张效羽等专家的悉心指导,在此谨向他们表示衷心感谢。

鉴于编者水平有限,书中难免有不完善之处,诚望广大读者批评指正。

目　　录

第一章　概　述

伴随我国天然气工业的快速发展,国内天然气管网建设已初具规模,形成了以陕京线(一线、二线、三线)、西气东输(一线、二线、三线)、中缅线、中俄东线等为干线遍及全国的天然气管道网络。为保障下游用户的稳定供气,长输管道必须配套建设储气调峰设施,以解决日益增大的调峰需求。天然气的主要调峰方式包括地下储气库调峰、储气罐调峰、LNG接收站调峰、气田调峰、长输管道调峰等,其中地下储气库是最经济、最有效的调峰保供手段,目前已成为最主要的储备方式。本章主要介绍了地下储气库的类型,国内地下储气库的建设现状,分析总结了气藏型地下储气库地面工程的建设特点。

第一节　地下储气库简介

一、地下储气库的类型

地下储气库按照地质条件分为油气藏型储气库、盐穴型储气库、含水层型储气库及废气矿坑型储气库,其中油气藏型储气库建库比例最高,该类型储气库分为枯竭油气藏型储气库及未枯竭油气藏型储气库,目前国内已建的储气库以枯竭油气藏型储气库为主。

地下储气库按照储气库作用分为调峰型储气库和战略储备型储气库,其中调峰型地下储气库居主导地位。调峰型地下储气库分为季节调峰型地下储气库和事故调峰型地下储气库。季节调峰,是指地下储气库为缓解因各类用户对天然气需求量随季节变化带来的不均衡性而进行的调峰:用气低谷期,将输气管道的富余天然气注入地下储气库储存;用气高峰期,将地下储存的天然气采出,用于调峰供气。事故调峰,是指当气源或上游输气系统发生故障或因系统检修使输气中断、无供气能力时,将地下储气库中储存的天然气应急采出,保证安全、可靠地供给各天然气用户。

二、地下储气库的功能

地下储气库以其储气压力高、容量大、成本低等特点,成为季节调峰及保障天然气供气安全的主要方式和手段。储气库主要具有以下功能:一是调节供气的不均匀性,缓解季节性和昼夜耗气量的不均衡性,减轻因用气量波动给经济和居民生活带来的不利影响,这对我国北方采暖地区尤为重要;二是提高供气的可靠性、连续性、安全性,当气源或上游输气系统发生故障或因系统检修使输气中断时,可用储气库中的天然气保证安全、可靠供气,这对于天然气供应很大程度上依靠进口的国家尤为重要,在必要地区为国家和石化公司建立和提供原料和燃料的战略储备;三是有助于生产系统和输气管网运行的优化,地下储气库可使天然气生产系统的操作和输气管网的运行不受天然气消费高峰和消费淡季的影响,有助于实现均衡性生产和作业,有助于充分利用输气设施的能力,提高管网输气效率,降低输气成本;四是,平衡气田生产,与气田联动,在配套管道进行管道调峰的同时还进行销售调峰,以调节气区总体供气能力为目的,按市场需求进行注入和采出生产运行,在平衡气田生产、市场季节调峰中发挥很好的作用。

三、地下储气库工程构成

地下储气库的建设是一个系统工程,涉及地质、钻采及地面工程。

(一)地质与气藏工程

地下储气库地质工程从筛选库址、气库综合研究到方案设计、优化,是一个逐步深化的过程,其主要环节及各阶段主要工作内容如图1-1-1所示。由于地下储气库必须具备气体"注得进、存得住、采得出"以及短期高产、高低压往复变化、长期使用的功能,因此,相对于气藏开发,在研究重点、研究方法和设计技术方面又有独特之处。地下储气库的地质研究需利用圈闭性有效性评价技术、储层评价技术、原始库容量评价技术、库容量指标设计技术进行地质评价,针对气藏的构造断裂特征、物性参数等特点,对建库方案进行综合分析与研究,以确定最优地质建库方案。

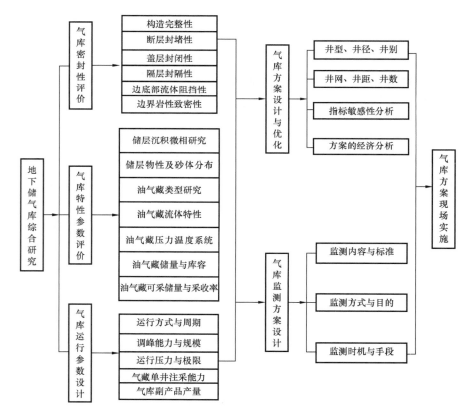

图1-1-1　地下储气库地质工程结构图

（二）钻采工程

地下储气库的钻采工程主要包括钻井工程、注采工程、老井处理工程三部分。钻采工程利用低压、超低压油气藏改造地下储气库一体化保护储层技术、注采井安全控制设计、井筒到地面技术的产能分析及注采井温度压力预测技术、钻井工程联作工艺及多功能注采一体化完井技术、腐蚀控制技术、老井封堵技术对地下储气库钻采工艺进行综合研究,确定地下储气库总体建库方案。

钻采工程设计内容及设计步骤分解如图 1-1-2 所示。

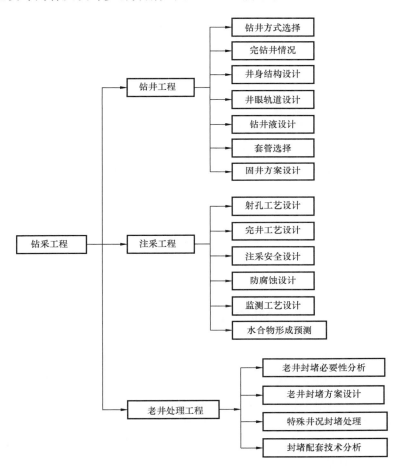

图 1-1-2 地下储气库钻采工程结构图

（三）地面工程

地质条件及钻采工艺可行是地下储气库建库的基础。地面系统是连接长输管道与地下储层的纽带,其建设受产气区、储气区及用户的多重影响,建造、运行工况复杂,具有开停井频繁、运行参数变化范围宽、注气压缩机选型要求高等特点。典型的油气藏型储气库一般包括井场、集注站、井场至集注站间的集输管道、集注站至长输管道分输站双向输气管道。用气淡季将富裕天然气通过双向输气管道输送至集注站,在站内增压后通过集输管道输送至各井场后注入地下储存,用气高峰期将储存的天然气采出,经集输管道输送至集注站进行净化处理后,通过双向输气管道输送至长输管道分输站汇入输气干线。

根据地下储气库库容、输气管网输气能力、用户用气量的不同,一条长输管线可配套多座地下储气库建设,一座地下储气库也可配套多条长输管线建设。

地下储气库的注气与采气是一个闭合系统,注采系统关系框图如图1-1-3所示。

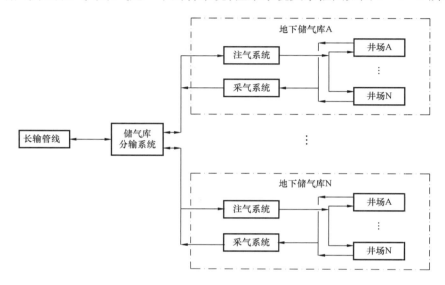

图1-1-3 地下储气库地面工程结构图

第二节 国内地下储气库建设现状

国外地下储气库的建设历经百年历史,1915年加拿大安大略省建成全球第一座气藏型储气库。据国际天然气联盟(IGU)数据显示,2017年全球正在运营的地下储气库约689座,有效储气量 $4165 \times 10^8 m^3$,占天然气消费总量的11.8%左右。

我国地下储气库发展起步较晚,初次尝试利用废弃气藏建设储气库是在20世纪60年代末,我国在大庆油田曾建造过两座枯竭气藏类型的储气库,分别是1969年建成的萨尔图1号地下储气库和1975年建成的喇嘛甸地下储气库。萨尔图1号地下储气库的总库容为 $3800 \times 10^4 m^3$。在运行10多年后,萨尔图1号地下储气库因与市区扩大后的安全距离问题而被拆除。喇嘛甸地下储气库经两次扩建,总库容达到 $25 \times 10^8 m^3$。在其安全运行的30年间,累计总采气量为 $10 \times 10^8 m^3$。这两座储气库均是以平衡油田生产为目的,是我国储气库建设的有益尝试。直到20世纪90年代初,随着陕京输气管道的建设,国内才真正投入地下储气库建设技术的研究。经过20年的建设,历经起步探索期、发展期两个阶段,取得了丰硕的成果,目前处于快速发展初期。地下储气库建设历程如图1-2-1所示。

截至2019年,我国建成了气藏型和盐穴型地下储气库25座,设计总工作气量189×

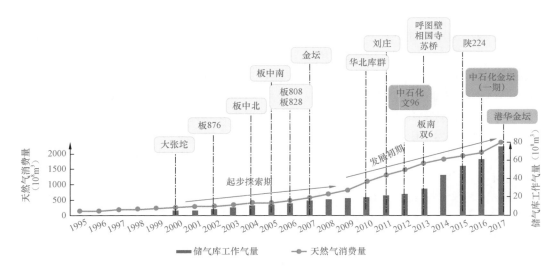

图 1 - 2 - 1 我国天然气调峰保供重要事件及地下储气库建设历程图

$10^8 m^3$,高峰日采气量超过 $1 \times 10^8 m^3$。目前国内储气库运营商有中国石油、中国石化和港华燃气,其中中国石油已建成 23 座(油气藏型 22 座,盐穴型 1 座),现已全部投运,中国石化建成油气藏型和盐穴型储气库各 1 座,港华燃气建成盐穴型储气库 1 座。目前,国内已投运的储气库在环渤海、长三角、西南、中西部、西北、东北和中南地区均有分布,其中 24 座分布在长江以北地区[1],以下按照运营商分别介绍。

(1)中国石油。

2000 年冬季,随着陕京管道的建设,我国第一座城市调峰地下储气库——大张坨地下储气库在天津大港油田建成投产,工作气量 $6 \times 10^8 m^3$,最大日调峰量 $1000 \times 10^4 m^3$。自 2001 年以来,大港油田板 876 储气库、板中北储气库、板中南储气库、板 808 储气库、板 828 储气库陆续建成投产,与大张坨储气库共同构成了天津大港地下储气库群,构成了陕京储配气系统的重要组成部分。大港油田储气库群总库容 $69.57 \times 10^8 m^3$,工作气量 $30.58 \times 10^8 m^3$,最大日调峰量 $3400 \times 10^4 m^3$,成功实现了京津冀地区安全平稳调峰供气,同时能够确保在陕京管道发生事故时为北京安全供气。

2007 年,江苏省金坛储气库部分投产运行,开创了我国盐穴地下储气库的先河。该库设计总库容 $26.38 \times 10^8 m^3$,有效工作气量 $17.14 \times 10^8 m^3$。截至 2017 年底,已形成有效工作气量 $6 \times 10^8 m^3$。目前,金坛储气库处于建设与运行并行阶段,整个建造工程将会持续到 2030 年左右。

2011 年 11 月,与西气东输冀宁联络线配套建设的刘庄储气库竣工投产,其设计总库容为 $4.45 \times 10^8 m^3$,有效工作气量 $2.45 \times 10^8 m^3$。2012 年 7 月底,湖北云应储气库项目开工,其设计工作气量 $6 \times 10^8 m^3$。

2010 年投运的华北油田京 58 地下储气库群是陕京二线的配套系统工程,包括京 58、永 22 和京 51 地下储气库。其中最大的京 58 储气库总库容 $11.5 \times 10^8 m^3$,工作气量 $3.9 \times 10^8 m^3$;永 22 储气库总库容 $6 \times 10^8 m^3$,工作气量 $3 \times 10^8 m^3$;京 51 储气库总库容 $1.2 \times 10^8 m^3$,工作气量

$0.6 \times 10^8 m^3$。

2013 年投产的苏桥储气库群,包括苏 4、苏 49、顾辛庄、苏 1、苏 20 共 5 座储气库,设计总库容 $67.38 \times 10^8 m^3$,工作气量 $23.32 \times 10^8 m^3$,是在华北油田继京 58 储气库群之后,建设的第二个储气库群。京 58、苏桥两个储气库群主要功能是为陕京二、三线输气管道的正常运行提供保障,同时能较好地解决京津冀地区工业及民用天然气的季节调峰和事故应急供气等问题。苏桥储气库群储气层埋深最深达 5500m,是目前世界上储层埋深最大、注气压力最高的储气库,其注气压力高达 42MPa。

2013 年投运的相国寺储气库是我国西南地区首座天然气储气库,位于重庆市北碚区,属西南油气田,是我国西南地区油气战略通道中卫至贵阳联络线的配套储气库。设计总库容 $42.6 \times 10^8 m^3$,工作气量 $22.8 \times 10^8 m^3$。设计最大日注气量 $1380 \times 10^4 m^3$,季节调峰最大日采气量 $1393 \times 10^4 m^3$,应急调峰最大日采气量 $2855 \times 10^4 m^3$。

2013 年投运的新疆油田呼图壁储气库是我国目前最大的储气库。该储气库设计总库容 $107 \times 10^8 m^3$,设计工作气量 $45.1 \times 10^8 m^3$,注气规模 $1550 \times 10^4 m^3/d$,采气规模 $2800 \times 10^4 m^3/d$。肩负着北疆天然气调峰和国家天然气战略储备的双重任务,对保障西气东输稳定供气、缓解新疆北部冬季用气紧张具有重要作用。

2014 年投运的辽河油田双 6 储气库是我国东北地区最大的储气库。该储气库设计总库容 $36 \times 10^8 m^3$,设计工作气量 $16 \times 10^8 m^3$,主要负责东北地区天然气季节性调峰,同时肩负着国家战略储备的任务。

2014 年投运的大港油田板南储气库,设计总库容 $7.82 \times 10^8 m^3$,工作气量 $4.27 \times 10^8 m^3$,最大日调峰量 $400 \times 10^4 m^3$,该储气库与大港油田已建的 6 座储气库形成更大的储气库群,共同保证京津冀的安全平稳供气。

2014 年投运的长庆油田陕 224 储气库是靖边地区的首座储气库,长庆油田地处我国天然气管网的枢纽地位,西气东输、陕京管网在此交汇,建设储气库具有重要的战略意义。该储气库设计总库容 $10.4 \times 10^8 m^3$,设计工作气量 $5 \times 10^8 m^3$。

(2)中国石化。

2012 年 9 月,位于河南省濮阳市中原油田的文 96 储气库正式投产运行,该储气库为榆(榆林)—济(济南)输气干线的配套工程,其总库容为 $5.88 \times 10^8 m^3$,工作气量为 $2.95 \times 10^8 m^3$,最大日调峰量 $500 \times 10^4 m^3$。

2012 年开始建设中石化金坛盐穴储气库属川气东送的配套工程,计划钻井 40 口,分为三期建设。2016 年 6 月 27 日一期工程建成投产,总库容 $4.59 \times 10^8 m^3$,工作气量 $2.81 \times 10^8 m^3$。

文 23 储气库是我国中东部最大的储气库,设计库容 $104.31 \times 10^8 m^3$,一期设计库容 $84.3 \times 10^8 m^3$,有效工作气量 $32.67 \times 10^8 m^3$,最大日注气能力 $1800 \times 10^4 m^3$,最大日采气能力 $3600 \times 10^4 m^3$。2016 年 4 月 28 日开工建设,2019 年一期工程投产注气。

(3)港华燃气。

2018 年投运的港华金坛盐穴储气库是继中国石油、中国石化建设的储气库之后,国内第一个由城市燃气企业建设的地下储气库,由香港中华煤气联合南京港华、宜兴港华、常州港华、金坛港华、张家港港华共同投资兴建。总库容 $4.6 \times 10^8 m^3$,工作气量 $2.6 \times 10^8 m^3$。

国内已建成的储气库统计见表 1 - 2 - 1。

表 1-2-1 国内已建成的储气库概况表

储气库		地质条件类型	功能类型	库容 ($10^8 m^3$)	工作气量 ($10^8 m^3$)	注气能力 ($10^4 m^3$)	采气能力 ($10^4 m^3$)	配套管道	建成投产日期
中国石油	大港库群	油气藏型	调峰型	69.57	30.58	1305	3400	陕京线	1999—2006 年
	京 58 库群	油气藏型	调峰型	18.7	7.5	342	628	陕京线	2010 年
	金坛	盐穴型	调峰型	26.38	17.14	900	1500	西气东输管道	2007 年
	刘庄	油气藏型	调峰型	4.45	2.45	111	204	西气东输管道	2011 年
	双 6	油气藏型	调峰型	36	16	1200	1500	秦沈线	2014 年
	苏桥	油气藏型	调峰型	67.38	23.32	1300	2100	陕京线	2013 年
	板南	油气藏型	调峰型	7.82	4.27	300	400	陕京线	2014 年
	呼图壁	油气藏型	调峰型兼作战略储备	107	45.1	1550	2800	西二线	2013 年
	相国寺	油气藏型	调峰型兼作战略储备	42.6	22.8	1400	2855	中卫—贵阳联络线	2013 年
	陕 224	油气藏型	调峰型	10.4	5	227	417	陕京线	2014 年
中国石化	文 96	油气藏型	调峰型	5.88	2.95	200	500	榆林—济南管道	2012 年
	金坛一期	盐穴型	调峰型	4.59	2.81	450	1500	川气东送	2016 年
	文 23 一期	油气藏型	调峰型	84.3	32.67	1800	3600	—	2019 年
港华燃气	金坛	盐穴型	调峰型	4.6	2.6	400	600	—	2018 年

结合国内油气资源、盐矿资源分布特点,对适合建设储气库的油气藏、含水层和盐穴进行筛选评价,预计未来可在全国形成东北、华北、西南、西北、中西部和长三角等六大天然气储气中心,储气库工作气量将占年天然气总销售气量的 10% 左右。

第三节 气藏型地下储气库地面工程组成与特点

一、地面工程的组成与功能

地下储气库地面工程由注气系统、采气系统,供配电、通信、给排水及消防、热工与暖通、道路、土建等公用及辅助配套系统组成。

在注气期,输气管道来的天然气经双向输送管道输至集注站,经注气增压装置增压后再经注气管道输至注采井场,计量后注入地层;在采气期,采出的井流物在调压计量后经采气干线输至集注站,经采气处理装置处理合格后经双向输送管道输至长输管道分输站或用户,集注站生产的凝析油外输或稳定后装车外运,生产污水输至附近油气田已建设施处理或就地处理后回注地层。储气库的注采井包括单一采气井、单一注气井及注采合一的注采井,注、采井一般属于钻采设计范围。

（一）注气系统

注气系统由长输管道分输站、双向输气管道、集注站注气系统、注气管道、注采井等组成。

（二）采气系统

采气系统由注采井、采气集气管道、集注站采气处理系统、双向输气管道、长输管道分输站等部分组成。

（三）公用辅助配套系统

地下储气库地面工程公用系统分为站外和站内公用系统。站外公用系统包括供电、供水、消防、通信、道路等，站内公用系统包括供配电、给排水、消防、通信、总图道路、自控、热工、暖通、建筑结构、分析化验、维抢修等。地下储气库地面工程辅助系统包括放空与火炬、空气氮气、燃料气、导热油供热、循环冷却水系统等。

根据生产管理需要设倒班公寓和储气库调度指挥中心（生产生活综合公寓）。

二、地面工程建设特点

与常规气田开发地面工程相比，储气库具有"大进大出、注采循环、气量波动大、压力高、使用寿命长、投资高"等特点。以工作气量为 $10 \times 10^8 m^3$ 的储气库和产气能力 $10 \times 10^8 m^3/a$ 的常规气田为例，对比见表1-3-1。

表1-3-1 气田与储气库特点对比表[2]

内容	产能 $10 \times 10^8 m^3/a$ 气田	工作气量 $10 \times 10^8 m^3$ 储气库
采气规模（$10^4 m^3/d$）	300	1000
运行方式（d）	采气360	采气120，注气200（华北地区）
波动范围（%）	80~120（缓慢下降）	40~150（每日不同）
站场设计压力（MPa）	处理厂10~12	集注站10~30，有的40以上
地面工程投资（亿元）	7	10
设计寿命（a）	15~20	30~50（国外）

相对于常规气田地面建设工程，储气库地面建设具有如下特点：

（1）多一套注气系统：储气库需要一套注气系统，能够连续可靠安全运行。

（2）储气库采气规模大：由于储气库每年采气周期为120天左右，所以一般情况下同等规模储气库采气能力是气田的3~5倍。

（3）储气库注气规模大：由于储气库每年注气周期为200天左右，所以注气规模大，是常规凝析气田循环注气的10倍以上。

（4）注采气量波动大：储气库高日采气量和低日采气量的比值可达20~30倍，最高日采气量和平均日采气量的比值也高达2倍以上，日注气量和低日注气量的比值可达3~10倍，最高日注气量和平均日采气量的比值也大于1.5。

以大张坨储气库实际运行数据分析储气库运行时的气量波动，如图1-3-1所示。从图中可以看出，大张坨储气库2012—2013年注气、采气波动范围很大，最高日注气量为483×

$10^4 \mathrm{m}^3$, 最低日注气量为 $140 \times 10^4 \mathrm{m}^3$, 平均日注气量为 $300 \times 10^4 \mathrm{m}^3$, 最高日注气量/最低日注气量的比值为3.45, 是平均日注气量的 $47\% \sim 161\%$; 最高日采气量为 $740 \times 10^4 \mathrm{m}^3$, 最低日采气量为 $24 \times 10^4 \mathrm{m}^3$, 平均日采气量为 $500 \times 10^4 \mathrm{m}^3$, 最高日采气量/最低日采气量的比值为31, 是平均日采气量的 $5\% \sim 148\%$。

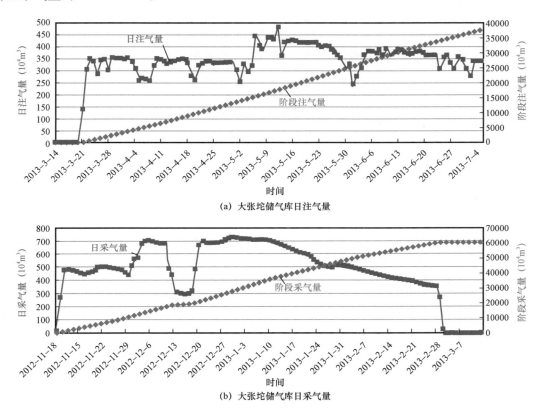

(a) 大张坨储气库日注气量

(b) 大张坨储气库日采气量

图1-3-1 大张坨储气库日注采气量曲线(2012—2013年)

(5)注采双向:由于储气库每年完成一个或多个注采循环,部分管道和设备为注采合一、注采双向的。

(6)运行压力高:注采系统运行压力均高,储气库注气压力一般高于20MPa,有的甚至超过42MPa,属于超高压系统;储气库采气时井口节流后的压力一般高于10MPa,有的达到15MPa以上。

(7)注采压力波动大:气田开发一般要经过10~15年或者更长时间,从地层压力下降到废弃压力,而储气库每年都要经历一次"下限压力—上限压力—下限压力"的注采循环,注气期压力逐渐升高,采气期压力逐渐下降,压差达到10~20MPa或更高,所以储气库的运行压力时时在变化。

(8)使用寿命长:气田地面工程的设计使用寿命一般在15年左右,期间还会根据生产实际情况进行适应性改造。储气库的使用寿命要求较高,国外一般能够达到50年或以上,对地面工程设施的安全性能和可靠性要求更高。

（9）灵活性要求高：由于储气库的注采气量根据天然气用户需求情况每日不同，且波动很大，因此地面设施要具备一定的灵活性，处理能力和操作弹性要足够大，能够满足不同工况下的生产需要。储气库是天然气行业产、供、储、销产业链的一个重要一环，和气田生产、长输管道运行、用户消费情况息息相关，因此储气库的生产调度管理应比气田生产具有更高的自控水平和调度管理水平。

（10）投资高：由于储气库地面工程规模大、压力高、弹性大、灵活性强、自控水平高，投资占比较高。一般情况下地面工程投资占整个储气库工程投资的 50% 以上，亿立方米工作气量地面工程投资 0.7~1.5 亿元。

基于以上特点，储气库地面工程主要建设难点如下：

（1）具有"反复注采"的特点，设备、管线抗疲劳要求高。

（2）运行参数变化范围大，气量、压力变化范围大，变化频次多。

（3）气量变化范围大，计量难度大，对流量计的适应能力要求较高。

（4）操作压力和流量不断变化，天然气的瞬时流量上/下限比值大。

（5）地下储气库的调峰气量通过开停采气来实现，为适应调峰气量的不断变化，地下储气库需频繁开停井。

（6）安全性要求高：地下储气库除满足调峰功能，还需满足输气管道事故状态下的安全供气，对地面设施的运行安全性要求较高。地下储气库注采气压力、气量变化范围大，设备、管线长期疲劳运行，安全性要求高。

通过借鉴吸收国外储气库建库技术，结合国内油气田地面工程设计相关经验，开展地面技术科研攻关，经过近 20 余年设计、建设及运行方面的不断探索与经验积累，目前已经形成了适用于我国气藏型储气库特点的地面工艺技术，满足储气库大进大出、注采循环、气量波动大、运行压力高、启停频繁等注采气需求。

参 考 文 献

［1］魏欢，田静，李建中，等．中国天然气地下储气库现状及发展趋势［J］．国际石油经济，2015（6）：57.

［2］王春燕．储气库地面工程建设技术发展与建议［J］．石油规划设计，2017，28（3）：5.

第二章　设计规模及总体布局

设计规模和总体布局是储气库地面工程前期研究的关键内容,事关储气库建设的成败,需从节省投资、降低运行成本、方便运行管理等方面综合分析,确定最优方案。储气库的规模与集输处理工艺、注气工艺的选择、管道设置、关键设备选型等密切相关,本章将介绍目前国内储气库的设计规模确定方式、总体布局的原则及布局方式。

第一节　上下游协同设计

储气库的建设是一个系统工程,需要地下、地上互相结合,统一进行综合优化,才能得到最优的储气库建设方案。经过论证确定的储气库库址、储气库定位、主要设计参数和方案设计要点,均将作为地面工程设计的基础数据。地面工程技术人员需要认真分析研究这些基础资料,并参与方案论证优化工作。设计基础数据主要包括储气库方案设计要点、运行参数与运行周期、产品气的要求等方面。

储气库定位直接影响建库方案的设计,比如呼图壁储气库采用了分几年逐步建立战略储备的方式。先注入垫底气,再注入北疆区域季节调峰用工作气,夏注冬采,进行季节调峰,同时在注气期多注气作为战略储备。因此注入系统能力大于正常季节调峰所需的注气能力,采气系统能力按照两种工况设计,一是季节调峰采气,二是战略应急供气。为了节省工程投资,战略应急供气时采气处理采用简易方式。

如果储气库具备月、日调峰功能,储气库采气系统应具有更大的灵活性,需要同时满足大规模采气和少量采气的工况,且采用启停灵活的工艺技术和功能完善的控制系统。因此,需要分析储气库周边管网、城市供气、大型用户供气等的具体情况,明确储气库的作用,合理确定储气库功能定位。

第二节　设 计 规 模

一、储气库规模分类

我国储气库的建设规模相差较大,为了方便储气库的研究、工程建设与生产运行管理,有必要对储气库进行分类。在 GB 50183《石油天然气工程防火设计规范》修订过程中,针对天然气站场按照规模分类进行了研究,具体规模分类见表 2 - 2 - 1。

表 2 – 2 – 1 　天然气站场按照规模划分等级表

等级	天然气处理厂规模 Q_1 （$10^4\mathrm{m}^3/\mathrm{d}$）	天然气脱水站、脱硫站规模 Q_2 （$10^4\mathrm{m}^3/\mathrm{d}$）	天然气压气站、注气站规模 Q_3 （$10^4\mathrm{m}^3/\mathrm{d}$）	天然气集气站、输气站规模 Q_4 （$10^4\mathrm{m}^3/\mathrm{d}$）
一级	$Q_1 > 3000$	—	—	—
二级	$500 < Q_1 \leqslant 3000$	$Q_2 > 1000$	—	—
三级	$100 < Q_1 \leqslant 500$	$500 < Q_2 \leqslant 1000$	—	—
四级	$50 < Q_1 \leqslant 100$	$200 < Q_2 \leqslant 500$	$Q_3 > 200$	—
五级	$Q_1 \leqslant 50$	$Q_2 \leqslant 200$	$Q_3 \leqslant 200$	任何规模

结合我国已建和在建储气库特点，将储气库按照规模分为小型、中型、大型、超大型四类，划分指标如下：

小型储气库，工作气量 $\leqslant 5 \times 10^8 \mathrm{m}^3$，其采出气处理规模约为 $500 \times 10^4 \mathrm{m}^3/\mathrm{d}$，其集注站采出气处理规模与三级处理厂、四级脱水站相当。

中型储气库，$5 \times 10^8 \mathrm{m}^3 <$ 工作气量 $\leqslant 10 \times 10^8 \mathrm{m}^3$，其采出气处理规模大致低于 $1000 \times 10^4 \mathrm{m}^3/\mathrm{d}$，其集注站采出气处理规模介于二级、三级处理厂之间，与三级脱水站规模相当。

大型储气库，工作气量 $10 \times 10^8 \mathrm{m}^3 <$ 工作气量 $\leqslant 30 \times 10^8 \mathrm{m}^3$，其采出气处理规模介于 $(1000 \sim 3000) \times 10^4 \mathrm{m}^3/\mathrm{d}$，其集注站采出气处理规模与二级处理厂、二级脱水站相当。

超大型储气库，工作气量 $> 30 \times 10^8 \mathrm{m}^3$，其采出气处理规模一般大于 $3000 \times 10^4 \mathrm{m}^3/\mathrm{d}$，其集注站采出气处理规模与一级处理厂相当。

二、注采装置规模确定

（一）储气库注采规模设计流程

国内已建调峰型储气库的注采规模一般根据储气库的有效工作气量，在均采均注基础上，考虑 $1.1 \sim 1.2$ 倍的系数确定。该规定非硬性指标，根据大港已建储气库的运行经验，调峰系数会达到 1.6 以上，因此，储气库的注采规模宜在充分发挥储气库库容能力基础上，将储气库纳入管道系统进行系统分析综合确定，达到地上地下一体化协同设计，实现地下储气库的科学建设。

储气库规模确定之前需由主管部门或建设单位明确储气库的供气服务范围和功能定位。在储气库实际建设及运行中，季节调峰型、应急调峰型、战略储备型无法截然分开，以承担季节、应急调峰功能为主的储气库也可同时承担着战略储备的作用；以承担战略储备功能为主的储气库在下游储气库调峰功能不能满足需求的情况下，将承担该库周边用户调峰用气的作用。

对于调峰型储气库，需预测出市场天然气需求量、天然气需求结构以及用户的不均匀性，再计算出市场需要的调峰量，最后根据储气库气藏特性分析拟选储气库是否满足市场需求，进而明确储气库的注采规模。

一套完整的地下储气库注采规模设计流程如图 2 – 2 – 1 所示[1]。

(二)注采规模的设计方法

1. 季节调峰量的确定

在开始储气库注采规模设计前,应首先明确储气库的供气服务范围和功能定位。长输管道配套建设的地下储气库一般不参与小时调峰和日调峰,小时调峰和日调峰主要由高压管道末端储气、高压储罐储气以及 LNG 调峰等城市调峰设施解决。

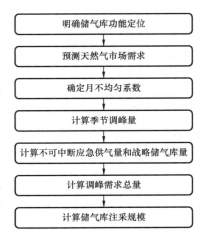

图 2 - 2 - 1 储气库注采规模
设计流程框图

1)天然气市场需求预测

根据储气库功能定位明确天然气市场需求预测的分析范围。根据消费系数法思路,采用基于市场调研之上的项目分析法对天然气市场需求量进行预测,该方法比较适合于中国当前的天然气市场发展阶段。消费系数是指某种产品在各个行业(或部门、地区、人口、群体等)的单位消费量。消费系数法预测市场需求的具体程序为:(1)分析产品的所有消费部门或行业(包括现有的和潜在的市场),如果产品涉及的消费部门过多,需要筛选出主要的消费部门;(2)分析确定产品在各部门或行业的消费系数;(3)确定各部门或行业的规划产量,预测各部门或行业的消费需求量;(4)汇总各部门的消费需求量。

因此,天然气市场需求预测的思路为:(1)分析天然气主要应用于哪些行业,包括现有的和潜在的市场;(2)分析天然气在城市燃气、工业燃料、发电和天然气化工 4 大行业中的消费系数;(3)结合各油气田公司的生产、销售规划,预测各行业的天然气消费需求量;(4)汇总各个行业的天然气需求量,得出目标市场的天然气总需求量。

2)月不均匀系数

用气不均匀性一般可分为 3 类:月不均匀性(有时也称季节不均匀性)、日不均匀性和小时不均匀性。在所有的不均匀系数中,月不均匀系数是最为重要的不均匀系数参数,与地域分布、气候条件等因素具有较强的相关性。

根据 GB 50028—2006《城镇燃气设计规范》,月不均匀系数指计算月的日平均用气量和年的日平均用气量之比。应根据用户前几年逐月的用气情况进行统计,计算用户的月不均匀系数,同时在设计时充分预留,以便保障用气高峰时期的供气平稳性和安全性。某地区不同用户用气月不均匀系数设计曲线图如图 2 - 2 - 2 所示,由该图可知,该地区最大月不均匀系数为 1.5。

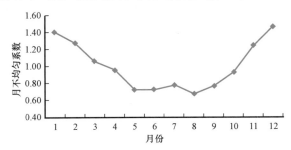

图 2 - 2 - 2 某地区不同用户用气月
不均匀系数设计曲线图

3)季节调峰量

天然气消耗的季节不均匀性主要体现为冬夏季用气不平衡,通常冬季用气量远远超过夏季用气量。根据天然气市场需求预测的逐年城市燃气量以及城市燃气的月不均匀系数可以计算出市场需求的城市燃气季节调峰气量,从而得出正常情况下长输管道逐年夏季的逐月剩余气量(即注气调峰量)及冬季逐月需要补充气量(即采气调峰量)。

2. 应急供气量

根据应急预案制订原则,一般在出现供应中断等紧急事故情况下,必须优先保证城市居民生活和公共福利设施等用气。确定不可中断应急气量的原则是:在出现供应中断等紧急事故状况下,应保障至少3天的90%城市燃气用气量和50%工业企业用气量(主要是玻璃、建材企业等不可中断用户的用气量)。

3. 战略储备量

天然气战略储备服务于国家能源安全,旨在应对进口天然气供应中潜在的政治、经济、军事风险和重大自然灾害。

为了保障供气安全,大部分国家对天然气储备有一定的要求。部分国家战略储备要求见表2-2-2。

表2-2-2　部分国家战略储备要求

国家	主要安全供气储备要求	政策解读
美国	供需双方共同承担储备责任。供应商有义务储备相当于30天消费量的天然气,还要储备足够气量以应对50年一遇的冷冬	供应商储备30天消费量天然气,并建设一定严寒应急储备
法国	供应商必须为不可中断用户和有优先权的用户提供连续足额的供应,必须能应对6个月的主气源中断,能应对50年一遇的连续3天的极度低温	允许通过减供措施应对6个月主气源中断
日本	规定民间企业承担50天需求的储备量,国家承担30天需求的储备量	国家和企业分担储备,国家承担30天储备属于战略储备
意大利	管道进口商储备10%年进口量天然气;对进口非欧盟天然气,要求储存60天50%高峰气量的战略储备	一般储备进口量的10%,对外部进口储备约30天高峰气量

我国对供需双方的战略储备量尚无明确规定,在国家发改委《关于加快储气设施建设和完善储气调峰辅助服务市场机制的意见》中,要求供气企业应当建立天然气储备,到2020年拥有不低于其年合同销售量10%的储气能力,满足所供应市场的季节(月)调峰以及发生天然气供应中断等应急状况时的用气要求;县级以上地方人民政府建立燃气应急储备制度,到2020年至少形成不低于保障本行政区域日均3天需求量的储气能力;城镇燃气企业要建立天然气储备,到2020年形成不低于其年用气量5%的储气能力。建议考虑以下几个方面:

(1)满足90%城镇燃气和50%工业用气的3天用气量;

(2)满足市场突增的用气量,如遇极寒天气等;

(3)满足管道供气中断3~7天的用气量;

(4)满足进口气中断的不可中断用户的用气量。

从国外经验来看,天然气储备建设是一个"由小到大、循序渐进"的过程,储备规模依据各国的国情、制度、财力等因素而定,没有一个绝对的标准,储备天数越高能源供应越安全。

天然气市场调峰需求总量确定后,需要对气藏储气能力进行分析,核实所选气藏储气能力是否满足天然气市场调峰需求总量的要求,对地质与气藏、钻采方案进行科学合理的设计,以满足天然气市场对储气库的正常季节调峰要求及应急供气要求。

对于兼顾调峰需求的储气库,采气装置的设计规模要考虑较小调峰气量的处理要求,可采用多套装置并联,或大规模采气装置与小规模采气装置并联的建设模式。

相国寺储气库采用消费系数法对市场需求量进行预测,分析天然气需求结构及月不均匀系数,完善季节调峰型地下储气库注采规模计算方法和步骤,为其他类型储气库注采气规模设计提供参考。中国石油第一批 6 座储气库注采气规模与库容参数的对应关系见表 2 – 2 – 3。

表 2 – 2 – 3　中国石油第一批 6 座储气库主要参数表

序号	库名	总库容($10^8 m^3$)	工作气量($10^8 m^3$)	注气能力($10^4 m^3/d$)	采气能力($10^4 m^3/d$)
1	呼图壁	107	45.1	1500	2800
2	相国寺	42.6	22.8	1400	2855
3	苏桥	67.38	23.32	1300	2100
4	双6	36	16	1200	1500
5	板南	7.82	4.27	300	400
6	陕224	10.4	5	227	417
小计		278.83	116.49	5520	6511

三、其他规模确定

(一)注采井的设计规模

注采井井口装置和单井注采管道的设计规模应不低于注采井的设计最大日注气量和设计最大日采气量。

储气库的注采井基本上都是新钻井,由于储气库的特殊性,每口注采井均进行个性化设计,因此每口注采井的注采规模不一定相同,井口装置和单井注采管道也应个性化设计,分别确定每口井的注采规模和压力。

如双 6 储气库,单井水平井注气设计规模为 $90 \times 10^4 m^3/d$,单井直井注气设计规模为 $40 \times 10^4 m^3/d$,单井水平井采气设计规模为 $120 \times 10^4 m^3/d$,单井直井采气设计规模为 $50 \times 10^4 m^3/d$。

如相国寺储气库,涵盖建库达容、正常调峰、应急供气各种工况时,单井注气规模为 $(9.5 \sim 120.78) \times 10^4 m^3/d$,单井采气规模为 $(40 \sim 130) \times 10^4 m^3/d$,其中正常季节调峰时单井最大注气规模和最大采气规模分别为 $52.5 \times 10^4 m^3/d$ 和 $63 \times 10^4 m^3/d$。

(二)注采管道的设计规模

单井注采管道的设计规模同注采井口装置的设计规模,按照该注采井最大日注采气量确定。

采用轮换计量的计量管道的设计规模按照所辖井的最大单井日产气量确定。注采支干线的设计规模一般按照所辖注采井的平均日注气量或日采气量的 1.2 倍确定。

(三)外输管道的设计规模

储气库的外输管道分为两类,一是与长输管道相连的双向输送管道,二是与地方区域管网相连的天然气外输管道,主要是采气调峰供气,个别的兼顾注气。

双向输送管道的设计规模:按照储气库最大日注采气量确定,可根据具体情况考虑一定的裕量。

地方区域管网输气管道联络线的设计规模:按照向地方区域管网输气的最大日输气量确定。

（四）油水处理装置的设计规模

油水处理装置的设计规模按照储气库最大日产油量、日产水量确定。

第三节　总体布局

一、总体布局原则

（1）满足目标市场的需求。

部署地下储气库应在满足用户需求的前提下,考虑安全、合理、经济。一般要求储气库与用户的距离在 50～150km 的范围内,最远距离不超过 200km,尽可能接近输气主干线。

（2）与管网配置合理。

储气库布局应在满足用户需求的同时,尽量与管网合理配置。特别是在多条输气管道联网的情况下,必须按管道走向和输气量规划部署储气库。

（3）符合地区天然气供配及管网建设规划。

储气库的建设是长期的,关系地面和地下的复杂系统工程,投资巨大,因此建设储气库必须慎重考量,权衡利弊,必须是在该地区天然气供配及管网建设规划的基础上进行,使建库规划具备前瞻性。

（4）注气系统、采气系统站场布局统筹合理。

在储气库注气系统增压站布站方案、采气系统净化处理站布置方案综合分析、权衡利弊的基础上进行,通过建立注气系统、采气系统的枝状管网布局优化数学模型与求解方法,为集输管网布站优化奠定基础,通过技术、经济对比优选确定布站方案,保证储气库布局合理、经济、可行。

二、总体布局优化

（一）注采井场

对于气藏型储气库,为提高注气及采气效率,优选注采井的地下射孔靶位尽量射在最佳层位上,同时采用最优井型,该类型储气库注采井的地面井位可能因地下目标靶点及井型的不同,导致地面井位相距较远,给井场的选择带来较大难度。为减少占地面积,方便管理,注采井应尽可能集中布置,优先采用丛式井。采用丛式布井技术同时,尽量提高单井注采能力,做到少井高产,在钻采部门提供的地面井位基础上,地面设计部门应结合井场布置、集输管线路径、长度等因素,与钻采部门协商,对地面井位进行再优化,地下地上统筹协调的最优井位布置,该种方式有助于实现地面注采集输系统的优化,方便运营管理,降低投资。此外考虑到未来储气库达容需求,需与地质、钻采部门提前沟通分批次打井的需求,在站址及平面布置时需考虑留有余量。

(二)注采集输管网布局

集输管网的布置应根据储气库所在区块的形状、井位分布、气体组分条件、所在区的地形地貌、产品流向等因素,按照安全可靠、技术适宜、经济合理、管理方便的原则,通过技术经济比选后确定。

参照气田集气管网的设置原则,结合储气库注采集输系统的工程实践和做法,适用于储气库集输管网的布置一般有放射式集输管网、枝状式集输管网、放射枝状组合式集输管网。

1. 放射式集输管网

设置一座集注站,各井场分别设置注、采管道用于注气、采气,采集气管网呈放射枝状布置,如图2-3-1所示。该种管网适宜在气库面积小、注采井相对集中的储气库,集注站一般设置在注采井场的中心。

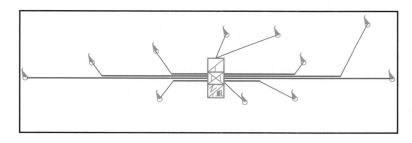

图2-3-1 放射式集输管网示意图

2. 枝状式集输管网

设置一座集注站,从最远端井场到集注站间设置集输干线,沿途各井场的集输支线以距离最短的方式与集输干线连接,如图2-3-2所示。当井场在狭长的带状区域内分布且井网距离较大时宜采用这种结构。

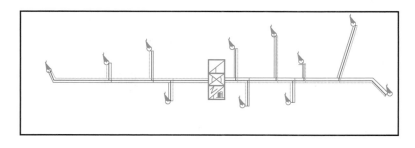

图2-3-2 枝状式集输管网示意图

3. 放射枝状组合式集输管网

设置一座集注站及多座注采阀组站,各布置分散的零散单井井场只设置采气树,注采阀组、单井计量设施、收发球设施等均布置在注采阀组站,单井与注采阀组之间的集输管道以放射状形式连接,如图 2 - 3 - 3 所示。该种方式简化了单井井口的工艺,便于零散单井注采设施的集中管理。

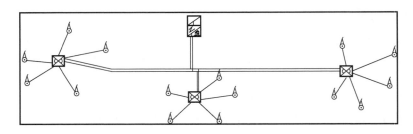

图 2 - 3 - 3 气田组合管网(放射 + 枝状)集输管网示意图

(三)集注站站址

1. 小、中型储气库集注站站址选择

集注站的位置可靠近其中一座井场,也可位于多座井场中心,具体布站方案需根据工程所在地的地面设施现状,对各布站方式的站场建设投资、集输管道投资、施工作业难度等进行综合比较,确定最优方案。

集注站与井场之间需建设集输管道,集输管道的设计压力较高,为缩短高压管道的长度、提高操作运行安全性,集注站的选址应尽量靠近井场(一般情况下,井场与集注站间管道长度不宜大于 10km),在区域条件及地质条件允许的情况下优先考虑集注站与井场毗邻合一建设。

根据集注站位置的不同主要分为以下情况:

(1)集注站毗邻井场布置:如图 2 - 3 - 4(a)所示,井场内注采阀组、单井计量设施可设置在集注站内,同时井口注醇防冻设施也可与集注站共用。

(2)集注站与井场均独立布置:如图 2 - 3 - 4(b)所示,集注站位于储气库负荷中心,集注站位置通过经济比选,站址周边情况综合对比确定。

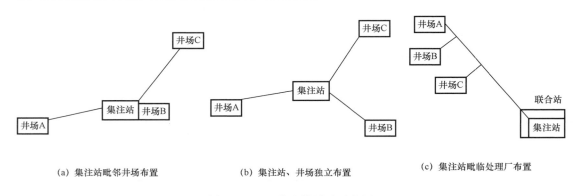

(a) 集注站毗邻井场布置   (b) 集注站、井场独立布置   (c) 集注站毗临处理厂布置

图 2 - 3 - 4 集注站站址示意图

(3)集注站毗邻凝液处理依托站场布置:如图 2 - 3 - 4(c)所示,凝析气藏型储气库采出气中含有凝析油及水,为充分利用已建凝液处理设施,集注站可毗邻处理厂布置。

2. 大型及超大型储气库集注站站址选择

对于大型及超大型储气库,储气库内部集输处理站场的选择需从注气系统、采气系统出发,然后通过统筹综合考虑。以注气增压站部署为例,注气系统增压站布站方案包括集中增压、分区集中增压和分散增压。

(1)集中增压。通常在储气库中心位置建立集中增压站投资最低。集中增压最大优势是噪声治理集中、压缩机处理规模大、方便集中管理及备用压缩机设置,缺点是高压管道长。

(2)分区集中增压。分区集中增压根据井位分布,一般可分成2~3个点设置增压站,通常方案具有唯一性,该方案相对于集中增压可降低高压管道的长度。

(3)分散增压。分散增压是指分别在每座井场建立注气增压站。该方案的优点没有高压站外管道,运行最安全;缺点为压缩机选型及配置困难,每座井场设置备用压缩机投资浪费严重,都不设置备用压缩机又可能会导致注气期运行管理困难。尤其储气库注气期规模变化幅度大,往往选择往复式压缩机,而往复式压缩机的最大缺点是运转的零配件多,操作运行维护工程量大。

对于大型及超大型储气库,一般需针对以上方案进行技术经济比选,综合确定布站方案,同样对于采气处理站也可采用同样的模式开展比选。对于库群建设的储气库,可针对不同库群集注站集中布置及分散布置进行对比研究。以苏桥储气库群为例,进行集注站集中布置和分散布置的对比优化,结合库群的井场布置,设置如下两种方案:

方案一:在苏4储气库集中建设1座苏桥集注站,在站内统一设置5座储气库的注采气设施及辅助系统。

方案二:分别建3座集注站,苏4、苏49集注站、顾辛庄集注站。

苏桥储气库群总体布局对比方案如图2-3-5、表2-3-1、表2-3-2所示。

表2-3-1 苏桥储气库群总体布局方案对比表(主要工程量)

序号	内容	方案一	方案二
1	注气装置($660 \times 10^4 m^3/d$)	1套	1套
2	注气装置($250 \times 10^4 m^3/d$)	1套	1套
3	注气装置($220 \times 10^4 m^3/d$)	1套	1套
4	采气装置($600 \times 10^4 m^3/d$)	3套	2套
5	采气装置($400 \times 10^4 m^3/d$)	——	1套
6	采气装置($350 \times 10^4 m^3/d$)	——	1套
7	乙二醇循环再生装置	2套	3套
8	导热油装置	——	3套
9	仪表风系统	1套	3套
10	放空系统	1套	3套
11	注采管线长度(km)	91.6	59.2

注:(1)苏4储气库注采井场新建5座,已建9座。

(2)苏49储气库注采井场新建3座。

(3)顾辛庄储气库注采井场新建1座,已建1座。

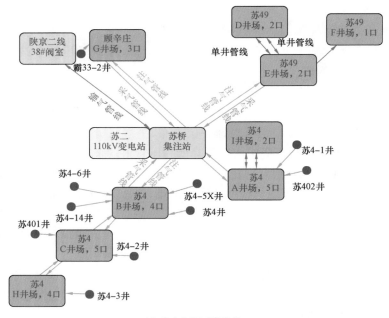

（a）集中建设1座集注站

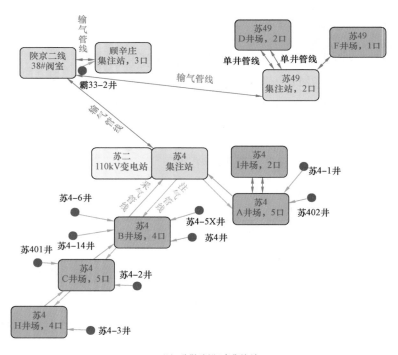

（b）分散建设3座集注站

图 2 - 3 - 5　苏桥储气库群总体布局对比方案示意图

表 2 - 3 - 2　苏桥储气库群总体布局方案优缺点对比

方案	方案一	方案三
方案简述	（1）3 座储气库在苏 4 集中建设 1 座集注站，在站内统一设置 3 座储气库的采气设施及辅助系统。 （2）3 座储气库统一在集注站设置独立的注气系统。 （3）3 座储气库共建 3 套烃水露点装置。 （4）配套系统 3 座储气库共用。 （5）低压油气水处理系统 3 座储气库共用。 （6）总定员 110 人。 （7）集注站占地 56.1 亩。 （8）集注站总占地 170 亩	（1）苏 4 集注站设置苏 4 储气库注采设施及相关辅助系统。 （2）苏 49 集注站设置苏 49 储气库注采设施及相关辅助系统。 （3）顾辛庄集注站设置顾辛庄储气库注采设施及相关辅助系统。 （4）苏 4 集注站共建 2 套采气处理装置。苏 49 集注站和顾辛庄集注站分别建 1 套采气处理装置。 （5）低压油水处理系统统一设置在苏 4 集注站，3 库共用。 （6）总定员 200 人。 （7）集注站总占地 420 亩
优点	（1）管理机构简化，管理人员数量少。 （2）操作简化。 （3）配套设施简化。 （4）减少征地	（1）高压注采管线长度减少。 （2）操作灵活。 （3）3 库完全独立，互不干扰
缺点	注采管线多、距离长、压力高、安全风险较高	（1）管理人员多。 （2）配套设施多。 （3）征地多。 （4）外输管线多
地面工程建设费	12.78 亿元	15.93 亿元
年运行费用	约 0.7 亿元	约 1.0 亿元

由表 2 - 3 - 1 和表 2 - 3 - 2 可以看出，在苏 4 集中建设 1 座集注站比分散建设 3 座集注站具有投资省、占地少、定员少、运行费用低的优点，投资节省 3.15 亿元（20%），集注站占地节省 250 亩（60%），定员减少 90 人（45%），年运行费用节约 0.3 亿元（30%）。缺点是注采管道数量多、距离长、压力高、安全风险较高。

根据以上对比及相关已建的储气库设计经验，集中建库方案一般经济性好，因此在地面条件允许的情况下集注站宜集中建设，具体应根据注采井位置、自然条件等情况，以注采集输系统为主体，统筹考虑采出液处理、给排水及消防、供配电、通信与自控、道路、生产维护及生活设施等配套工程，经技术经济对比分析确定。

三、平面布置

（一）井场

井场平面布置包括注采井井间距的确定、井场面积的确定以及井场设施的布局等部分。注采井的井间距由钻采设计部门具体根据储气库的特点、工期要求、安全施工规定等限制进行设计，在满足工期要求、保证安全施工、降低施工风险的前提下，尽量减小井间距。确定井场面积时，既要满足建库施工作业时的需要，还要考虑后期修井施工时对井场的要求。

按照功能需求，井场设施包括采气树、注采阀组、单井计量设施、注醇设施、发球设施、设备间(目前井场为无人看守,因此不考虑门卫)等,其布局应按照安全、紧凑、便于操作原则进行。

按照钻井施工及修井要求,为方便施工,同时避免修井摆放井架时需临时征地带来的不必要纠纷,注采井周围一般考虑30m半径,井场属五级站,内部设施间距按照 GB 50183—2015《石油天然气工程设计防火规范》的要求进行布置。

(二)集注站

集注站平面布置在考虑安全生产,方便操作、检修和施工前提下,做到同类设备集中布置,力求做到流程短、顺,布局合理紧凑,美观大方,符合防火、防爆及安全卫生要求(图2-3-6)。针对储气库调峰注、采气的特殊运行工况,集注站平面布置除遵循相关标准规范外,还应考虑以下原则。

(1)根据调峰需求,储气库注气装置与采气装置不同时运行,因此注气装置与采气装置应独立建设,做到互不影响。

(2)根据不同系统功能,集注站平面布置一般分为综合办公及辅助生产区、注气装置区、采气装置区、变电区等。

(3)综合办公及辅助生产区应布置在站场的边缘地带,并位于工程所在地最小频率风向的下风侧。为避免辅助生产设施对工作人员造成影响,综合办公用房与辅助生产厂房宜分开设置。由于空气压缩机振动及噪声较大,空压机房的布置宜远离有人员操作的房间。

(4)采气装置工艺流程复杂、工艺设备多,布置以占地面积小,工艺流程简、短、顺,平面布置简洁大方为主要原则。

(5)注气装置的重要设备是注气压缩机组,目前注气压缩机一般选用大排量电驱往复式机组,机组噪声较大。从目前国内外制造技术水平来看,注气压缩机的噪声一般在 100 ~ 125dB(A),附带的空冷器噪声一般在 90 ~ 100dB(A)。为隔音降噪,注气压缩机宜采用厂房方式布置,若厂界噪声不能达标,压缩机及配套空冷器则需采取降噪措施,以使噪声对周边环境的影响降至最小,此外压缩机厂房宜与变电站毗邻布置。

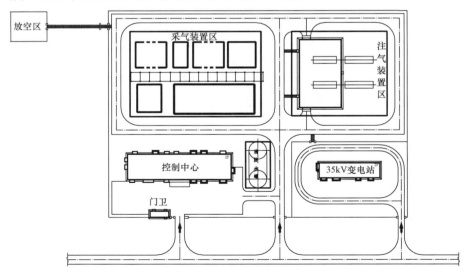

图2-3-6 某储气库集注站平面布置图

（6）集注站与井场联合建站方案，井场与集注站应具有相互独立性，集注站与井场间宜设置隔墙，保证集注站工艺装置与井口采气树操作、检修互不影响。

（7）工艺设备橇装化具有设备布置紧凑、占地面积小、施工作业工程量小的优点，有利于缩短建设周期、降低建库投资。凝析气藏型储气库注抑制剂装置、抑制剂再生装置、导热油炉系统、分离器及配套计量调节阀组等，宜采用橇装立体化布置。

（三）场区预留

集注站的平面布置宜考虑预留，主要考虑以下两个因素：

（1）储气库功能发生变化，需进行厂区扩建。

地下储气库功能一般随配套输气管网的运行工况及燃气用户的用气需求不同而不同，主要包括两种：满足小气量调配的需求，调峰气量稳定、波动范围小；满足长输管道事故状态下的紧急安全供气需求，气量波动范围大。当长输管道发生事故时，燃气供应完全依赖地下储气库，此时需最大限度地发挥地下储气库的采气能力。地下储气库运行工况复杂多变，既要满足正常生产时的季节性调峰，又要保证事故状态下转变为紧急、安全供气。当储气库所承担的任务由平稳调峰供气转变为应急、安全调峰供气时，需增建采气调峰装置，增建装置应在最短时间内建成并顺利投产。

（2）库容增加，需进行厂区扩建。

厂区预留的另一个因素是有效库容的增加。当地质部门不能准确评估地层的有效储气库能力时，为适应储层联通性好、储气能力增加的要求，地面装置的设计一般要求留有余地，此时需考虑注采装置的预留。储气库的预留除场区进行预留外，注采装置应设预留头。

参 考 文 献

[1] 胡连锋,李巧,刘东,等. 季节调峰型地下储气库注采规模设计[J]. 天然气工业,2011,31(5):96 - 97.

第三章 地面注采工艺技术

地下储气库地面工艺涉及内容包括井口注采气、注气增压、采出气露点控制、采出气净化、凝液处理等。地面注采工艺主要由井流物组分、温度、压力及外输干气的温度、压力、水露点、烃露点决定,根据地下储层条件的不同,采出井流物组分也不相同,地面注采工艺也各不相同。

本章将分别从井口注采工艺、注气增压技术、露点控制技术、酸气处理技术、凝液处理技术、关键设备选型及设计等方面,介绍地面注采工艺技术现状及相关的运行实践。

第一节 单井注采工艺技术

一、概述

国内油气藏型储气库的生产井有注采井、采气井两种。新钻井一般为注采井,采气井一般是利用已有老井。储气库注采井的布置常采用丛式布井,即一个井场有多口注采井,每座多井井场井数差别较大,一般 2~6 口。

单井注气工艺与储气库的基础参数、单井井口参数、单井与集注站的距离密切相关。对于同一座地下储气库,各注采井吸气能力差异较大,为便于单井注气能力测量,在每口单井井口设置流量计量装置。

常用单井注气工艺流程如图 3 - 1 - 1 所示。

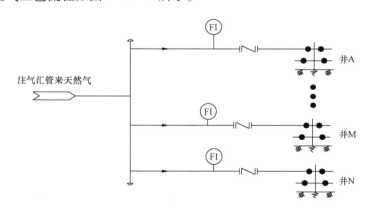

图 3 - 1 - 1 单井注气工艺流程

单井采气工艺与储气库的基础参数、单井井口参数、单井与集注站的距离紧密相关。对于季节调峰型储气库,受气候、气温、用户等多重因素的影响,所需的调峰气量并不稳定,波动范围较大,需要频繁地开、停采气井以调节调峰气量。

二、井口防冻防凝技术

(一)天然气水合物形成机理及消除措施

从气井井口采出的天然气含油、水,同时有些油中含有蜡。当压力一定时,天然气温度降低至等于或低于露点温度时就会析出液态水,而当天然气温度等于或低于水合物形成温度时,液态水就会与天然气中的某些气体组分形成水合物。当含蜡流体温度降到析蜡温度以下时,会导致蜡的析出,堵塞管道和设备。天然气水合物形成主要条件如下:天然气的温度等于或低于露点温度,有液态水存在;在一定压力和气体组成下,天然气温度低于水合物形成温度;气体流向改变引起的搅动以及微小水化晶核的存在。

根据天然气水合物形成的基本条件,可采用物理方法和化学方法防止天然气水合物形成。物理方法是用脱除、加热(保温)、降压等方法来预防和清除水合物的形成。化学方法是通过加入一定量的抑制剂,改变水合物形成的热力学条件、结晶速率或聚集形态,来达到保持流体流动的目的。

1. 脱除

脱除是将形成水合物的成分(气体组分和水)含量降低到一定程度,可从根本上防止天然气水合物的形成。脱除气体组分可通过降压实现,脱除水可通过冷冻分离、固体干燥剂吸附、溶剂吸收和膜分离实现,目前三甘醇溶剂吸附是最常用的脱水方法。

2. 加热

通过加热使流体的温度保持在水合物形成的平衡温度以上,不同的管道应采用不同的加热(保温)方式,对地面管道,经常采用套管换热器、水套炉加热,也可采用绝热或埋地管道的方法。

3. 注入抑制剂

注入抑制剂可改变水溶液或水合物的化学位,从而使水合物的形成条件移向较低的温度或较高的压力范围。

(二)地下储气库井口冻堵影响因素

地下储气库具有地层压力高于干气外输压力的特点,为满足天然气外输压力要求,井口一般需节流降压。根据国内已建储气库运行实际情况,在采气初期及调峰期井口易冻堵。

采气初期由于井口温度较低,地层采出井流物到达井口时的温度较低,通过油嘴时,节流降温,温度若低于操作压力下的水合物形成温度,会造成管线冻堵。

调峰期为适应储气库调峰工况,在不同的时间所采气量发生大幅度的变化,需要部分单井频繁开关,导致井口温度场不能建立,井口井流物温度较低,通过油嘴时,节流降温,温度低于操作压力下的水合物形成温度,也会造成管线冻堵。

(三)地下储气库常用井口防冻防凝工艺

地下储气库井口发生冻堵现象的状况是间歇的、短时的和不确定的。脱水法可从根本上防止冻堵,但此工艺通常用于连续稳定的操作,不适合地下储气库井口工艺。地下储气库常用井口防冻防凝工艺如下。

1. 加热节流工艺

常用的加热工艺有两种,一是采用水套式加热炉加热,二是采用导热油加热。采用导热油加热,需要在井口新建换热器及热媒加热系统,由于井口压力较高,管壳式换热器的设计压力需要达到 20 ~ 30MPa,设备结构复杂,制造困难,且投资较高,因此不推荐采用。目前国内在高压水套式加热炉的制造方面技术比较成熟,较导热油加热工艺投资低,推荐采用此工艺。当井口温度较高时可采用先节流后加热方式,以保证较低的炉管设计压力。

加热节流工艺适用于井口压力较高、温度较低的气井。优点是单井集输管道设计压力较低,管道投资费用较少,可同时解决水合物及结蜡问题。缺点是井口设施投资高,工艺流程复杂。

2. 井口不加热高压集输工艺(油嘴搬家)

井流物不经加热高压集输至集注站,各单井井流物在集注站进行节流。此工艺适用于井口压力不太高,温度较高而且距集注站较近的气井。高压集输流程优点是充分利用了地层压力能,但单井集输管道设计压力较高,管道投资费用较高。

3. 井口节流注防冻剂不加热工艺

此工艺适用于井口压力较高、温度较高的气井。优点是单井集输管道设计压力较低,管道投资费用较少,操作简便,投资省。缺点是防冻剂运行消耗量较大,增加了防冻剂的运输管理难度,不能解决析蜡问题。

常用抑制剂通常包括甲醇、乙二醇(EG)或二甘醇(DEG)等。从防冻效果看,乙二醇最低只能适应 −20℃,而甲醇最低能适应 −40℃,甲醇与甘醇最小注入量可用下式近似计算:

$$\Delta t = (KHR)/(100M - MR) \qquad (3-1-1)$$

$$R = \frac{抑制剂质量}{抑制剂质量 + 液态水质量} \times 100\% \qquad (3-1-2)$$

式中 Δt——气体脱水前后水合物生成点的温度差,℃;

      R——水合物抑制剂富液(稀释液)的最小质量分数;

      M——注入水合物抑制剂的分子量;

      KH——常数,甲醇 $KH = 1297$,甘醇类 $KH = 2220$。

(四)不同类型气藏型储气库防冻防凝工艺选择

1. 油藏型储气库防冻防凝工艺选择

油藏型储气库采气期采出井流物中携带重油组分(含有大量的胶质沥青和石蜡),原油相对密度一般在 0.75 ~ 0.95 之间,少数大于 0.95 或小于 0.75。原油黏度一般在 1 ~ 100mPa·s 之间,凝固点在 −50℃ ~ 35℃ 之间,含胶量一般在 5% ~ 20% 之间,沥青质的含量一般小于 1%。以国内某储气库为例,介绍油藏型储气库井口防冻防凝工艺的选择。

1)基础参数

该地层压力为 12 ~ 22MPa,单井采气能力为 (25 ~ 40) × 10⁴m³/d,储气库具体参数见表

3－1－1 至表 3－1－4。由表 3－1－1 至表 3－1－4 得出：在一个采气周期内，采出气是干气时，在设计单井采气量及不发生冲蚀的情况下，井口压力在 5.46~17.02MPa 之间变化，井口温度在 60.85~69.64℃ 之间波动；当采出气含液率为 $3m^3/10^4m^3$ 时，井口压力在 4.94~13.83MPa 之间变化，井口温度在 70.45~76.87℃ 之间波动；当采出气含液率为 $5m^3/10^4m^3$ 时，井口压力在 4.20~13.18MPa 之间变化，井口温度在 73.69~79.37℃ 之间波动。

表 3－1－1 采气期采出气组成表

组分	C_1	C_2	C_3	$i-C_4$	$n-C_4$	C_{11+}	N_2	CO_2	H_2O
摩尔百分数（%）	87.04	3.34	0.61	0.11	0.11	0.15	0.18	1.03	5.92

表 3－1－2 井流物中原油物性表

相对密度（20℃）	黏度（50℃）（mPa·s）	含蜡（%）	含硫（%）	胶质（%）	沥青（%）	凝固点（℃）
0.8238~0.8853	2.3~28.6	5.25~22.74	0.08~0.15	10.5~12.89	0.16~3.86	24~33

表 3－1－3 采气井口压力预测

地层压力（MPa）	采气量（10^4m^3）	井底流压（MPa）	井口压力（MPa） 干气	含水 $3m^3/10^4m^3$	含水 $5m^3/10^4m^3$
12	25	7.5	5.46	1.33	—
	30	5.08	—	—	—
14	25	10.4	8.35	4.94	4.20
	35	6.57	2.47	—	—
16	25	12.97	10.75	7.48	6.83
	40	8.876	3.80	—	—
18	25	15.37	12.94	9.72	9.07
	40	11.50	8.22	3.26	—
20	25	17.67	15.01	11.81	11.17
	40	14.43	11.23	7.12	5.86
22	25	19.9	17.02	13.83	13.18
	40	17.10	13.81	9.93	8.87

注：表中阴影部分表示发生冲蚀，横线部分表示发生井底积液。

表 3－1－4 采气井口温度预测

采出气含液率	温度（℃） 产气量为 $25\times10^4m^3$	产气量为 $30\times10^4m^3$	产气量为 $35\times10^4m^3$	产气量为 $40\times10^4m^3$
干气	60.85	64.50	67.36	69.64
含水 $3m^3/10^4m^3$	70.45	73.18	75.25	76.87
含水 $5m^3/10^4m^3$	73.69	76.28	78.02	79.37

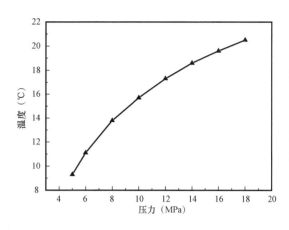

图3-1-2 不同压力下水合物形成温度

2）数据分析

采气期井流物在不同压力下水合物形成温度如图3-1-2所示，在压力范围为5.46~17.02MPa时，水合物的形成温度在10.2~20.1℃变化。储气库正常运行时，井口温度在60.28~79.37℃，节流后温度35.66~60.28℃，由于原油凝固点为24~33℃，因此在采气期正常运行时，井口节流后的温度高于原油凝固点及水合物形成温度，不会出现原油凝固现象。

开井初期，地层温度场未建立起来时，井口温度可达到0~5℃，节流后温度为-36.4~-23.1℃，低于原油凝固点及水合物形成温度，因此需采取措施防冻防凝。由于储气库采用倒井方式开井，因此加热炉负荷考虑单井的用热需求，按照开井初期（地层压力22MPa）井口温度为0℃，节流后温度为34℃（高于原油凝固点），在单井采气能力范围内计算不同工况下的加热炉负荷，经计算极端工况下，单井采气量为40×10⁴m³/d，井口压力最高时，加热炉负荷为720kW，加热炉负荷计算结果见表3-1-5。

表3-1-5 加热炉负荷计算结果表

序号	单井采气量（10⁴m³/d）	井口压力（MPa）	节流后压力（MPa）	不加热节流后温度（℃）	加热炉负荷（kW）	加热后温度（℃）	备注
1	25	17.02	6.0	-36.4	420	58.6	
2	30	16.16	6.0	-34.6	490	57.2	
3	35	15.10	6.0	-32.3	549	55.4	
4	40	13.81	6.0	-28.9	592	53.1	
5	40	17.02	6.0	-40.6	720	70.0	极端工况

对于该储气库，由于仅开井初期需要加热炉加热，因此加热炉负荷仅需考虑单井加热需要，若通过计算采气期正常运行即井口温度场建立后，井口节流后的温度低于原油凝固点，则加热炉负荷需考虑多口井的加热需求。

对于油藏型储气库大部分采用采气携液方式排液，根据地质部门预测，建库前几个采气周期排液量大，随注采周期的增加，排液量呈逐年递减趋势。若干注采周期后井流物将不含油。根据地质部门预测，井流物组分见表3-1-6。

表3-1-6 井流物组分

组分	C_1	C_2	C_3	$i-C_4$	$n-C_4$	N_2	CO_2	H_2O
摩尔百分数（%）	89.82	3.4	0.65	0.12	0.12	0.19	1.08	4.62

正常运行时，节流后温度范围为34.99~57.14℃，不会产生水合物，开井初期，地层温度场未建立起来时，井口温度可达到0~5℃，节流后温度为-36.4~-23.1℃，低于水合物形成

温度,因此需采取防冻措施,可采用加热炉加热及注醇两种措施。

3)抑制剂的选择

目前普遍采用的热力学抑制剂有:甲醇、乙二醇。

由于甲醇沸点低(64.6℃),使用温度高时气相损失过大,多用于操作温度较低的场合(<10℃)。甲醇在以下3种情况下表现出明显的优势:

(1)采用其他水合物抑制剂时用量多,投资大;

(2)水合物形成不严重,不常出现或季节性出现的工况;

(3)气量波动大的工况。

乙二醇抑制剂具有无毒、沸点高(244.8℃)、在气相中的蒸发损失少、可回收循环使用的特点,通常用于操作温度不是很低的场合,才能在经济上显现出明显优势,甘醇水溶液凝点变化如图3-1-3所示,由图可知,如果操作温度低于0℃,为防止甘醇变成黏稠的糊状体造成气液两相流动和分离困难,需保持甘醇类抑制剂在水溶液中的质量分数在60%~70%之间,此外为保证抑制效果,乙二醇必须以非常细小的液滴(例如呈雾状)注入气流中,因此需配套雾化装置。

甲醇与甘醇类抑制剂的性能比较如下:

(1)甲醇抑制剂投资费用低,但气相损失大,故操作费用高;甘醇类抑制剂投资费用高,但操作费用低。

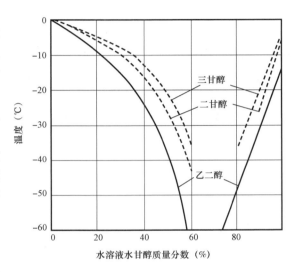

图3-1-3 甘醇水溶液凝点变化图

(2)如按水溶液中相同质量浓度抑制剂引起的水合物形成温度降来比较,甲醇的抑制效果优于乙二醇(表3-1-7)。

表3-1-7 甲醇和乙二醇对水合物形成温度降(Δt)的影响

组成(质量分数)(%)		5	10	15	20	25	30	35
温度降(℃)	甲醇	2.1	4.5	7.2	10.1	13.5	17.4	21.8
	乙二醇	1.0	2.2	3.5	4.9	6.6	8.5	10.6

(3)为防止甲醇气相损失,甲醇适用于低温操作,乙二醇适合较高温度操作,低温将导致其黏度太大。

(4)当操作温度低于-10℃时,甲醇更适合;操作温度高于-7℃,首选乙二醇,气相损失小。

在我国北方,由于开井初期井口节流后的温度达到-30℃以下,一般采用注甲醇方法防冻。

4)加热法与注甲醇法比选

(1)采用加热炉加热,加热炉负荷考虑单井的用热需求,按照开井初期(地层压力22MPa)

井口温度为0℃,节流后温度23℃(高于水合物形成温度),在单井采气能力范围内计算加热炉负荷,经计算极端工况下,单井采气量为40×10⁴m³/d,井口压力最高时,加热炉负荷为580kW,此时需将天然气加热至51℃。按照100kW每小时需要消耗14m³天然气计算,则加热炉燃料气耗量1979m³/d,燃料气价格按2.85元/m³计算,则每天运行成本5640元。

(2)采用注抑制剂方案,由于开井初期,井口节流后温度达到-30℃以下,采用注乙二醇无法满足要求,因此需采用注甲醇方案,经计算,单井所需注甲醇量30L/h,所需甲醇泵的耗电量为5.5kW·h/h,甲醇价格按3600元/吨,电价按0.56元/(kW·h)计算,每天的运行成本2666元。

通过以上计算结果表明,注醇方案运行费较之加热方案可减少50%,因此对于油藏型储气库井口采用加热节流工艺方案同时,可在井口预留注防冻剂接口,储气库运行的前几个周期,开井初期,当地层温度场不能很快建立起来、井流物温度较低时,启动加热炉,经加热炉加热后的井流物温度应保证节流后温度高于原油凝点,当地层温度场建立起来,可关闭加热炉;当储气库运行多个周期,采出的井流物中原油含量较少时,采用间歇注防冻剂工艺。

油藏型储气库单井采气工艺流程如图3-1-4所示:

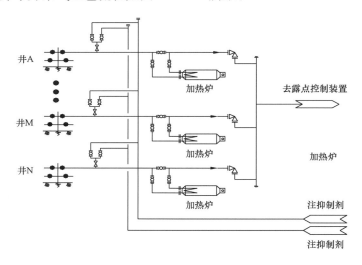

图3-1-4　油藏型储气库单井采气工艺流程

2. 凝析气藏型储气库防冻防凝工艺选择

凝析气藏型储气库采气期采出井流物中携带凝析油,凝析油又被称为天然汽油,在地下以气相存在,采出到地面后则呈液态,其主要成分是C_5至C_{11}烃类的混合物,其馏分多在20~200℃之间,挥发性好,凝固点一般<11℃,初馏点一般<80℃,而且小于200℃的馏分含量>45%,含蜡量一般<1.0%,胶质沥青质含量一般<8%。

对于采用井口节流工艺的储气库,需计算节流后的温度,若该温度低于凝析油凝固点及水合物形成温度,需采用防凝措施,若节流后温度高于凝析油凝固点,低于水合物形成温度,仅需采取防冻措施。根据国内已建凝析气藏型储气库建设经验,井口节流后温度一般高于凝析油凝点,仅需采用注防冻剂措施。

凝析气藏型储气库单井采气工艺流程如图 3 - 1 - 5 所示：

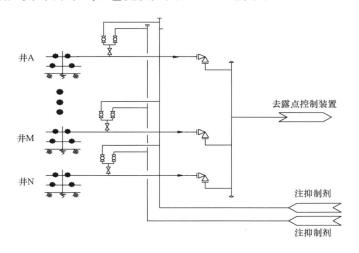

图 3 - 1 - 5　凝析气藏型储气库单井采气工艺流程

3. 干气藏型储气库防冻防凝工艺选择

干气藏型储气库采出井流物主要为天然气和游离水，仅需采用防治水合物冻堵措施。

4. 布站方式及采气工艺对防冻技术选择影响分析

选择防冻工艺时需结合储气库布站方式及采气处理工艺综合确定。对于毗邻集注站建设的井场注防冻剂设施可与集注站的统一考虑，根据井口温度及采气处理工艺的差异采用注乙二醇或甲醇。若集注站采气处理采用注防冻剂（乙二醇）工艺，且井口节流后温度高于 -20℃，则防冻剂选用乙二醇，若节流后温度低于 -20℃，防冻剂选用甲醇，集注站采气处理采用其他工艺，防冻剂选用甲醇。对于独立设置的井场则推荐采用注甲醇工艺。具体举例如下：

大港油田地区已建 6 座地下储气库均由油气藏改建而成，已建大张坨地下储气库、板中北高点和板中南高点、板 828 地下储气库井场和集注站距离较远，采用的是两级布站工艺，防冻剂无法回收，因此井口防冻措施是不加热间歇注甲醇工艺；已建板 876 地下储气库注采井位比较集中，井场毗邻集注站布置，采用的是一级布站工艺，井口防冻措施与集注站统一考虑，利用集注站内乙二醇注入和再生系统；已建板 808 地下储气库由凝析气藏和凝析油藏改建而成，油层中含有大量的胶质沥青和石蜡，黏度及凝固点较高，井口采用加热节流工艺。

（五）井口注醇

以采用注甲醇工艺为例，注甲醇装置宜采用橇装布置，橇内包括 1 座甲醇储罐及 2 台注甲醇泵（一用一备）配套阀门和管道。注甲醇橇分为固定式及移动式，移动式注甲醇橇操作较为灵活，可以在井场内及不同井场间流动使用，固定式注甲醇橇位置相对固定、不易移动。当井场设置注醇设施时，丛式井场宜设置固定式注甲醇装置，单井井场宜设置移动式注甲醇装置。在天气严寒、易结冰的东北地区，为保证操作的安全性，宜设置固定式注甲醇橇。

井口注醇可分为如下两种方式：

（1）单点注醇，具体如图 3 - 1 - 6 所示。

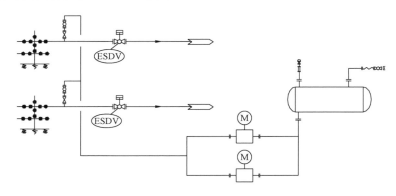

图 3 - 1 - 6　单点注醇流程示意图

（2）双点注醇，具体如图 3 - 1 - 7 所示。

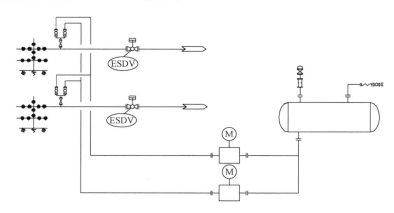

图 3 - 1 - 7　双点注醇流程示意图

　　原大张坨储气库井口采用 1 台甲醇泵同时注入 6 口单井的方式，由于各单井采出井流物的压力不同，会出现甲醇注入时发生偏流的现象。针对此问题，对井口甲醇注入流程进行了优化，增加了 1 台甲醇泵和选井注醇阀组，对单井进行选择性注入，既可保证注入量，又能达到注入效果。

　　因此，对于井数较少的井可采用单点注醇方式，对于丛式井场，为避免出现抢注现象，提高开井效率，推荐采用双点注醇方式。

（六）加热炉与阀门选型

1. 加热炉

　　目前油田常用加热炉主要有火筒式加热炉、水套加热炉、有机热载体炉、相变加热炉等几种结构形式。

1）火筒式加热炉

　　燃烧的热量直接通过火筒加热炉壳内的生产介质，结构如图 3 - 1 - 8 所示。与管式加热炉相比，火筒结垢的敏感性低、对换热影响不太显著。但是被加热的生产介质在炉壳内流速缓慢,结构件上仍然容易结垢。因此,火筒式加热炉一般不用于加热易结垢生产介质,因此不适用于含烃类及杂质较多的油气藏型储气库的井口加热。

火筒式加热炉的优点是结构简单,耗材少、一次性投资成本低,最大的隐患就是燃烧筒与生产介质直接接触。

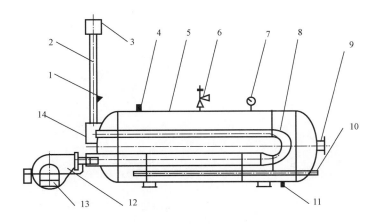

图 3 - 1 - 8   火筒炉结构示意图

1—烟气取样口;2—烟囱;3—烟囱附件;4—介质出口;5—壳体;6—安全阀;7—压力表;8—火筒;9—检查孔;
10—介质进口分配管;11—排污口;12—燃烧器;13—阻火器;14—防爆门

2)水套加热炉

水套加热炉与火筒式加热炉的不同之处在于炉壳内与火筒接触的介质不是生产介质而是水,火筒加热水,炉壳内增加了盘管,通过盘管的生产介质由水加热,结构如图 3 - 1 - 9 所示。其优点就是避免或减轻了火筒的结垢和腐蚀,更主要的是火筒不直接与生产介质接触,安全性好。近年来,水套加热炉被广泛应用于油气田生产。但水套加热炉传热效率偏低、结构复杂、炉体钢耗量大。另外运行中易失水,需要经常补水,易使锅壳内的受热面结垢,因此会出现排烟热损失增大、导致炉效降低等问题。

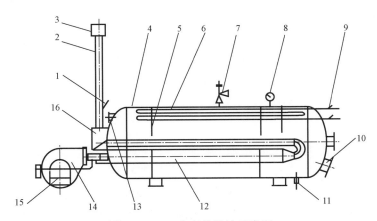

图 3 - 1 - 9   水套炉结构示意图

1—烟气取样口;2—烟囱;3—烟囱附件;4—壳体;5—花板;6—盘管;7—安全阀;8—压力表;9—测温口;
10—检查孔;11—排污口;12—火筒;13—液位计;14—燃烧器;15—阻火器;16—防爆门

3)有机热载体炉

该炉型的优势在于可以提供 200～300℃ 的高温导热油对被加热工质进行加热,结构如图 3-1-10 所示,因此可有效地缩小换热器的换热面积。导热油价格昂贵,导热油因消耗或老化,需定期添加和更换。该炉型运行中须依靠高温导热油泵使导热油快速流动,运行电耗较大,因此运行成本较高。另外该炉型系统较复杂,占地面积大,不适用于井口布置。

图 3-1-10 有机热载体炉

4)相变加热炉

相变加热炉是近年来研制的一种新型加热炉,采用水蒸气的相变换热技术,间接加热盘管或管壳式换热器内的被加热介质,主体结构包括火筒、炉体(蒸汽发生器)和换热盘管。按蒸汽运行的压力不同,可分为真空相变和承压相变加热炉,按换热盘管结构的不同,分为一体式和分体式相变加热炉。其基本原理是:燃烧产生的热量使得炉体内(蒸汽发生器内)的水沸腾汽化,水蒸气与盘管接触加热盘管内的生产介质,水蒸气接触盘管冷凝成液体再次在炉体内被加热,由水变成水蒸气,再由水蒸气变成水的相变过程中产生热交换,使得生产介质被加热。相变加热炉利用相变传热原理,具有很高的管外传热系数,约为 4000W/(m·℃)。

目前,储气库井场均按无人值守设置,因此对井口设备的自动化程度和效率要求较高,相变加热炉以其安全可靠、造价低、能耗低、效率高、自动化程度高及广泛的适应性等优势已成为目前传统加热炉的理想换代产品,是井口用加热炉的理想选择。

2. 阀门选择

1)井口高压球阀

气藏型储气库井口压力高,尤其是采气初期,介质较脏,流速大,因此对阀门提出了更高的要求,一般需采用 2500lb 的高压阀门。现场常用轨道球阀,它是一种多回转球阀(结构如图 3-1-11所示),采用倾离并转动的原理,消除密封面擦伤。当阀门关闭时,球芯是靠机械的力量压楔到密封阀座上,无需依靠压差的帮助就可确保严密的密封;当阀门开启时,球芯倾离阀座,管线的流体沿球芯表面 360° 均匀通过阀门,可消除高速流体对阀座的局部冲刷腐蚀。轨道球阀适合高压场所,由于其阀杆上有导向槽,球体旋转时会有横向位移,开启省力。由于阀门的开、关时没有摩擦,因此操作轻便、可靠,适用于井口的密封、切换操作。

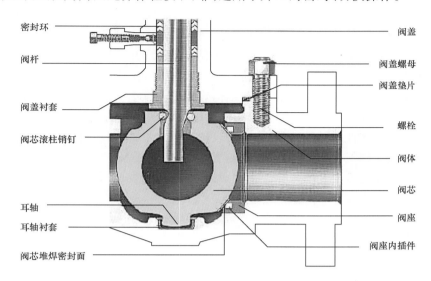

图 3 - 1 - 11　轨道球阀结构

轨道球阀优点如下:

(1)采用具有固定枢轴结构的球阀,以保证阀门开关迅捷、低扭矩、易于开启和关闭。

(2)阀体结构采用顶装式设计,以保证阀门内部零件的更换和维修可以通过拆卸阀门阀盖进行在线修理,而不需要将阀门从管线上拆卸下来。

(3)为保证阀门具有长期的、持续的紧密密封特性,阀球和阀座之间的密封不依靠介质的压力来实现,确保阀门的密封性不受介质压力波动的影响。

(4)阀球密封面和阀座密封面采用无摩擦设计来保证阀门密封体的长寿命。阀门在开启和关闭过程中,阀球的密封面和阀座的密封面在操作过程中始终保证不接触,避免相互摩擦对阀球密封面和阀座密封面产生损伤而降低阀门密封性能和使用寿命。

(5)阀门具备双向密封能力,可承受双向压差。

(6)为了提高阀门的可靠性、安全性以及密封能力,降低故障率,阀门低压的气密性不依靠阀座弹簧来实现。

2)注醇阀门

储气库井口注醇阀门采用针型阀,该种阀是一种可以精确调整的阀门,比其他类型的阀门能够耐受更大的压力,密封性能好,所以一般用于较小流量、较高压力的气体或者液体介质的密封,一般的针型阀都做成螺纹连接,在储气库设计的初期,井口一般选用螺纹的针型阀,但由于该类型阀门不利于检修,因此,针型阀推荐采用法兰连接形式。

三、井口注采调节技术

(一)井口注采调节必要性

国内外地下储气库类型绝大部分以油气藏型和水藏型为主,储层类型以砂岩孔隙型居多,灰岩裂缝孔隙型较少。这两类储气库存在着储层间和储层内部的非均质性特征,直接造成储气库不同部位的物性差异、压力与产能差异和气液分布差异,对应性地间接影响着储气库的库容、工作气量和液体对储气库的危害程度,因此需要针对储气库非均质性特征,主动采取不同储层和储层内不同井区的差异性注采,达到调控产能、净化库容、提高效率、延长寿命的目的。由此也带来了对单井注采能力和地面集输系统的配注气能力的时效性与差异性的要求。

储层的非均质性是由于沉积环境、物质供应、水动力条件、成岩作用等的影响,使得不同储层间或同一储层内在岩性、物性、产状、内部结构等方面都有不均匀的变化和显著差异,这种变化和差异称之为储层的非均质性。正是由于储层纵向和平面上的非均质性,引起了气库生产过程中注采能力和流体性质不一的矛盾,主要表现为三大矛盾,即层间矛盾、平面矛盾、层内矛盾。特别是对于地下储气库而言,由于短期的气体高速注采使采气速度可以达到气田正常开采的约 50 倍,带来非均质程度的影响性明显增大,在气田开发阶段的低程度影响可以变成储气库生产的高程度危害。

降低储气库三大矛盾的环节包括方案部署、储气库建设、生产运行三个阶段,涵盖了储气库的全寿命周期。调控原则通常是发挥高渗层高产能力、维护低渗层的生产能力、降低含液层的液体危害、维护气库封闭性。具体措施通常是高渗层或高渗区注采强度大、井区的地面集输系统的配气量大、井口压力变化快幅度高。而在低渗层或低渗区注采强度弱、井区的地面集输系统的配气量小、井口压力变化慢幅度低。由于不同注气采气阶段、不同井区状态、不同注采气量、不同液体含量、不同压力水平对地面集输处理系统的功能要求不同,因此决定了地面集输处理系统的功能需实现不同时间段、不同井区、不同流量、不同压力、不同流体组分的适应性调控。

以往储气库设计及运行中,均不控制单井注气或采气流量,完全进行气量的自行匹配,可称之为笼统注采工艺。传统的工艺采用单向压力调节阀(角式节流阀),可控制采气流量,而对单井注气流量不进行控制,天然气流向及流量根据每口井实时井况自行匹配,流程示意如图 3－1－12 所示。

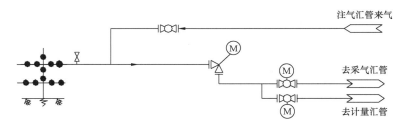

图 3－1－12　传统集输系统流程图

该工艺存在以下弊端:

(1)注气期对储层中运行压力区间窄的层位造成冲击,使该层位超压,破坏储层砂岩岩性,易造成采气阶段岩屑冲蚀井筒。

(2)注气末期由于气体在储层中的扩散效率降低,地层的吸气能力变差,为达到注气指标,往往需要提高压缩机出口压力,增加机组选型难度及运行功耗。

(3)采气期采气速度过快易造成储层边水锥进及侵入,降低储气库有效库容,且易造成井筒出砂。

为满足地层对注/采流量控制需求,契合孔隙性地层储气库高速注采渗流机理,有效避免注气流量对储层的不利影响,有必要对注气流量控制。

（二）注气调节方式

根据储气库运行的经验,在同一个注采区块内由于各单井的分布不同会造成各口单井吸气能力不同,导致注气时各单井注气量差异大。根据大港储气库群所掌握的资料在不进行人工干预的情况下各单井的注气量相差可达 60 倍,此种情况对储气库的达容是极为不利的。

在储气库建设之初,由于对该种情况估计不足,因此对注气过程并未设置调节设置,气量的调整是通过人工调整采气树上的翼阀来实现气量调整,该种做法虽然能够完成调整气量的工作,但易造成翼阀的损伤。

储气库的注采井不等同于普通的采气井,普通采气井需要合理配产来提高天然气的采出率,并延长采气井的寿命。注采井每一个注采周期都进行采气和注气的作业,它的核心使命是调峰。由于目的不同,在实际操作中也是不同的,采气井的井口节流阀长期处于一个开度,注采井在采气期需要根据实际的需求进行频繁的调节。根据储气库运行经验的逐渐积累,节流阀从手动调节逐步进行改造,配套电动执行机构,通过运行经验,远程调整节流阀的开度进行流量调整。

目前注、采气流量的调节多采用以下两种方式:

方式一:采用具有双向调节功能的"轴流式节流阀"进行单井注、采调节。单井注气调节为流量调节,被测参数为单井注气流量计。单井采气调节为流量调节,无被测参数,节流阀的开度调整由集注站内值班人员进行远程设定。具体设置如图 3-1-13 所示。流程相对简单,阀门的种类少,可减少备品备件的数量。但该种设置节流阀不便于现场检修,如果检修则需要将阀门从管线上拆除才能完成。此外,双向调节方式反向压差过大时容易造成密封失效,不适用于不同注气井口压差较大的储气库。

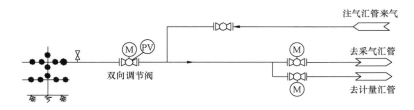

图 3-1-13 双向调节流程示意图（方式一）

方式二:注气期的流量调节采用"可控球阀"进行流量调节,在采气期采用"角式节流阀"进行压力调节。其控制方案同方式一,具体设置如图 3-1-14 所示。

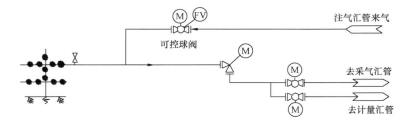

图 3-1-14 双向调节流程示意图（方式二）

该方式将原来注气流程上的切换球阀调整为电动可控球阀,该种阀门阀内件采用碳化物喷涂,耐磨性好,其即可实现注气调节,并可作为切换阀使用。该种方式虽然调节用的阀门为2台,但总体阀门数量与方式一相比并没有增加,只是增加了1台电动执行机构,从投资的角度相差不大,该方式角式节流阀适于在线检修。

基于以上分析介绍,两种方式选择主要考虑如下因素:

(1)干气层储气库井流物携带的杂质较少,在采气期对阀门的冲蚀较小,阀门维护量小,可选择方式一,油气藏型储气库建议选择方式二。

(2)若储气库各区块井井口压力差距小(压差小于2MPa),可采用方式一;若各区块井口压力差距大,建议采用方式二。

(三)调节阀选型

1. 双向调节阀

单井注、采双向调节采用"轴流式双向节流阀",其内部结构如图3-1-15所示。

图3-1-15 轴流式双向节流阀内部结构图

该种节流阀具有如下的特性:

(1)介质的轴流性。

采用轴向对称流道,完全避免了间接流和流向不必要的改变,最大限度地提高了单位直径上的流通能力,大大降低了噪声和紊流的形成。

(2)零泄漏级密封。

密封系统采用自紧式压力设计,阀门的密封由两个密封环组成,并由一根弹簧预紧,这种特殊的设计可以使阀门在关闭时,密封圈在上游流体压力下被压紧,从而达到非常好的密封效果。

(3)压力平衡。

活塞的端面上均匀分布有孔洞,以使活塞内外压力平衡,左右运动时与阀门两端的压力无关,使用扭矩较小的执行结构就能达到快动的目的。

为了适用储气库井口恶劣的工况,其阀芯和阀座均采用碳化物结构,以提高阀内件的耐磨性。

该种形式的节流阀最大的优点流程相对简单,通过一个阀门实现注气和采气的双向调节。在施工过程中由于该种阀门从流向上是直通阀,因此阀门安装方便,现场施工及操作较方便。但该种形式的阀门也有一个弊病,即由于其要实现一阀多能的功能,因此当阀门进行维护时会同时影响注气和采气工艺。特别是对于储气库的采气工况需要节流阀克服近20MPa的压差,即使采用碳化物材质阀芯也难免被冲蚀,根据油气藏储气库运行的经验,每年对阀门的定期检查是必须的,而轴流阀不能实现在线更换阀内件,因此对于后期的维护会增加较大的工作量。

2. 角式节流阀

该节流阀阀芯结构采用笼套式平衡阀芯,阀芯材质采用碳化钨,内部结构如图3-1-16所示。

角式节流阀最大的优势在于其维护简单,阀内件的更换只需要拆开上阀盖即可完成,无需将阀门与管线分离。

储气库的角式节流阀和油气田上普通的节流阀(俗称油嘴)在结构上是基本一致的,都是起到单井配产的功能,其原理是利用介质的流量特性进行节流,从而实现流量控制。对于气体介质,当节流阀的进口压力大于2倍的出口压力时,无论如何降低节流阀的出口压力流通节流阀的流量不变,基于此种原理节流阀可以实现一定的流量调节功能。节流阀的可调范围较普通调节阀要窄,其内部设计主要是为了克服大压差,因此在应用过程中不能将其等同于调节阀用于实现精确调节。

图3-1-16 角式节流阀内部结构图

3. 注气调节球阀

该种阀门在调节时通过转动阀球改变流通截面积,从而实现注气流量调节。具体的内部结构如图3-1-17所示。

之所以能够采用该种方式的节流阀,是因为注气压力虽然高,但该节流阀只起到节流效果,基本上不减压。该阀门阀球和阀座进行了碳化物喷涂,提高了硬度,阀门的使用寿命大大提高,其基本上不需要检修。储气库由于各单井的部位不同,其单井的注气量的差异较大,该种形式的节流阀其可调比较大,可到达200:1,非常适用于储气库的工况。

(四)应用实践

井口注采调节技术广泛应用于国内储气库。在西南某储气库建设初期注气工艺流程为

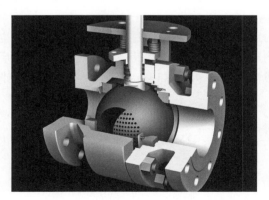

图3-1-17 调节球阀内部结构图

天然气通过压缩机组后输送至各注采井,各注采井全部采用开关阀,无流量调节功能,各井的注入量只能自然分配注入各注采井,无法控制具体流量,影响气井注气能力的测试、注气过程中气井及气藏分析、注气过程气井的管柱安全。对12口注采井注气流程注采井控制阀——平板闸阀与止回阀间安装电动流量调节阀1只,用于注气期流量调节,确保按照合理的配产进行注气;注气流程上安装电动双作用节流截止阀1只,可根据井口油压、地层压力、注气量、配产等远程调节各注采井注气量。12口注采井加装注采橇后实现了储气库的均衡注气,杜绝了个别注采能力强的井的井筒冲蚀,为后期建库达容阶段井底压力和注气量的控制提供了手段。

长庆陕224储气库井口采用2500LB DN100电动双向轴流式调节阀,可双向流动和密封。节流时,通过活塞移动堵塞笼套上的通气孔进行流量调节;反向节流时,通过0.1~0.3MPa压差实现单井流量调节。调节范围能满足压力调节,并对调节注采井注采气过程中的配产均衡有良好效果。

四、单井计量技术

注采气计量是储气库生产运行中重要环节,准确的计量能有效地指导生产,优化运行参数,科学评价注采效果,提高天然气注采率。但由于注采气过程工况条件异常复杂,如高压,采出气未经分离,含油含水,属于非常规油气计量,计量难度大。当前国内外尚无成熟经验可供借鉴,如何实现准确计量是储气库设计、运行需解决的技术难题。

(一)采气期井流物特点

地下储气库的注采井虽然也是天然气井,但与常规天然气井在运行上有本质的区别,其突出特点是注采井采出物的气质相对常规天然气井变化较大,其携液量随着采气时间的延长逐步增加。

储气库的建库需要一定的周期,即注入天然气后再将其采出,利用天然气携带地层内的油和水,从而加大储气库的库容。在实际运行中基本上每年的采气量接近注气量,这也就说明注采井每年都会经历一次产量充沛到逐渐枯竭的过程,在这个过程中天然气中的携液量逐渐递增,且注采井的布置也会造成携液量的巨大差异(一般在区块中心位置注采井携液量少、边部携液量大)。

国外储气库气藏条件较好,单井携液量小,因此天然气计量多采用超声波流量计,部分也采用差压式流量计。国内油气藏型储气库气藏构造较差,突出体现在储藏区块较小,在建库后很长时间内需要将气藏内的液体携带出来以完成储气库的达容需要,因此其采出的天然气携液量大大高于国外同类型的储气库。

储气库单井运行具有以下特点:

(1)储气库运行压力高,单井节流阀前压力一般为12~42MPa,单井节流阀后压力一般为5~13MPa。

(2)操作压力和流量不断变化,天然气瞬时流量参数的上限和下限流量比值接近40。

(3)随着采气的进行,单井的携液量逐渐增加,到采气末期携液量达到峰值。

(4)采出气中携带油组分或者凝析地层水。

（二）双向计量流量计选型

对于采出气中不含油的气藏型储气库,单井注采气计量一般采用同 1 台流量计实现注气量、采气量的计量,注采井双向流量计的选择既要满足注气高设计压力的要求(一般 2500lb),又要满足注气、采气较大流量变化(量程比至少 1∶5)的要求(表 3-1-8)。

表 3-1-8 单井注采气计量工艺及流量计特性要求

序号	注采气工况条件及工艺要求	流量计特性要求
1	注采气计量使用 1 套计量装置	能够正反双向计量
2	采气过程天然气中携带水、固体颗粒等杂质	内部结构简单、耐脏污,不易积液、堵塞,无可动部件
3	节能,降低注气过程能耗,减少压损	压损小,优选无阻流件结构
4	长期连续运行	操作维护简单,较高的重复性和稳定性
5	注采气压力 10~42MPa	耐压、耐高温
6	系统安全,不应有易脱落的阻流件,无泄漏点	内部无易损脱落部件,宜一体化结构

结合国内储气库井口计量技术的应用情况,一般采用以下几种类型流量计。

1. 靶式流量计

靶式流量计的基本原理为:介质流动时,流动质点冲击在靶上,靶的受力作用在靶杆上,使之产生微小的弯曲形变,此形变由压敏电阻应变片感知,经应变片电桥把力转换成与流速的平方成正比关系的电信号。具有结构简单、稳定性高和易于维护等优点。靶式流量计的量程比通常为 1∶15,在注采气流量变化很大时,流量计的线性度变差,但基本能满足单井天然气计量准确度要求。

国内部分储气库群注采双向计量采用了进口高压靶式流量计,设计压力 2500lb,精度和重复性较好,投资相对不高(约 20 万元/套)。高压靶式流量计规格可做到 1/2~60in、70MPa;精度 1%,重复性 0.15%;灵敏度高,理论最小流速可达 0.08m/s;量程比较宽(15∶1);可测量湿气、脉动流;维护简单,可现场标定、调量程。其缺点是采出物固体颗粒、机械杂质、积液对计量靶冲击影响大,易损坏。

2. 高压管道式气体超声流量计

超声流量计基于传播时间差法的原理决定了其双向计量的优势,设计压力 2500lb 的管道二声道超声流量计在国内盐穴储气库有较好的应用效果,但价格昂贵,60~80 万元/套。管道式超声流量计规格可做到 2~48in、45MPa;二声道精度 1%,重复性 0.2%;可测流速 0.3~30m/s;量程比宽(100∶1),能很好地适应单井注采气流量变化大的工况。超声流量计采用全通径设计,不存在附加阻力降。超声换能器采用钛合金,抗冲刷。其缺点是井口采气一级减压调节振动,噪声对计量有影响;湿天然气中水蒸气对超声波影响大,积液时无法测量。

3. 外夹式超声波流量计[1]

与管道式超声流量计基本原理一致,基于传播时间差法。该流量计的优点是不受管道介质高压限制及介质腐蚀影响;量程比宽(100∶1);理论低流速(1.5cm/s)测量能力强;价格相对较低。缺点是安装夹持工具要求高,易受环境影响使探头位置发生变化;双向测量需要直管段较长;精度受安装夹持影响大、流量不稳定,普通单声道外夹式超声波流量计在气田应用于单井湿气流量校准时效果较差。

4. 质量流量计

质量流量计是基于科里奥利效应的直接测量质量的流量计,具有准确度高、量程比宽等优点。质量流量计安装对前后直管段无特殊要求,可很大地减小计量节流橇的整体外形尺寸,对工程实施有较大好处。

5. 均速管流量计

均速管流量计是采用皮托管测量原理测量挡体上游的动压力与下游的静压力之间形成的压差,从而达到测量流量的目的。均速管流量计以其安装简便、压损小、强度高、不受磨损影响、无泄漏等特点而成为替代孔板流量计的理想产品。

6. 槽道式流量计

槽道式流量计结构如图3-1-18所示,中心体节流件既产生差压,又调节流动,流动调节在流量计内部完成,保证了流动的相似性,而不受上游和下游流动的影响,不需要整流器,消除系统误差,测量可靠。纺锤体经过遗传算法优化,压损低;无需直管段和整流器,适应各种复杂条件;流线型的外形保证了自清洗功能,防脏污和颗粒。目前该流量计已在国内某储气库进行了试验,并计划应用于吉林油田双坨子储气库工程。

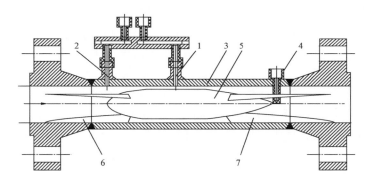

图3-1-18 槽道式流量计结构图

1—取压口(低压);2—取压口(高压);3—测量管;4—温度测量;5—中心体节流件;
6—前支撑片;7—双向流量计性能对比及应用后支撑片

各类双向流量计主要性能对比见表3-1-9。

表3-1-9 双向流量计主要性能对比表

项目	靶式流量计	超声波流量计	质量流量计	均速管流量计	槽道式流量计
量程比	1:15	1:100	1:50	1:10	1:500
压损	很小	无	很小	很小	很小
测双向流	可以	可以	可以	可以	可以
准确度	±1.0% FS	±1.0% FS	±1.0% FS	±1.0% FS	±0.2% FS
承压能力	高压	高压	高压	高压	高压

续表

项目	靶式流量计	超声波流量计	质量流量计	均速管流量计	槽道式流量计
介质影响	固体和液体会造成计量正偏差	固体和液体含量多时会影响计量准确度	固体和液体会造成计量正偏差	固体和液体含量多时会影响计量准确度	固体和液体含量多时会影响计量准确度
直管段要求	前10D，后5D	前20D，后5D	无要求	前20D，后5D	无要求
维护	简单	复杂	较复杂	简单	简单
费用	较低	较高	较高	低	较低
应用情况	国内储气库大量应用	国外储气库大量应用	国外储气库有应用	国内储气库少量应用	尚未应用，计划使用

榆林南储气库注采试验采用井口双向流量计连续计量工艺[2]，并与集注站孔板流量计的总计量数据比对，重点对靶式和外夹式超声波流量计的注采双向计量进行了试验（图3-1-19）。靶式和外夹式超声波流量计在注气阶段均表现出较好的计量准确性，其中靶式流量计的相对偏差在2.5%以内，外夹式超声波流量计的相对偏差在5%以内，在高压持续满量程或超量程运行时，发生过靶杆被打断的事故。采气阶段进行湿气计量时，靶式流量计准确性较差，相对偏差超过-15%，最大达到-26%左右，外夹式超声波流量计具有较好的精度，相对偏差不超过5%，但对气井携液计量能力弱。从以上的试验应用来看，外夹式超声波流量计基本可以满足注采双向计量的需要。要实现更高的计量稳定性，一是建议外夹式超声流量计最好按双声道考虑，并严格按照安装条件进行直管段设计，尽量减少流态影响，同时将温度、压力补偿直接在超声流量计的流量计算单元进行；二是建议在运行期间定期检查换能器的安装定位情况并吹扫管线堆积物，从而提高超声波流量计的计量稳定性。

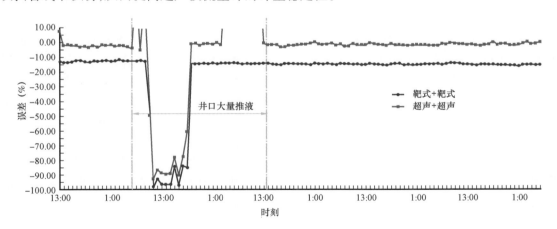

图3-1-19　井口采气总量与集注站采气总量5天整点时刻数据对比

西南相国寺储气库采用靶式流量计进行双向计量，但在实际运行过程中发现，靶式流量计靶板容易被气流或杂质损坏，造成计量不准确，同时由于靶式流量计计量精确度较超声波流量计差，各注采井靶式流量计数据之和与超声波流量计误差在12%~20%变化，误差值较大，影响气藏动态分析，计划采用超声波流量计替代现有的靶式流量计。同时将联合厂家继续开展管道和设备降噪研究，确保超声波流量计计量准确性，为储气库科学注采提供数据支撑。

(三)三相流量计量技术

目前国内已经建成和在建的储气库多为油气藏型储气库,单井采出的天然气携带油和水,油、气、水三相流量计量是一个世界性难题,如何实现单井油、气、水三相的计量,为地质部门提供可靠的第一手分析资料,为扩大储气库规模和防止边水入侵提供可靠数据支持,一直是地下储气库建设工程地面工程设计面临的难题。目前应用较多的三相流量计量技术均是基于气液两相分离后的计量,可用于运行相对稳定,气质组分及流量变化相对较小的天然气井,无法适应储气库运行工况。此外,随着石油开采和输送过程中的低动力消耗以及低油气损耗的要求不断提高,对简化油气处理工艺提出了更高的要求[3]。

相较于单相流,由于多相流中有多种流体,流体间流速、流体自身的性质各不相同,同时流动过程中流型也会发生变化,因此多相流会复杂得多。流型不同,多相流的流动状态也会不同,而多相流流型的变化是由流体动力效应、瞬时效应、几何方向效应以及流体性质、流体流速、各流体占比综合作用产生的结果,众多的影响因素使得多相流流动状态变化复杂,也给多相流的计量造成了很大的困难。储气库采出气比油田的采气井气质的变化剧烈,对混相计量流量计的适应能力及测量精度提出了较高的要求[4]。

1. 多相流计量技术现状

从 20 世纪 60 年代开始出现了多相流测试技术的研究,国外建立了各种水平、垂直和倾斜的实验环路以研究多相流流动特性。20 世纪 70 年代、80 年代,美国的图尔萨大学和挪威科技工业研究院在多相流体流动力学方面展开了研究。国外诸如 Daniel、Kvaerner、Schlumberger、Euromatic、Texaco、BP 以及 Christian MichelsenRearch/Fluenta 等公司为多相流量计的发展做出了很大的推动,他们进行了大量研究,并设计制造了许多多相流计量装置系统。现在已有可观数量的多相流量计应用于油田生产中,尤其是在海上平台上的使用[5]。

在国内,西安交通大学、清华大学、大庆油田、天津大学和浙江大学、华北油田钻井工艺研究所、兰州海默公司等也积极地投入到油气水多相流量计的开发研制工作中。其中,新疆塔里木石油会战指挥部对塔中油田、轮南作业区首先使用了由兰州海默公司设计的多相流量计用以油井计量,收到了很好的效果。目前大庆油田和胜利油田也已经相继进行了现场油井多相流测试和实验,并对其进行了综合性能评价。总体来说,国内已经看到了多相流计量的重要前景,多相流量计的经济性必将使其在未来的油田应用中有更加重要的作用。

目前国内对于油井的多相计量有了一定的研究,如兰州海默公司的多相流量计已经广泛采用,但对于气井的多相流量计还没有太多的应用实例。国内存在一些单井计量产品,如采油井采用功图法量油,天然气井的单井计量目前还在起步阶段,应用较多的三相计量技术均是基于气液两相分离后的计量,如在四川气田采用过单井计量设备,该设备的主体是一具类似于油井计量分离器的旋流分离器,通过天然气的旋流进行气液分离,分离出的天然气直接计量,分离出的液体通过流量计进行计量,并配置含水分析仪进行在线分析,得出油、水的含量,根据此种方法能够实现油、气、水的三相计量,如图 3 - 1 - 20 所示。

对于天然气井来说此种方法能够实现一定的作用,但该方法最大的局限是含水分析仪一般是针对特定的含水率下的检测,天然气井运行相对稳定,气质组分的变化相对较小,其变化是个长期缓慢的过程。

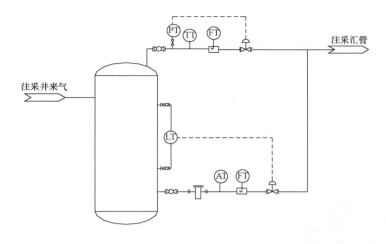

图 3 - 1 - 20　采用三相分离器分离计量油、气、水流量示意图

储气库注采井气质比油田的采气井变化要剧烈得多,如果要再采用含水分析仪的方法去分析油水含量则需要仪表有更大的适应范围,但目前能够适应大范围含水检测的含水分析仪为射线类型的含水分析仪,这种产品对人身和环境都会造成一定的损伤,需要增强管理方能使用,而井场多为无人值守区,无法保证设备绝对完好,因此现有的技术不适用储气库的工况。

2. 多相流计量技术分类

按照计量方式的不同,现已有的多相流流量计量可分为:完全分离式多相流计量、部分分离式多相流计量、不分离式多相流计量和取样分离式多相流计量 4 种。

1)完全分离式多相流计量

完全分离式多相流计量是油田生产中较为传统,同时也是应用较多的计量方式。在油田生产中,井液进入分离装置后先进行气液分离再分别计量气液两相的流量,测出液相的含水率,求出油气水各相含量。再将计量后的气液相汇集到一起再进入到下游的管路中。这种方式占地面积大,耗时长,不能及时反映油田的生产状况。

2)部分分离式多相流计量

部分分离式多相流计量在计量前也将气液两相分离,但与完全分离式不同的是,这种方法在进行气液分离时,只需将两相分离为以气相为主和以液相为主的两部分流体,再将这两部分流体用较为成熟的两相流计量计进行计量。计量液相部分中的含气量和气相部分中的含液量是此种计量方式的关键。相较于完全分离式多相流计量,这种方法占用的空间更小,但由于气液混合物并没有完全分离,因此这种计量方法对提高计量精度没有显著作用。

图 3 - 1 - 21 是目前已在国内油田应用的 GLCC 多相流量计。部分分离计量的关键就是测量出液相中的含气量及气相中的含液量。

3)不分离式多相流计量

不分离式多相流计量是在不对井液作任何分离的情况下实现油气水三相计量,是多相流量计的发展主要方向。采用此种计量方式的多相流流量计有直接将待测多相流引入计量回路进行计量的类型;也有先让各种流型的多相流通过混合器,混合成均匀的混合流体再进行计量

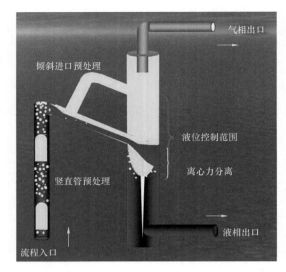

倾斜进口预处理

气相出口

液位控制范围

离心力分离

竖直管预处理

液相出口

流程入口

图 3 - 1 - 21　GLCC 多相流量计

的类型。第一种类型的流量计会受到流型变化的影响,使用时会受到流型的限制;第二种则会造成更大的摩阻损失。这种方式对多相流进行计量技术难度较高,尤其是在对于各相相含量及各相流速的测定。目前,相流速测量技术主要有混合 + 压差法、正排量法和互相关技术,其中互相关技术应用最多。

4）取样分离式多相流计量

取样分离式多相流计量是成比例地从主管来流中提取出部分多相流体,将分流体完全分离后分别计量各相流量,最后再将计量后的单相流体混合在下游与剩余流体汇合。这种方法须保证取样流体与被测流体之间有确定的比例,样本须对流体有代表性,因此,如何取样是影响此种技术精确度的关键所在。

5）多相流计量特点

目前典型的多相流量计有 Agar 在线多相流量计、Roxor RFM 与 Fluenta 1900VI 流量计、Flowsys 多相流量计、Schlumberger 多相流量计、CCM 流量计,上述的流量计各有特点,大多数三相流量计的油、气、水三相的计量误差在 ± 10% 以内。下面从对被测混合流体特性依赖的方面上、从对被测混合流体计量技术的方式上和从对被测混合流体分离的方式上简要比较如下：

（1）从对被测混合流体特性的方面上看,现在的三相流量计都与被测混合流体的特性如质量吸收系数和介电常数紧密相关,为了做到精确地计量被测混合流体,必须经常标定三相流量计的传感器以适应被测混合流体的特性出现的变化。

（2）从被测混合流体计量技术的方式上看,采用 γ 放射线测量技术来测定液相含水率精度高,但有辐射性;采用电导和电容测量技术来测定液相含水率的方法优点是工程造价较低,缺点是都只能对特定流态的被测流体来计量,相分率的计量范围也有限。采用文丘利流量计来测定流体的流量,会造成较大的压力损失,但在均相处理的流体中比较理想;采用微波测量技术来测定液相含水率,适用于各种流态,精度高,数据响应快,量程范围广,适应性高。

（3）从被测混合流体分离的技术上,分离型的三相流量计原理简单,但是不适用于泡状流等不易分离的流型,还有较大的压力损失,而且因为有分离部件,结构复杂,价格高,占地面积大,不加分离型的流量计往往体积较小,智能化程度较高,可以在线连续计量,是今后的发展趋势。

3. 适用于储气库的分离计量

现有的油田采气井计量方法不适用于储气库的工况,需要对现有的计量方法和流程进行改造以满足储气库的计量需求,适应更宽的量程范围。为实现储气库单井计量的需要,对于油气藏型储气库一般集注站内或井场内设置计量分离器将油、气、水三相分离后分别计量,大港

板桥储气库群均采用该种计量方式(图3-1-22)。此工艺缺点如下:

(1)井场与集注站之间距离较远,造成计量滞后。

(2)三相分离器结构相对复杂,且油相和水相调节阀前后压差过大,造成调节阀使用寿命较短,增加了运行维护的困难。

(3)井场与集注站间需增加高压计量管线,大大增加了投资和运行风险,不利于管理。

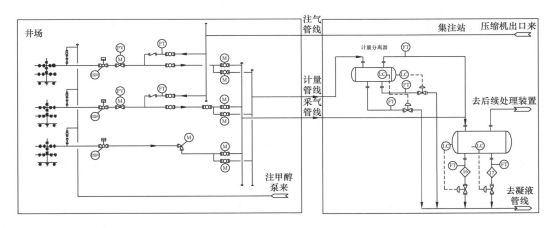

图3-1-22 储气库常用单井计量系统示意图

经过优化改进,将单井计量设置在井场完成,并将原设备尽量进行简化处理。井场设置1座气液两相分离器。经分离器分离出的天然气计量后可以得到单井的采气量,在气相出口设置调节阀对分离器中的液相进行压液处理,压出的液体直接接入注采管道(图3-1-23、图3-1-24)。通过对储气库的分析可以得出每口注采井携液量是个逐渐增多的过程,但对于一个区块介质的物性是相对稳定的,即油、气、水三相的物性和密度是相对稳定的,油的密度可以通过化验得出。

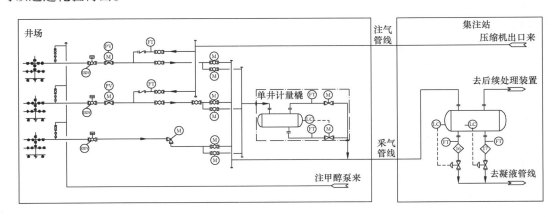

图3-1-23 储气库单井计量系统示意图

由于容器及管道均为同一压力等级,因此运行是安全的。为了保证压液的成功且对液相调节阀和流量计减少冲击,特别是防止气蚀的情况,通过气相调节阀保证分离器的压力高于主管线压力0.1MPa。

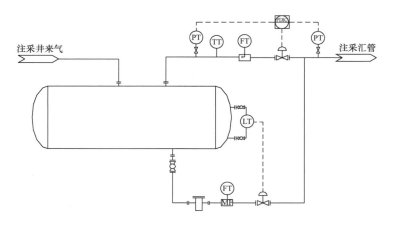

图 3 – 1 – 24 采用部分分离 + 质量流量计单井计量简图

液相计量采用高压质量流量计,通过该流量计对总液量进行计量。由于质量流量计可以检测介质的密度,且同一区块的气井含油品质相对是稳定的,通过前期的化验可以得到油的密度,通过密度的换算可以得出油水的比例。由于井场分离器为两相分离器,在容器中介质较长时间的滞留会造成容器内形成油水分层。为避免油水分层带来的计量偏差,液位控制不采用连续调节方式,而是采用两位式控制,液位控制的下限尽量靠近容器的底部,这样容器底部的容积在整个计量中的比重将大大降低,其造成的误差也将大大降低。通过这样的设置天然气中含油和含水计量将得到解决,且由于整个系统是同一压力等级,在无人值守的情况下设备运行是安全的。

井场 RTU 将用于配合单井计量设备的流量计算,天然气计量需要根据集注站的色谱分析仪提供的数据进行压缩因子计算,并进行温度和压力修正。液相计量也需要 RTU 系统根据实际测量的油水的混合密度、水的密度和化验得来的油密度换算油流量和水流量。

通过这样的设置能够较为方便地实现单井油、气、水的三相计量,由于整个装置和相连的管线均为 1 个压力等级,因此能够在无人值守的情况下,确保装置安全的前提下,实现单井三相计量,且该种设置能够适用含水变化较大的单井计量,所受局限性小。目前该种设计思想的混相计量系统已经在大港油田板南储气库中进行了应用。

混相计量系统结构如图 3 – 1 – 25 所示。

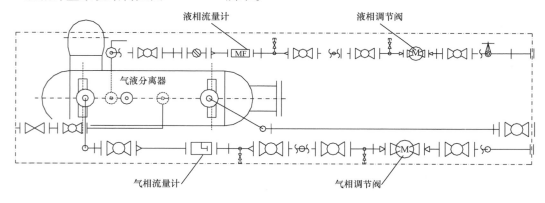

图 3 – 1 – 25 混相计量系统结构图

该计量系统由气液分离器、液相流量计、液相调节阀、气相流量计、气相调节阀组成。气液分离器结构如图 3 – 1 – 26 所示。

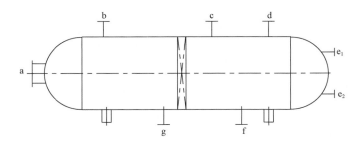

图 3 – 1 – 26　气液分离器结构图

a—人孔；b—油气入口；c—安全阀口；d—气出口；e_1、e_2—远传液位计口；f—凝液出口；g—排污口

气液分离器液位仪表选用双法兰液位变送器和带外绑式磁致伸缩变送器的磁耦合色柱液位计，以确保液位检测的可靠。气相计量选用靶式流量计，液相计量选用高压质量流量计。气相和液相的调节阀均采用电动调节阀。

选用的科里奥利质量流量计可以检测出液体质量和密度。根据储气库的设置，在集注站设置有生产分离器，该生产分离器的运行压力与混相计量系统接近，该生产分离器进行油、气、水三相分离，该油相流量计量也采用了质量流量计，其测量出的密度作为混相计量密度。

根据计算可以得出油、水比，从而实现单井混相计量，具体公式如下：

$$V_{总} = V_{水} + V_{油} \tag{3 – 1 – 3}$$

$$M_{总} = \rho_{水} V_{总} - \rho_{水} V_{油} + \rho_{油} V_{油} \tag{3 – 1 – 4}$$

$$\rho_{混} = (\rho_{水} V_{水} + \rho_{油} V_{油})/V_{总} \tag{3 – 1 – 5}$$

式中　$V_{总}$——油水总体积；

　　　$V_{水}$——水的体积；

　　　$V_{油}$——油的体积；

　　　$M_{总}$——油水总质量；

　　　$\rho_{水}$——水的密度；

　　　$\rho_{油}$——油的密度；

　　　$\rho_{混}$——混合密度。

计量系统采用的 RTU 系统利用井场内设置的 RTU 系统进行控制，该系统能够实现对井场进行安全保护和对井场注采工艺进行控制，并实现计量和采气阀组的远程切换，计量数据的计算和归档。集注站采用 DCS 系统实现对集注站的控制，并实现对井场的远程控制，集注站 DCS 系统与井场 RTU 系统之间通过光传输设备进行通讯，实现数据的交互。

系统的测量准确度可达到以下级别：

（1）靶式流量计测量准确度 1%，用于压力补偿的压力变送器测量准确度为 0.075%，用于温度补偿的温度变送器测量准确度为 ±0.02℃。

（2）液相质量流量计测量准确度 0.2%，该流量计密度测量的准确度为 $0.0005\mathrm{kg/m^3}$，液相流量计总体的测量准确度可控制在 1%。

该系统的测量准确度可满足储气库的需要，其优点主要体现在以下几个方面：

（1）打破原有计量分离集中设置在集注站的常规集输方式，将井场计量系统设置在井场，取消了井场与集注站间的计量管线，优化简化了储气库地面集输系统，大大降低了工程投资。

（2）采用新型计量方式，液相调节阀前后压差小，避免了常规设置方式油相及水相调节阀前后压差过大，造成调节阀使用寿命较短的弊端，给运行维护带来更大便利。

（3）分离器采用两相分离，替代了原有的三相分离器，大大减少了配套计量及调节阀组的数量，降低了工程投资，减少了检修、维护工作量。

（4）计量分离器[6]内部采用高效分离器元件，分离器入口设置进料缓冲装置，可移除气体中夹带的大尺寸微粒及粉尘，大大降低高效滤芯处理负荷，减小设备尺寸，提高分离效率。

（5）液相计量采用高压质量流量计，结合质量流量计可计量总液量、检测介质密度的特点，可计算出单井采油量及采水量，该种计量方式能很好地适应储气库操作压力和流量不断变化、采气携液，油、水产量及性质差异大等特点。

（6）液位控制采用两位式控制，液位控制的下限尽量靠近容器的底部，可避免油水分层带来的计量偏差，降低容器底部的容积在整个计量中的比重，大大降低误差。

（7）气相出口设置调节阀保证分离器的操作压力高于管线压力 0.1MPa，使得液体直接接入采气管道，减少对液相调节阀和流量计冲击，防止气蚀现象产生。

（8）计量分离器及配套计量、调节阀组采用橇装化布置，节省占地，可实现工厂化预制，现场土建施工与成橇厂建造可同时进行，可有效缩短工期，大幅减少现场安装工程量。

目前国内已建及待建储气库多为油藏、凝析气藏型地下储气库，因此均面临单井计量这一难题，该技术通过在每个井场设置单井计量装置，结合两相分离计量及质量流量计特性，能很好地适应储气库操作压力和流量变化范围宽、采气携液，油、水产量及性质差异大等特点，充分考虑了储气库的系统配置，是对油气田常规计量方式的一次重要创新，目前该技术已成功应用于大港油田板南储气库、辽河油田双 6 储气库。

（四）不同类型储气库单井计量方式选择

对于纯气藏改建的储气库，采气时采出气中仅含有极少量的水，可以考虑注采双向计量，在井口设允许少量带液、能够双向计量的流量计，如超声波流量计、槽道式流量计、均速管流量计等。对于油藏、凝析气藏等改建的储气库，采气时带有较多的油水等液体时，应注采分别计量，可以每口井设一套注气流量计，可选用靶式流量计、孔板流量计或超声波流量计等；采气计量方式需要进行方案对比，可以考虑多井轮换两相或三相分离计量、每口井单独计量等多种方式，分别计量气、油、水的产量，计量分离器可设在多井井场、注采阀组、集配站或集注站。

五、注采井流程标准化

一般情况下注采井口装置具有以下功能中的一部分功能：紧急关断、井口压力检测、井口温度检测、单井注气量计量和远程调节、单井采气量计量和远程调节、井口节流、注水合物抑制剂、加热炉加热、放空、排污、发球等。

标准化储气库注采井口流程如下：

（1）井口 ESD 系统设置：地面工程和采油工程统一考虑井口紧急切断阀（ESD 阀）的设置，设井下安全阀 1 个、井口 ESD 阀 1 个，控制信号均传至井口控制柜，并上传至井口 RTU，且可以接收集注站控制中心发送的关井信号。ESD 阀门应尽量靠近井口采气树。

（2）井口注气、采气计量。

满足注气、采气双向计量的，在井口设双向计量流量计，可以选择能够双向计量、允许少量带液的超声波流量计、靶式流量计。

注气、采气分开计量的，在井口设注气流量计，注气流量计可选用靶式流量计、孔板流量计或超声波流量计。在多井井场或者集配站设多井轮换计量装置，分别计量油、气、水的产量。

（3）注气量、采气量调节。

注采井口有必要设置注气、采气气量调节，可采用轴流式双向调节阀。双向调节阀不能满足要求的，可以在采气支路上设角式节流阀，注气支路上设电动节流截止阀。

（4）防止水合物生成措施。

储气库井口流程应尽可能简化，井口设采气节流的，应计算后确定节流后压力，尽量保证节流后温度高于水合物生成温度、原油/凝析油的凝固点和析蜡点，正常生产时，尽量不考虑防止水合物生成工艺。当原油/凝析油的凝固点和析蜡点很高时，可以采用加热节流工艺。

在开井初期，节流阀后背压低、地温场还未建立，节流后温度会低于正常生产时的温度，可能形成水合物，可采取临时防止水合物生成的措施。可以选择注醇或者加热工艺，计算对比后确定。

（5）放空。

无特殊要求的，井场不设置固定的放空立管，可以根据需要设置就地手动放空口，需要设双阀，即球阀＋节流截止放空阀。修井时可接入临时放喷管将放空介质引至安全地点。

推荐的井口标准化流程：

（1）纯气藏储气库单井井场，注采组分相差不大，建议采用如图 3-1-27 所示流程。

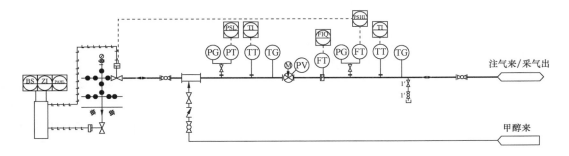

图 3-1-27 推荐井口标准化流程（注采合一、注醇）

（2）油气藏型储气库单井井场，油水产量较高，建议采用如图 3-1-28 所示流程。

（3）油气藏型储气库多井井场，注采分开，建议采用如图 3-1-29 所示流程。

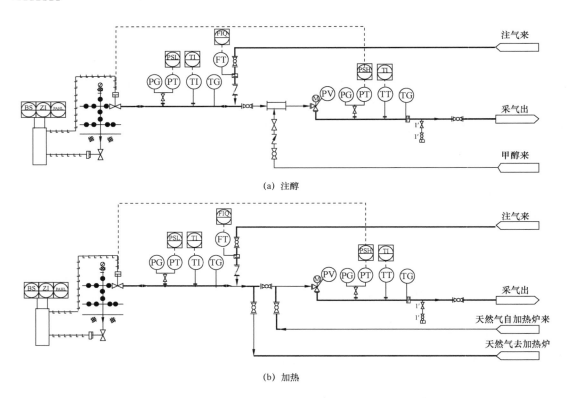

(a) 注醇

(b) 加热

图 3 - 1 - 28　推荐注采井口流程图（注采分开、注醇/加热）

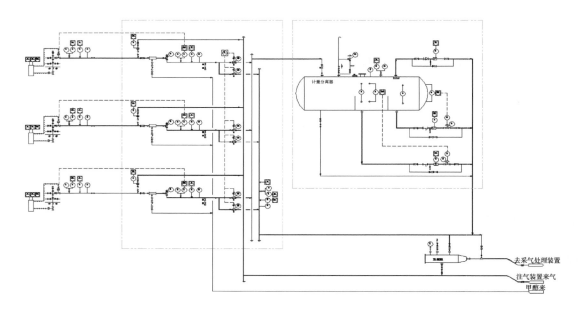

图 3 - 1 - 29　推荐多井井场流程图

第二节 注气增压技术

一、注气工艺需求

注气系统应满足以下基本要求：

(1)注气装置设计规模应根据地下储气库的库容和注气能力,结合长输管道供气能力、用户调峰需求确定;

(2)注气装置能力宜满足长输管道"低峰月低峰日"的调峰要求;

(3)注气装置应满足整个地下储气库运行周期内的工况范围条件要求。

(一)注气系统压力

注气系统压力的决定因素是输气管网的输气压力与地下储气库的地层压力。当输气管网压力较高而地下储气库地层压力较低,利用两者间压力差即可将天然气注入地下时,可利用管压注气。此注气方式输气管网与地下储气库间联络线、地下储气库注气装置、单井注气管线均为高压,操作难度大、安全性要求高。

对于大多数地下储气库而言,特别是枯竭油气藏型地下储气库,输气管网的运行压力一般较低而地层储气压力较高,输气管网压力不能满足注气要求,因此需设置压缩机,天然气增压才能后注入地下储存。

利用注气压缩机增压注气的地下储气库,注气系统压力可分为不同级别,注气压缩机以前的系统压力一般与输气管网的运行压力一致,注气压缩机以后的系统压力与注气条件下所需的井口压力一致。当注气压缩机为多级压缩时,压缩机还存在级间压力系统,注气压缩机最末一级出口压力的计算可由以下公式得出:

$$p_{d} = p_{地层} + \Delta p_1 - H + f_1 + f_2 + \Delta p_2 \qquad (3-2-1)$$

注气:

$$p_{wk} = p_{地层} + \Delta p_1 - H + f_1 \qquad (3-2-2)$$

式中 p_d——注气压缩机出口压力,MPa;

p_{wk}——井口压力,MPa;

$p_{地层}$——地下储气库地层压力,MPa;

Δp_1——地层与管柱之间为保证一定单井生产能力需要的流动差压,MPa;

H——由于井口与地层位差产生的静液柱差压,MPa;

f_1——注气时在管柱上产生的流动摩阻,MPa;

f_2——注气管线产生的摩阻,MPa;

Δp_2——注气压缩机后冷器、注气压缩机出口过滤器(如果有)产生的压差,MPa。

一般情况下,地层压力及井底流压由地质设计部门确定,管柱压差由钻采设计部门确定。

(二)压缩机注气工艺

地下储气库注气工艺包括管压注气与注气压缩机注气两种形式,两种流程的差别在于是否设置注气压缩机,这需要结合整个注采气系统全面考虑,在大多数情况下需要设置注气压缩机,只有当储气库来气压力高于井口压力时,才直接利用管压注气。气藏型储气库一般地层压力较高,地层压力与干气进站压力压差较大,需要利用注气压缩机增压才能将干气注入地下,同时为了保护注气压缩机和地层,需要在压缩机入口设置过滤分离设施。

长输管道来天然气经过滤器过滤掉其中夹带的杂质后,进入注气压缩机,压缩后经压缩机后冷却器冷却,进入注气汇管,并经配气阀组分别注入注气井内。储气压力可在一定程度上高于原始地层压力,但注入压力的高低应以不破坏盖层结构和储层结构为前提。

1. 压缩机入口分离工艺

按照 GB 50251—2015《输气管道工程设计规范》的要求,由于天然气管道在运输、施工过程中不可避免地会造成管内积存粉尘颗粒等异物,在清管过程中,不能完全清扫干净,天然气中的粉尘是影响注气压缩机运行周期的重要因素,同时也有可能堵塞地层,降低地层的注气能力,注气压缩机入口天然气含尘应小于 1ppm(粒径应小于 $2\mu m$)。

为满足注气压缩机入口天然气含尘量的要求,需根据集注站注气系统能力设置过滤分离器,天然气通过过滤分离设备的压力损失应低于 0.1MPa。目前储气库一般采用"旋风分离器 + 过滤分离器"两级过滤。在过滤分离器前增设旋风分离器,主要用于对天然气中携带的砂和铁锈等大颗粒固体杂质及少量的游离水和轻烃等液滴进行粗过滤。考虑运行维护方便,过滤、分离设施应设置备用,过滤器上应设置压差检测报警设施。

2. 压缩机出口除油工艺

注气压缩机的出口压力较高,通常在 10MPa 以上,因此往复式压缩机在地下储气库注气中应用比较普遍。往复式压缩机常采用带油润滑的运行方式,部分润滑油不可避免会随着注入气体进入地层,影响地层的注气能力,压缩机出口润滑油的含量要求由地质部门确定。

注气系统典型工艺流程如图 3-2-1 所示。

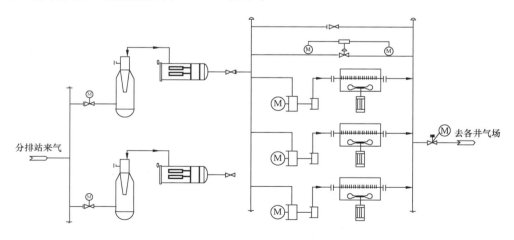

图 3-2-1　注气系统典型工艺流程

（三）注气压缩机特点

（1）气量变化范围大。

为满足用户调峰气量需求，注气期地下储气库的注气量存在波动范围较大的特点，具体情况根据气源气量、管网输气能力、用户类型、用户用气量各有差异，注气压缩机需适应地下储气库的大气量波动要求。

（2）压力变化范围大。

与油气田开发不同，地下储气库采用循环注采气模式运行，经过一个采气周期的运行后，地层中储气量达到最小值、地层压力达到最低值。注气期开始后，随着调峰气量的波动，注气压缩机入口压力也不断波动，注气压缩机需适应入口压力的波动要求。

同时，随着输气干线来的天然气不断注入地下，地下储气库地层储气量不断增加，地层压力也不断升高，井口压力也随之升高，到注气末期，地层储气量达最大值，地层压力与井口压力也达到最高。对于凝析油气藏型地下储气库，井口压力可由注气初期的几兆帕升高至注气末期的 $30 \sim 50MPa$，压力的大范围波动对注气压缩机的适应能力提出了较高的要求。

（3）安全性要求高。

地下储气库除了满足调峰功能，还要满足输气管道事故状态下的安全供气要求，这就要求储气库要保证随时能够投入生产运行，这对注气工艺、注气设施的选型与配置提出了较高的要求。

（4）气质要求高。

应保证注入地下的天然气的气质，不能对地层造成污染。

（四）注气压缩机设计参数的确定

1. 压缩机排量

压缩机排量应根据地层储气能力、季节调峰气量、日调峰气量确定。国内已建储气库注气系统是按照"均采均注"的原则进行设计，为满足气量波动的要求，压缩机排气量的确定宜适当留有余地。

根据大港储气库群2005—2011年生产运行动态，统计了2005—2011年最大日注气量与平均日注气量的数据，分析了对储气库最大日注气量与平均日注气量的关系，详见表3-2-1。

表3-2-1 大港储气库群历年日最大注气量与日平均注气量数据表

序号	时间	年注气量 （$10^4 m^3$）	平均日注气量 （$10^4 m^3$）	最大日注气量 （$10^4 m^3$）	日不均匀系数 （最大日注气量/平均日注气量）
1	2005 年	43619	198. 27	360. 65	1. 82
2	2006 年	34547	157. 03	651. 93	4. 15
3	2007 年	79431	361. 05	446. 16	1. 24
4	2008 年	117399	533. 63	651. 93	1. 22
5	2009 年	142855	649. 34	1012. 56	1. 56
6	2010 年	62863	285. 74	931. 65	3. 26
7	2011 年	144025	654. 66	1178. 64	1. 80
平均					2. 15

根据表 3-2-1 分析,储气库最大日注气量与平均日注气量比值为 1.22~4.15,平均比值为 2.15。考虑到 2006 年、2010 年最大日注气量与平均日注气量比值出现异常。如果剔除异常因素,储气库最大日注气量与平均日注气量的比值为 1.6。

图 3-2-2 展示了 2010 年注气期,大张坨地下储气库日注气量波动情况。

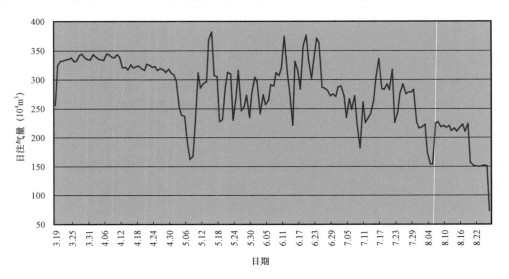

图 3-2-2 2010 年注气期,大张坨地下储气库日注气量变化情况

可以发现,2010 年注气期间虽然大张坨储气库的最大日注气量只达到日平均注气量的 130% 左右,但最低日注气量为日平均注气量的 25%。具体情况根据气源气量、管网输气能力、用户类型、用户用气量各有差异,注气压缩机需适应地下储气库的大气量波动要求。

需要指出的是,近年来由于全球气候变暖造成了暖冬现象,导致原本是采气期的一段时间中出现了管道气量过剩的现象,储气库不得不实行注气。此时的注气量通常较低,甚至能达到设计规模的 20% 以下。同时,随着我国天然气管网日趋完善,管道自身调峰能力不断增强,储气库群的建设日益增多,对单个储气库的调峰能力要求将逐渐削弱,储气库设计中可根据储气库功能定位不同,最低日注气量可按照日平均注气量的 20%~30% 选取。

2. 压缩机入口压力

压缩机入口压力取决于输气管网的压力,与输气管网至地下储气库间联络线的末点压力相同,并随之波动。当注气压缩机也作为采气压缩机使用时,压缩机入口压力要适应采气系统运行压力要求。当露点控制装置压力高于注气期输气管网压力时,注气压缩机进口一侧的设备及管线设计压力要按采气系统压力考虑。

3. 压缩机出口压力

压缩机出口压力主要取决于地层压力,并受注采井柱选型的影响。

4. 压缩机入口温度

一般,压缩机入口温度等于输气管网来天然气温度,但当来气管线压力波动大,压缩机无法满足其波动范围时,压缩机入口处可安装压力调节阀,此时,压缩机入口的温度要考虑阀门节流的温降影响,同时,要考虑天然气节流后,是否有液体析出,从而采取相应过滤分离措施,避免对压缩机运行产生危害。

5. 压缩机出口温度

压缩机出口温度是由压缩机组的出口压力、天然气性质、压缩机压比、压缩机效率等确定,不同型号注气压缩机所能达到的出口温度不同,压缩机出口一般设置有后冷却器,经冷却器冷却后的天然气温度的确定需要考虑以下几个因素:

(1)注气管线外防腐层的性质:当采用 PE 防腐层时,一般最高的注气温度不超过70℃,若超过 70℃时则应采用 TP 防腐层。

(2)当不保温时,要考虑埋地注气管线对地表农作物的影响问题。

(3)注气管线的运行温度要满足注气管线的应力分析要求。

二、压缩机类型

适合地下储气库工况要求的压缩机主要有往复式压缩机和离心式压缩机,目前在技术上两种机型都比较成熟。

(一)往复式压缩机

往复式压缩机是指通过气缸内活塞或隔膜的往复运动使缸体容积周期变化并实现气体的增压和输送的一种压缩机,属容积型压缩机。往复式压缩机实际入口流量范围在 $2 \sim 8000 m^3/h$,出口压力可达 480MPa,特别适用于小流量、高排出压力的场合。往复式压缩机的压比通常是3:1 或 4:1,在理论上往复式压缩机压比可以无限制,但太高的压比会使热效率和机械效率下降,而且会导致较高的机械应力和排气温度,由于压缩机在压缩过程中基本为绝热过程,因此在压缩过程中,气体温度会升高,然而,一般压缩机润滑油的闪点在 $200 \sim 240℃$,当压缩气体的温度超过润滑油闪点时,润滑油就会烧焦,造成润滑困难。因此,规定压缩机每级压缩最高排出温度不能超过 150℃,所选择的活塞式压缩机的每一级的压缩比一般不大于 4:1。往复式压缩机的综合热效率为 $0.75 \sim 0.85$。

由于往复式压缩机有效率高、压力范围宽、流量调节方便等优点,在气田集输、地下储气库等领域得到了广泛应用,在输气管道中也有应用。现在新型的往复式压缩机更是以效率、可靠性和可维修性作为设计重点:效率超过 0.95,具有非常高的可靠性;容易维护,两次大修之间的不间断运行时间可在 3 年以上。往复式压缩机单机功率较低,一般单机功率小于 5000kW,最大可达到 6000kW。

概括起来,往复式压缩机主要有以下优点:

(1)应用广泛,制造技术成熟,结构简单,而且对加工材料和加工工艺要求较低,造价比较低。

(2)适用压力范围广,从高压到低压都适用。不论流量大小,均能达到所需压力。

(3)热效率高,单位耗电量少。

(4)适应性强,即排气范围较广,且不受压力高低影响,能适应较广阔的压力范围和制冷量要求。

(5)可维修性强。

（6）对材料要求低,多用普通钢铁材料,加工较容易,造价也较低廉。

（7）技术上较为成熟,生产使用上积累了丰富的经验。

其缺点主要为:

（1）无法实现较高转速,机器外形尺寸及重量大,不容易实现轻量化。

（2）排气不连续,造成气流脉动。

（3）运转时有较大的震动。

(二)普通离心式压缩机

离心式压缩机是一种叶片旋转式压缩机。在离心式压缩机中,高速旋转的叶轮给予气体的离心力作用,以及在扩压通道中给予气体的扩压作用,使气体压力得到提高。离心式压缩机的壳体分为水平剖分和垂直剖分两种形式。对于小流量的离心式压缩机来说,水平剖分型离心式压缩机可应用于压力在 $5.52 \sim 6.89$ MPa 范围,垂直剖分型离心式压缩机的压力应用范围比水平剖分型离心式压缩机的要高。目前,欧洲生产的离心式压缩机单缸压力最高的已超过 90MPa,单缸最大入口实际流量已达 $70 \times 10^4 m^3/h$。而西气东输干线管道采用的离心式压缩机,单缸入口实际流量不到 $2 \times 10^4 m^3/h$。

专门用于储气库的压缩机为单轴多级垂直剖分型离心式压缩机,压缩机的出口压力范围在 $0.1 \sim 90$MPa 之间,普通压缩机出口压力 $\leqslant 20$MPa,高压压缩机出口压力 $\leqslant 35$MPa,需要特殊设计的超高压压缩机出口压力 > 35MPa,实际入口流率为 $250 \sim 480000 m^3/h$,转速为 $3000 \sim 20000 r/min$。压缩机的应用范围非常宽,能够满足我国储气库的要求。

离心式压缩机有单级和多级之分。单级压缩机用于压比较小的场合,为了提高压比,离心式压缩机又做成多级叶轮。但由于轴承间的跨度不能太大,故叶轮最多能达 $6 \sim 8$ 级。离心式压缩机每级压比在 $1.1 \sim 1.5$ 之间,出口温度为 $205 \sim 232$℃。图 3-2-3 和图 3-2-4 分别为单轴多级离心式压缩机结构示意图和成品外形图。垂直剖分型离心式压缩机结构如图 3-2-5 所示。

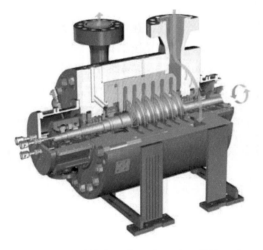

图 3-2-3　单轴多级离心式压缩机结构示意图

图 3-2-4　单轴多级离心式压缩机成品外形图

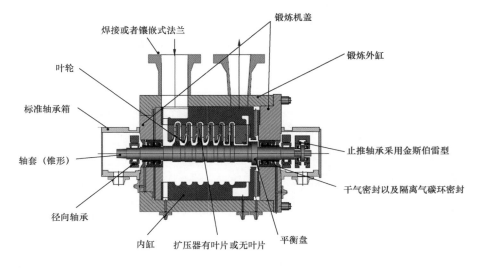

图 3 - 2 - 5　垂直剖分型离心式压缩机结构图

压缩机的级间密封一般采用迷宫式密封,轴端密封一般采用干气密封,主密封气采用被压缩介质——天然气,隔离气采用仪表风。按照 API 标准相关要求,轴密封一般 20 年不需要大修,只需更换干气密封的易损件。一般 5~6 年更换一次密封盘,有大约 40% 的概率需要更换密封芯。

对于压比大、级数多的压缩机,可以在一个轴上安装几个壳,多壳压缩机外形如图 3 - 2 - 6 所示。

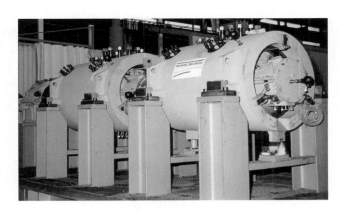

图 3 - 2 - 6　多壳压缩机外形

电动机驱动离心式压缩机可以采用变频调速,变频范围一般在 65%~105%,机械效率在 85% 左右,而且偏离额定工作点越远,效率越低,高效工作范围窄,当流量降低到某一数值时还会发生喘振现象;离心式压缩机单机功率较高,一般单机功率在 2000kW 以上,功率大的达 50000kW。

概括起来,离心式压缩机主要有以下优点:

(1)结构紧凑,外形尺寸小,重量轻,振动小,基础结构尺寸小。

（2）排气连续、均匀，不需要级间中间罐等装置。

（3）易损件少。

（4）除轴承外，机件内部不需润滑，润滑油耗量小，不污染增压的天然气。

（5）维修工作量小，调节方便。

其缺点主要为：

（1）制造工艺精密复杂，大修工作一般只能在国外进行，设备费用高。

（2）适用于排气量大的场合，可调压力、流量范围小，只能通过转速来调节流量和压力，调节不稳定时易造成机组喘振。

（三）整体式磁悬浮离心式压缩机

整体式磁悬浮离心式压缩机（图3-2-7），具有能耗低，密封性能好，最大转速高，振动小，无需润滑油系统等优点。

离心式压缩机组在运行过程中发生的故障的55%来源于润滑和密封系统，为提高机组安全可靠性，自20世纪80年代以来，世界各大压缩机厂商相继开发了基于电磁轴承的一体式无油润滑压缩机系统，在储气库上得到了成功的应用。该种压缩机由德国和瑞士公司在20世纪80年代发展起来，并于1990年将第一台机组投入了商业运行。此类压缩机是基于三大新兴技术成果发展而来的：磁悬浮轴承；高速电动机（最高转速可达20000r/min）；大功率变频器。

整体式磁悬浮电驱离心式压缩机将电动机与压缩机封装在一起，采用电磁轴承支撑，用流程气冷却。采用电磁轴承，可充分利用其转子、定子无接触，无机械摩擦损失，效率更高，由于使用了磁悬浮轴承，压缩机取消了润滑油及其辅助系统，从而大大简化了操作和维护；由于使用了高速电动机，电动机可以直接驱动压缩机，从而不需要增速齿轮箱，并且电动机和压缩机可以作为一体，从而取消了干气密封系统，大大提高了压缩机的可靠性，结构如图3-2-7所示。由于使用了大功率变频器，可以使压缩机的单台功率达到22000kW，可以通过压缩机的转速调节来适应工况变化，转速的调节范围可达30%～105%。经过不断的发展，整体式磁悬浮离心压缩机已经广泛地应用于天然气管线增压、地下储气库、气体采集等领域，并且向炼油化工等领域发展。目前，整体式离心式压缩机在欧洲储气库注气压缩机得到广泛应用。

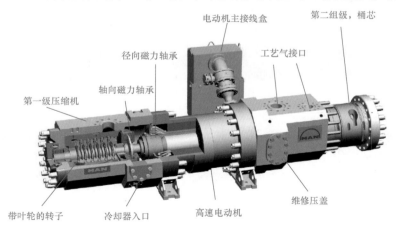

图3-2-7　整体式磁悬浮变频调速离心式压缩机示意图

1. 整体式磁悬浮离心式压缩机流量、压力及功率

目前,整体式磁悬浮离心式压缩机出口压力能够达到23MPa,最大实际排量达35000m³/h。机组单机功率为4～15MW,比较成熟的产品最大功率为13MW,最大转速12000r/min。当压缩机负荷为8MW、9MW,转速为12000r/min时效率最高。当压缩机负荷为10MW时,压缩机二级效率下降,如果继续增加压缩机功率会导致效率下降而不经济,因此压缩机负荷不宜大于13MW。多级多叶轮机组压比范围可达到2.0～4.5。

2. 整体式磁悬浮离心式压缩机优点

(1) 与普通离心式压缩机相比,整体式磁悬浮离心式压缩机有以下优点:

① 由于不需要润滑油系统,所以整体式磁悬浮离心式压缩机整个系统大大简化,减少了大量的现场工作。

图3-2-8上侧为普通电动机驱动离心式压缩机典型布置,下侧为整体式磁悬浮离心式压缩机典型布置,整体式磁悬浮离心式压缩机占地面积比普通离心式压缩机减少40%,整体安装费用可降低15%以上。

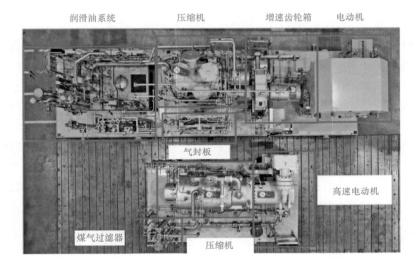

图3-2-8 整体式磁悬浮离心式压缩机与普通离心式压缩机橇大小对比

② 由于不需要密封系统,所以压缩机的可靠性大大提高了。

③ 零备件大大减少,使用和维护成本降低。根据法国运行商统计,普通电驱离心式压缩机维护成本为30欧元/运行小时,整体式磁悬浮离心式压缩机维护成本为18欧元/运行小时。

④ 由于压缩机和电动机同轴,并使用了磁力轴承,压缩机操作转速在压缩机的第一临界转速以下。因此,压缩机的转速范围可以在30%～105%调节,这是普通的离心式压缩机无法做到的。这一转速范围,大大地扩大了压缩机对不同操作工况的适应范围,在作为注气压缩机应用上有特殊重要的意义。同时由于以上特点,整体式磁悬浮离心式压缩机在操作范围内的总体效率,要高于普通离心式压缩机,从而使操作成本降低。

⑤ 待机时可带压,不需要使用密封气保压。

⑥ 整体式磁悬浮离心式压缩机 30s 可启机，3 ~ 4min 达到最高转速。普通电驱离心式压缩机由于润滑油系统需要预热，启动时间通常在 10 ~ 15min。这一特点适应储气库注气压缩机经常启停的特点。

（2）与往复式压缩机相比，整体式磁悬浮离心式压缩机有以下优点：

① 单机流量和功率比较大，一台整体式磁悬浮离心式压缩机可以达到 2 ~ 3 台往复式压缩机的工作流量（压比相同）。节约了采购成本、工程建设成本和占地。

② 可以基本做到免维护。大大地节约了维护成本和零备件成本，也大大地提高了机组的可靠性。

③ 可以方便地调节流量和压力，自动化程度高，为今后用户将整个地下储气库联网运行，自动调配打下基础。

④ 机组在经常启停的情况下，仍能很好地保证机组的可靠性。

⑤ 大大地降低噪声污染。

三、注气压缩机选型配置技术

（一）国内已建储气库注气压缩机选型原则

国内已建的地下储气库主要为枯竭油气藏型地下储气库，此类型气库地层埋层深，地层压力高，随着天然气的不断注入，地层压力不断升高，压缩机出口压力波动大。由于往复式压缩机从适应性、运行上都更能适应出口压力高且波动范围大，入口条件相对不稳定的情况，在注气效率、操作灵活性、能耗、建设投资、交货期等方面具有突出优势，国内已建的储气库均采用往复式压缩机。

注气压缩机组选型与匹配主要包括确定机组的参数、型式、驱动机型式及台数等。机组设计参数包括入口压力、入口流量以及出口压力等，各项参数需要综合气源参数、长输管道系统参数及储气库注气期运行参数进行分析优化确定。压缩机出口压力根据储气库地层工作压力区间确定，同时还需要考虑注气井井身结构、注气井深度等造成的注气沿程摩阻，一般需满足注气末期地层压力需求。压缩机入口压力根据长输管线注气期供气量、用户用气量以及长输管道配套的其他地下储气库的注气量进行平衡分析，较大的压力波动可在压缩机前通过设置调节阀进行调节。

从机组灵活性分析，机组台数越多，灵活性越好，但投资和备品备件费用相应增加，天然气发动机转速可以在 60% ~ 100% 范围内变化，最适当的范围是在 80% ~ 100% 范围内变化。综合考虑气量平衡和各种工况出现的概率，只需保证偏离正常工况操作参数出现的概率达到最小，压缩机和发动机大部分工作时间处于较适当的工作范围，即可认为压缩机台数匹配是合理的。所以压缩机组台数匹配的基本原则即为尽可能地选用大功率机组，同时兼顾小流量工况出现的概率；机组台数不宜少于 2 台；不设备用机组。在需要设置采气增压流程时，注气压缩机应按照注气工况进行选型，同时兼顾适应采气增压工况。国内主要已建季节调峰型储气库的注气压缩机配置情况见表 3 - 2 - 2。

（二）国外储气库注气压缩机选型配置情况

美国储气库注气压缩机大多采用往复式压缩机，而欧洲国家国内基本无天然气资源，天然气主要依赖进口,而且国土面积相对较小,对于大型储气库多采用离心式压缩机或离心式压缩机与往复式压缩机组合的配置,以大幅减少机组数量,降低设备投资和占地。

表3-2-2　国内已建季节调峰型储气库注气压缩机配置情况

序号	储气库名称	设计工作气量 (10^8m^3)	注气规模($10^4m^3/d$)	机组排量 ($10^4m^3/d$)	数量	压缩机类型	发动机功率 (kW)
1	大张坨	6	320	60~90	4	燃驱往复	3531
2	板876	1.89	100	30~70	2	燃驱往复	2458
3	板中北高点（一期）	10.97	150	60~90	2	燃驱往复	3531
4	板中北高点（二期）		420	60~90	2	燃驱往复	3531
5	板中南高点	4.7	405	60~80	3	燃驱往复	3531
6	板808、板828	6.74	360	90	4	燃驱往复	3531
7	刘庄一期	2.45	150	75	2	电驱往复	2000
8	辽河双6	16	1200	142	8	电驱往复	4500
9	华北苏桥	23.32	1300	115	2	电驱往复	4500
				110	2		4000
				80			3500
10	大港板南	4.27	300	100	3	电驱往复	4000
11	长庆榆林南	55	2750	209	6	电驱往复	4500
				204	9		4500
				180	2		4000
12	西南相国寺		1400	166	8	电驱往复	4000

如荷兰 Shell 公司所属 Norg 储气库,总库容达到 $270 \times 10^8m^3$,工作气量 $30 \times 10^8m^3$（一期）,注气量$(1200~2400) \times 10^4m^3/d$,最高工作压力 30MPa。注气系统设置 2 台电驱离心式压缩机,电动机额定功率为 38MW,转速为 10558r/min,不设置备用。德国 Wintershall 公司 Rehden 储气库采用枯竭气藏建库,注采井工作压力 11~28MPa,总有效工作气量 $42 \times 10^8m^3$,最大注气能力 $140 \times 10^4m^3/h$。压缩机全部采用离心式压缩机,采用两段增压。一段有 5 台,全部为燃气轮机驱动,其中 2 台 10MW、2 台 9MW、1 台 25MW,入口压力 6~8MPa,出口压力 21MPa;二段有 2 台,为电动机驱动,均为 12.5MW,入口压力 21MPa,出口压力 26MPa。

（三）离心式压缩机在储气库中的应用模式

随着储气库的不断建设,国内出现了规模较大的储气库,例如中国石油已建的西南相国寺储气库有效工作气量已达到 $22.8 \times 10^8m^3$。

离心式压缩机主要优点为排量大、重量轻、结构简单,但流量调节范围较小,小流量运行时容易发生喘振。离心式压缩机可以通过变转速和防喘振旁路的组合调节方式实现气量和出口压力范围。为了保证转子运行平稳,一般要求调速范围为设计转速的70%～105%。进行变工况调节时首先采用变转速调节,当单独调节转速不能满足要求时,通过控制防喘振阀门的开度进行旁路调节。

1. 单轴多级离心式压缩机

利用离心式压缩机可并可串的特点,采用两段压缩的方式,设置不同型号的压缩机,大小搭配,灵活组合(图3-2-9)。

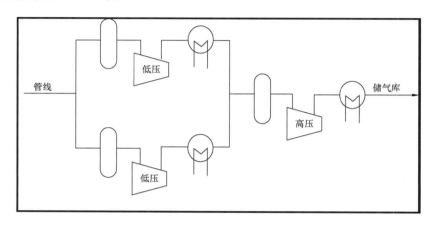

图3-2-9　单轴多级离心式压缩机应用模式示意图

2. 单轴多壳离心式压缩机

单轴多壳离心式压缩机的应用可以有三种方式:串联、并联、背对背(图3-2-10)。

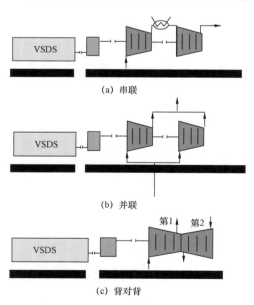

(a) 串联

(b) 并联

(c) 背对背

图3-2-10　单轴多壳离心式
压缩机应用模式示意图

3. 整体式磁悬浮离心式压缩机

这类压缩机两级缸可串联、并联,以2台相同的压缩机为例,可以寻求通过压缩机两级缸的串并联和压缩机组之间的串并联组合来满足注气工况需求,例如在注气初期,运行单台压缩机,或两台压缩机并联运行,在注气末期,两台压缩机串联运行。

1)单机运行

单机运行,机组的一、二级缸串联运行(图3-2-11)。此时,通过合理选型,来满足注气初期工况。

2)两级联合运行

(1)两台机组并联运行(图3-2-12),每台机组的一、二级缸串联。相对于单机运行的扬程不变,而流量是单机运行的2倍,可用于注气初期大排量注气工况。

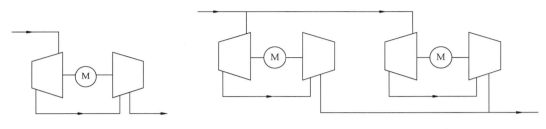

图 3 - 2 - 11 单机运行示意图   图 3 - 2 - 12 机组并联运行示意图

（2）两台机组串联运行（图 3 - 2 - 13），一台机组的一级缸和二级缸并联，另外一台机组的一、二级缸串联。可用于注气末期小排量、高压力注气工况。

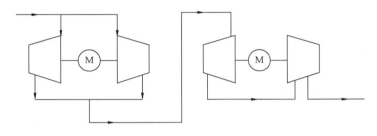

图 3 - 2 - 13 机组串联运行示意图

通过两台机组的联合运行，加上变频调速，可以实现多种注气工况的调节。这类压缩机两级缸可串、并联，以 2 台相同的压缩机为例，可以寻求通过压缩机两级缸的串并联和压缩机组之间的串并联组合来满足注气工况需求，例如在注气初期，运行单台压缩机，或两台压缩机并联运行，在注气末期，两台压缩机串联运行。

（3）一台机组两段串并联运行（图 3 - 2 - 14）。与两台机组串并联联合运行类似，通过优化选型，可通过一台机组两段串并联运行实现对注气工况的适应。

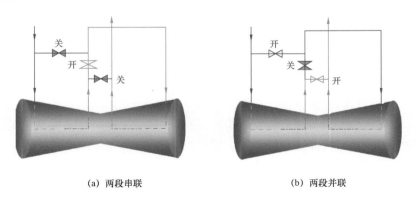

(a) 两段串联   (b) 两段并联

图 3 - 2 - 14 一台机组两段串并联示意图

采用离心式压缩机组则可以大幅减少机组数量，降低设备投资和占地。通过优化离心式压缩机选型和调整串、并联以及采用大、小不同机型的组合配置，离心式压缩机也能很好地适应储气库的变工况运行。例如对于采用往复式压缩机台数多达 8 台的大型储气库,采用 2 台离心式压缩机组即可调节气量波动范围,同时可降低设备投资和占地,目前受国内离心式压缩机生产能力的限制,尚缺少出口压力 30MPa 以上储气库用压缩机的生产应用实例,因此,储气库专用大排量高压力的国产离心式压缩机的应用研究,将成为下一步研究的重点方向。

(四)不同规模储气库注气压缩机选型配置

1. 压缩机形式选择

往复式压缩机组和离心式压缩机组优缺点对比见表 3 - 2 - 3。

表 3 - 2 - 3　往复式与离心式压缩机组优缺对比

项目	往复式压缩机组	离心式压缩机组
优点	(1)机组效率高,压比大; (2)无喘振现象; (3)流量变化对效率的影响较小	(1)机组外形尺寸小,占地面积小,所需安装厂房空间较小; (2)运行摩擦易损件少,使用寿命长,日常维护工作量较小,维护费用低; (3)运行平稳,运行噪声较小
缺点	(1)外形尺寸大,占地面积大; (2)结构复杂,辅助设备多,活动部件多,日常维护工作量较大,维护费用较高; (3)机组运行振动较大,噪声大	(1)机组效率比往复式压缩机组低,能耗费高; (2)低输量时需防止喘振; (3)离心式压缩机对较大的压比适应性较差; (4)机组大修需要在国外进行,所需要的费用较高,耗费的时间较长,而且在一台机组大修期间,没有备用机组,当运行机组出现故障时将导致装置停产

一般情况下,往复式压缩机和离心式压缩机的适用范围见表 3 - 2 - 4。

表 3 - 2 - 4　往复式和离心式压缩机适用范围

压缩机类型	工况流量范围(m³/h)	出口压力[MPa(G)]	功率(kW)	流量调节范围(%)
往复式压缩机	2 ~ 8000	≤480	<6000	20 ~ 100 (配置无级气量调节系统)
离心式压缩机	250 ~ 480000	普通≤20,高压≤35,超高压 >35,最高达 90	2000 ~ 40000	65 ~ 105 (配置变频电动机)

通过国外调研及对离心式压缩机在储气库中应用可行分析,地下储气库注气压缩机选型在单一采用往复式压缩机基础上,可扩展应用离心式压缩机。小型储气库可采用往复式压缩机组合,但注气规模较大,在单机排量限制造成压缩机数量过多的情况下,需考虑离心式压缩机。离心式压缩机选型要求机组有较宽的稳定工作区,运行工况避开喘振流量范围,并且尽量保证单机排量下限满足储气库注气波动的下限要求。

通过对不同规模的储气库采用往复式压缩机、往复式 + 离心式压缩机、离心式压缩机配置,考虑经济性及对气量波动的适应性等方面进行综合对比分析确定,对于有效工作气量 $5 \times 10^8 m^3$ 及以下调峰型储气库适合采用 2 台往复式注气压缩机配置;$10 \times 10^8 m^3$ 小型储气库宜采用离心式压缩机与往复式压缩机组合的方式;$15 \times 10^8 m^3$ 以上的储气库适合采用大、小不同型号的离心式压缩机组,由于压缩机进出口压力范围及气量波动存在不确定性,对于新建储气库注气压缩机配置方案选择应根据具体技术经济比选而定。

2. 驱动机选择

1) 驱动机类型

与注气压缩机配套使用的驱动机中,驱动方式主要包括电动机、燃气发动机、燃气透平等。

(1) 电动机。

根据国内外驱动机与压缩机的运行及配置情况,电动机广泛作为离心式压缩机和往复式压缩机的驱动机,电动机具有效率高、噪声低、重量轻、易维护的特点。缺点是转速一定,当电动机带动离心式压缩机时,除非工况十分稳定,否则需采用变频电动机技术,大功率变频器的使用对电网造成影响,因此需要与电网调度部门进行协调,视具体情况而定。

(2) 燃气发动机。

燃气发动机主要应用于驱动往复式压缩机,具有效率较高、噪声大、重量较大、易维护的特点,大量应用于电力供应不足的地区,燃气发动机的转速可调,调整范围一般为 60% ~ 100%。主要缺点是气缸多,需要定期对气缸内的活塞环等部件进行维护,而且润滑油系统、冷却水系统比较复杂。带透平增压器的燃气发动机一般要求采用后润滑,后润滑油泵要求采用 UPS 电源供电,最常用的大功率的发动机功率在 3400kW 以下,为 16 缸,目前世界著名的燃气发动机公司卡特公司和瓦克夏公司均可生产。燃气发动机驱动与电动机驱动的性能对比见表 3 - 2 - 5。

表 3 - 2 - 5　燃气发动机与电动机驱动技术性能对比

序号	项　目	电动机驱动	燃气发动机驱动
1	输出功率	受环境温度和大气压的影响可忽略	受环境温度和大气压影响,环境温度越高,大气压越低,输出功率越小
2	噪声(距机罩 1m)(dB)	≤90	≤120
3	污染物排放	无	有 CO_2 和微量 NOx 的排放
4	运行可靠性	99.4%	97.5%
5	开车时间	秒级	分级
6	维修	现场维修,时间短	维修工作量大、时间长
7	原料结构	(1) 由供电部门供电; (2) 受供电部门制约; (3) 运行成本受电价制约	(1) 原料天然气自有; (2) 不受供电条件制约; (3) 运行成本受气价影响

(3) 燃气透平。

燃气透平主要应用于驱动离心式压缩机,具有转速可调、功率大、效率较低、不易维护的特点,燃气透平的功率在 6000 ~ 13000kW 之间效率较高。小功率的燃气透平的效率一般在 30% 左右,如果要提高燃气透平的效率,需要增加尾气能量回收装置,相应要增加投资,燃气透平的转数根据功率的不同在几千转至上万转之间不等。燃气透平需要空气增压(透平内带)以及润滑油冷却系统,由于内部燃烧温度高,需要有预润滑和后润滑系统,其润滑油泵一般要求采用 UPS 供电以保证其润滑油供应。现代的燃气透平都采用贫燃技术,以降低烟气中的氮氧化物的排放,满足环保要求。

2）驱动机选型原则

不同驱动机类型各有优缺点,应根据每个项目的具体情况,通过以下几个方面进行综合对比:

（1）电力供应情况。具体包含工程所在地的电力供应是否充足,电力供应是否可靠,电价、变配电设施配备等。

（2）当地的自然环境、社会环境情况。例如,工程所在地是否邻近对噪声敏感站场等。

（3）天然气价格。自用燃料气的价格也是压缩机驱动方式选择的一个重要因素。对于自用气价格,有两种观点,一种观点认为该燃料气是自耗气,可按天然气成本价计算;另一种观点认为该天然气是输气管网来气,属商品天然气,应按商品气销售价格进行计算,此两种观点,至今尚无定论。

（4）设备费用。设备费用是压缩机驱动方式比选的最重要因素,应对不同驱动方式的注气压缩机设备费进行比较,尽可能选设备购置费低的机组。

（5）设备运行及备品备件费用。分析不同驱动类型的注气压缩机的年运行消耗情况,包括燃料消耗、润滑油消耗、备品备件费用等,对年维护成本进行比较。

（6）辅助系统投资。对采用不同型式驱动机时的辅助系统投资进行比较,包括电动机驱动时的输电、变配电、变频系统投资,燃气驱动时的燃料气净化投资、降噪投资等。

根据以上几方面内容,在满足工艺参数要求的前提下,对燃气驱动和电动机驱动的注气压缩机进行投资和运行费用的综合比较,采用费用现值的方法进行对比,得出最优的驱动方案。

需要说明的是:由于绝大部分燃气发动机或者燃气透平的尾气没回收余热,它的能量转化效率要小于大电厂发电的能源综合利用率;再者虽然燃气发动机采用了贫燃技术,还是有一定的氮氧化物的排放;而且随着天然气价格的上涨,电动机驱动机组的经济性日益凸显,在现在国家大力推广节能减排的背景下,驱动形式尽量采用电动机驱动。目前我国已建储气库中,除较早建设的大港储气库群采用燃气发动机驱动,华北储气库群、江苏刘庄储气库以及中国石油天然气集团有限公司建设的第一批6座储气库均采用电动机驱动。

（五）往复式压缩机气量调节方式

目前,尽管压缩机气量调节方法有很多,但能够实现对大型往复式压缩机进行连续、经济、高效、快捷、精确调节的方式并不多。常用的气量调节方法有以下几种。

1. 转速调节

转速调节即通过改变压缩机的转速来调节排气量。这种调节的优点是气量连续,功率消耗小,压缩机各级压比保持不变,而且不需要设置专门的调节机构等,但它仅仅广泛应用于内燃机和汽轮机驱动的压缩机上,可调节其转速在60%～100%的范围内变化,对于电动机驱动的压缩机则需要配置变频器。电动机驱动的往复式压缩机由于受压缩机工作原理的限制,若采用变频电动机在调节过程中会出现一些盲区,且大功率变频电动机＋变频器的设备费比普通电动机高出约100万美元/台,同时又需要大量维护工作,因此,目前在电动机驱动的往复式压缩机上很少采用该方法。此外,变转速调节可能会对压缩机的工作产生不良影响,如气阀颤振、部件磨损大、振动增加、润滑不充分等,这也限制了该方法的广泛应用。

2. 余隙调节

在压缩机的汽缸上,除固定余隙容积外,还有一定的空腔,调节时接入汽缸工作腔,使余隙容积增大,容积系数减小,排气量降低,这就是余隙调节的工作原理。按照补助容积接入方式的不同,又分为连续的、分级的和间断的调节,多用于大型往复式压缩机。这种调节方式的主要缺点是:通常手动调节,且响应速度慢,一般需要与其他调节方式配合使用。虽然采用可变补助余隙容积的方法原则上可以实现0~100%范围内的调节,但结构笨重,可靠性较差,易损件多,维护困难。

3. 进口压力调节

通常在流程设计时,会在压缩机上游设置稳压阀,将压缩机进口压力稳定在设计工况并在一定范围内上下波动。当压缩机进气量降低时,可通过人为调节稳压阀设定压力,保证压缩机在正常工作范围内运行。但这种做法不但浪费了气体本身压力能,而且导致压比增大,排气温度升高,经济性差,仅适用于偶尔调节的场合。

4. 压开进气阀调节

根据进气阀被压开过程的长短,该方法分为全行程压开进气阀调节和部分行程压开进气阀调节。对于全行程压开进气阀调节,在吸气过程中,气体被吸入气缸,在压缩过程中,因为进气阀全开,吸入的气体又被全部推出气缸。假设某压缩机有一个一级双作用气缸,若只顶开活塞侧的进气阀,气量降低50%;如果两侧同时顶开,则排气量为零。所以,可实现气量的0、50%和100%三级调节。可见,全行程压开进气阀的调节幅度较大,仅适用于粗调节。部分行程压开进气阀调节的原理与全行程压开进气阀相似,但它通过控制压缩行程中进气阀的关闭时刻,控制返回气量的多少,从而可以实现气量连续调节。这种方法结构较简单,其调节后功率主要消耗于气流通过气阀的阻力损失,因而也比较经济,但压开阀片时,使阀片受力及变形情况变坏,有损阀片的寿命,适用于转速不高的情况。

5. 旁通回流调节

排气管经由旁通管路和旁通阀门与进气管相连接,调节时只要开启旁通阀,部分排气便又回到进气管道中。这种调节方法比较灵活,而且简单易行,配上自动控制系统调节精度也比较高,但是因为回流气体的全部压缩功都损耗掉,经济性差。故常用来作为压缩机空载启动用的辅助手段,也可用作调节多级压缩机各级压比。

6. 无级气量调节

无级气量调节通过控制进气阀,在压缩冲程前期先将不需要压缩的部分气体通过进气阀排回至压缩机进口,然后才开始真正压缩所需要的气量,最大限度地节约能源,通过智能化的液压调节机构,快速、精准地控制压力和流量,实现气量理论上0~100%的连续调节(实际因压缩机而异,推荐在20%~100%的范围内)。

1)无级气量调节系统工作原理

如图3-2-15所示,随着活塞在压缩机气缸中的往复运动,每个气缸侧的一个正常工作循环包括:(1)余隙容积中残留高压气体的膨胀过程,如图中AB曲线,此时压缩机的进气阀和排气阀均处于正常的关闭状态;(2)进气过程,如BC曲线,此时进气阀在气缸内外压差的作用下开启,进气管线中的气体通过进气阀进入气缸,至 C 点完成相当于气缸 100% 容积流量的进气量,进气阀关闭;(3)CD 为压缩曲线,气缸内的气体在活塞的作用下压缩达到排气压力;(4)DA 为排气过程,排气阀打开,被压缩的气体经过排气阀进入下一级过程。

如果在进气过程到达 C 后,进气阀在执行机构作用下仍被强制地保持开启状态,那么压缩过程并不能沿原压缩曲线由位置 C 到位置 D,而是先由位置 C 到达位置 C_r,此时原吸入气缸中的部分气体通过被顶开的进气阀回流到进气管而不被压缩;待活塞运动到特定的位置 C_r(对应所要求的气量)时,执行机构使顶开进气阀片的强制外力消失,进气阀片回落到阀座上而关闭,气缸内剩余的气体开始被压缩,压缩过程开始沿着位置 C_r 到达位置 D_r。气体达到额定排压后从排气阀排出,容积流量减少。这种调节方法的优点是压缩机的指示功消耗与实际容积流量成正比,是一种简单高效的压缩机流量调节方式。

无级气量调节系统的工作原理是计算机即时处理压缩机运行过程中的状态数据,并将信号反馈至执行机构内电子模块,通过液压执行器来实时控制进气阀的开启与关闭时间,实现压缩机排气量理论上 0 ~ 100% 全行程范围无级调节。图 3 - 2 - 16 为无级调节系统核心的液压执行器和专用气阀示意图。

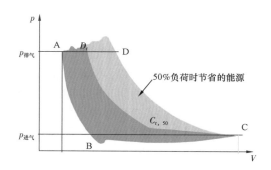

图 3 - 2 - 15 压缩机省功 p—V 图

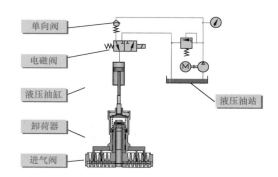

图 3 - 2 - 16 无级气量调节系统的液压执行机构

通过进气阀的延迟关闭,使多余部分气体未经压缩而重新返回到进气总管,压缩循环中只压缩了需要压缩的气量。先进的控制理论和机电技术的结合,使无级气量调节系统在最大限度节省能源的同时,还拥有极高的控制动态特性。根据不同的控制要求和设计,该系统可精确控制各级的状态参数,如压力、流量等。

2)无级气量调节系统基本组成

图 3 - 2 - 17 是无级气量调节系统的基本组成图,它主要由以下几部分组成:中间接口单元 CIU、液压执行器 HA、液压油站 HU、上死点传感器 TDC、服务器单元 HSS、PLC 控制器、压缩机状态监控及相关附件等。

3)无级气量调节系统配置方案

无级气量调节系统从本质上讲是一个可以接受 4 ~20mA 标准电流信号的调节阀,可以很方便地嵌入到用户现有的 DCS 控制系统或 PLC 中。通常在压力传感器的辅助下,DCS 内的 PI 调节器根据装置的实际需求计算出压缩机的负荷百分值(对应 4 ~20mA 电流信号),输送到无级气量调节系统的中间接口单元 CIU,中间接口单元 CIU 进行计算转换后通过现场总线驱动执行机构,完成流量控制的目的。压缩机设置无级气量调节系统主要包括下列内容。

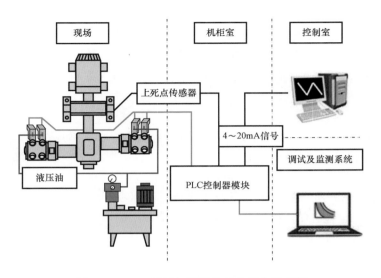

图 3 – 2 – 17　无级气量调节系统基本组成图

（1）执行机构部分。

无级气量调节系统专用进气阀的功能与普通进气阀相同，但为配合液压执行机构的工作，专用气阀对卸荷器部分进行了优化。

增加部分：增加液压式执行机构。

升级部分：

① 普通进气阀改为无级气量调节专用进气阀。

② 原阀室外盖改为配合液压执行机构安装的阀室外盖。

（2）中间接口部分。

这部分包括无级气量调节系统的中间接口单元 CIU、48VDC 电源 EPS、24VDC 电源、安全栅及各类传感器，除现场传感器外，其余仪表部件需安放在控制室的仪表柜。

增加部分：

① 中间接口单元 CIU。

② 48V 直流电源，向现场液压执行机构供电。

③ 传感器驱动电源，向现场液压油站传感器供电。

④ TDC 上死点传感器，采样参考气缸内活塞运行的位置。

⑤ 相关的仪表用安全栅、线缆和附件。

（3）液压装置部分。

液压系统向液压执行机构提供液压动力，功能等同于膜式气缸卸荷器的仪表风压力，液压油站本体重量在 200kg 左右。

增加部分：

① 液压油站一套，最高油压 200bar。

② 液压管线一套，包括进油、回油和漏油回收管线，替代原风动卸荷机构用的管线；漏气回收管线；如果气体组分中含有 H_2S/CO，则需要氮气密封管线。

（4）控制部分。

采用了无级气量调节系统后，原旁通阀回流控制系统仍需保留，以作为无级气量调节系统故障时的备用应急流量调节系统，保证生产装置的正常运行。

无级气量调节系统可与现有 DCS 系统配合使用，根据压缩机的结构参数，可以得出对 DCS 的基本要求。

（5）安装部分。

安装无级气量调节系统主要包括以下几部分内容（图 3－2－18）：

① 安装进气阀和进气阀阀室外盖。

② 在进气阀阀室外盖上安装液压执行机构。

③ 安装液压油站和所有的液压金属管和软管。

④ 安装中间接口单元 CIU 机柜并安装所有线缆。

⑤ 对 DCS 进行编程组态。

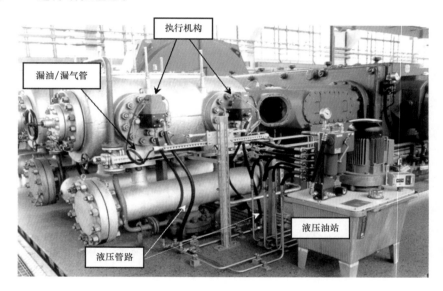

图 3－2－18　无级气量调节系统的典型安装

4）无级气量调节系统实现的功能

根据大港储气库群运行经验，在一个注气周期内注气量下限可能达到注气规模的 20%，以大港油田板南储气库为例，该库配置 3 台单台排气量为 $100 \times 10^4 \mathrm{m}^3/\mathrm{d}$ 的注气压缩机组，因此对于单套机组设置无级气量调节系统即可满足注气量波动需求。同时保留压缩机回流阀，作为辅助调节手段。

无级气量控制系统的控制回路都为闭环控制回路，实现气量调节全自动化控制。利用分程控制概念，无级气量调节系统和回流阀都由进口压力控制器控制（图 3－2－19）。

压缩机在设计工况下满负荷运行时，各级压比分配能够维持在最佳压比，使压缩机在最省功的状态下运行。当压缩机运行参数发生变化时，各级压比是随背压和外界条件自动调整的，中间各级间压力的变化按气体流动连续性原理及状态方程自动调整。而注气压缩机的进、出

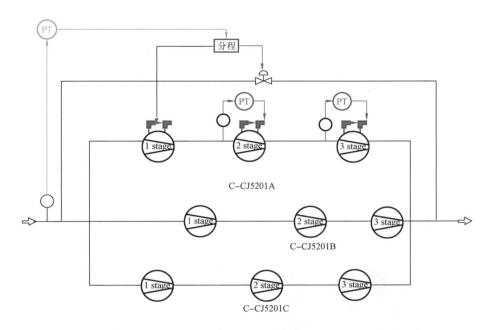

图 3 - 2 - 19　压缩机组控制方案示意图

口压力和排气量都存在较大波动,由压缩机自动匹配级间压比可能会导致偏离设计压比较远,浪费较多压缩功,应用无级气量调节系统可以很好地解决这一问题。

无级气量调节系统可以很好地实现与大型电驱往复式压缩机的匹配,将其应用在注气压缩机后可以实现以下功能:

(1)注气系统能够完全适应注气期压缩机变工况运行条件,避免了储气库传统气量调节方法操作复杂、浪费能量的弊端,实现压缩机 0 ~ 100% 负荷范围内的无级调节(实际因压缩机而异,一般推荐在 20% ~ 100% 的范围内)。

(2)降低旁通回流带来的负面影响,降低冷却器的负荷,提高压缩机的可靠性和安全性。

(3)尽可能减少启停机对注气压缩机带来的不利影响,提高了机组配置的灵活性。

(4)对压缩机的级间压力进行自动控制,确保级间压力稳定,压缩机在最佳压比状态下运行。

(5)实现注气压缩机组节能 10% 以上。

四、往复式压缩机组及配件国产化

(一)储气库用往复式压缩机国产化

注气压缩机是地下储气库的"心脏"设备,注气压缩机作为一种高端动力装备与其他用途压缩机相比有着独自的特点和要求。国外注气压缩机的生产厂家主要集中在美国,以库珀公司、艾里尔公司和德莱赛兰公司为代表。目前国内已建储气库以进口往复式压缩机为主,为改变进口现状,自 2010 年中石油、中石化相继启动的储气库用往复式压缩机的研发工作,目前已取得了丰硕的成果。

注气压缩机由于用途的特殊性,要求必须具备高可靠性。高可靠性指标为连续运行时率大于6000h,大修周期大于40000h,各零部件的设计和选用必须满足高可靠性要求。

2012年,中石油济柴动力总厂成都压缩机厂自主创新研制的3500kW大功率高速往复式天然气压缩机——RTY3360压缩机组成功在西南油气田重庆气矿梁平作业区沙坪场增压站投运,运行以来一直保持着良好的运行效果,平稳性、噪声、能耗等关键指标均达到或优于同类进口机组。该套机组平抑了国外同类型压缩机的进口价格,降低企业30%的设备采购成本,压缩机组日处理天然气$232 \times 10^4 m^3$,有力保障了油气生产的安全平稳运行。该机组获得国家专利授权9项,多项技术填补国内空白。

2017年9月10日,由济柴动力总厂成都压缩机厂自主研发的国产最大功率高速往复式压缩机DTY4500成功运用于苏桥储气库(图3-2-20),经过72h连续负载运行,机组运行平稳,振动4.74mm/s,噪声96dB(A),优于同型号进口机组,各项指标均达到设计要求。机组额定功率6000kw,额定转速1000r/min,最高工作压力为41MPa,排量最高可达每天$153 \times 10^4 Nm^3$。

图3-2-20　国产最大功率高速往复式压缩机DTY4500

该机组运用于集团公司重大现场试验项目"枯竭油气藏型储气库固井技术与压缩机组现场试验"子课题"天然气压缩机组研制与现场试验",应用7项关键技术,机组国产化率超过90%。攻克了大型储气库压缩机主机优化设计与制造、现场试验等关键技术。应用数值模拟技术,解决了压缩机基础动力分析、降噪放空管线的大排量等技术问题。本次将电动调节余隙装置成功应用在国内压缩机组上,并且在储气库原进口机组基础上,优化改造解决了以往进口机组存在的问题。机组主要性能指标达到国际先进水平,在连续负荷能力、机组振动、易损件寿命等方面优于目前在用国外进口机组。

目前,成都压缩机厂已形成了产品质量可媲美同类进口机组的五大系列往复活塞式压缩机系列产品,功率范围覆盖10~6000kW,最高工作压力达52MPa,单台最大日处理量$500 \times 10^4 m^3$。产品可满足油气田增压开采、增压集输、气举采气、气驱采油、油气处理、氢烃回收、页岩气开采、煤层气开采、储气库注气采气、油气加工处理等广泛需要。

2012年11月，中石化石油机械股份有限公司压缩机分公司研发的储气库用4RDSA-2/1500压缩机成功应用于中原文96储气库，单机排气量$(48~85) \times 10^4 m^3/d$，机组最高工作压力25MPa，该机组创新高压气缸结构、直线型气缸余隙调节、高压高精度气液分离、高压气缸注油结构等技术，达到国际先进水平。

储气库用高压往复式压缩机的研制及成功运用，打破了技术壁垒及国外垄断，有效降低了储气库建设成本及运行成本，提高了我国能源重大装备领域的技术水平和生产能力，保障了储气库建设及油气主业核心业务快速发展，对国家天然气调峰及能源储备具有战略意义。

（二）往复式压缩机配件国产化

储气库注气压缩机包含气阀、活塞环组、填料、刮油环四大易损件（图3-2-21）。四大易损件运行条件苛刻：高温、高压、宽运行工况、运动频次高。国外压缩机生产商一般按照压缩缸可承受的最高工作压力进行四大易损件通用性设计，相同的压缩缸具有互换性，但这样造成了易损件的使用寿命较低。特别是储气库的工况范围变化大，易损件在高压、高速的恶劣条件下，更是降低了使用寿命。据统计，四大易损件故障约占压缩机所有常见故障60%。

目前国内90%以上的储气库注气压缩机及配件采用进口，存在使用寿命短、供货周期长、供货价格高等弊端。如大港、相国寺、苏桥储气库气阀平均寿命不足500h便发生损坏，造成多次非计划停机，严重影响储气库注气指标顺利完成（表3-2-6）。在与国外公司采购配件的过程中存在供货周期长、价格高、错供和漏供配件的情况出现，为解决此难题，中石油济柴动力总厂成都压缩机厂开展了对储气库压缩机气阀、填料、活塞环、刮油环（以下简称"四大易损件"）国产化工作。

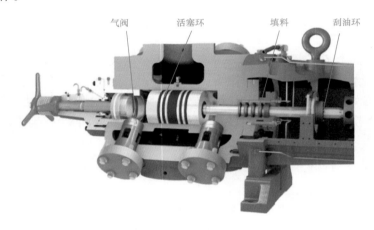

图3-2-21 四大易损件在压缩机分布位置

表3-2-6 四大易损件平均寿命一览表

易损件	运动形式	频次（10^4 次/d）	寿命（h）
气阀	阀片撞击	285	约500
活塞环	摩擦副 $L=146.05mm$	285	约7000
填料	摩擦副 $L=146.05mm$	285	约8000
刮油环	摩擦副 $L=146.05mm$	285	约8000

通过研究,提出采用弹簧帽新结构和碳纤维增强 PEEK 新材料抗冲击气阀,提高复杂注气工况下气阀使用寿命;开展热力模拟和气阀动力学分析,研究确定气阀升程,基于 PV 图的热力模拟和气阀动力学分析,结合离线式气缸状态监测,优化定型气阀,解决气阀频繁损坏问题。提出根据压力速度乘积(PV 值)的活塞环、支承环材料选型方法,结合高压缸吸排气密封形式,筛选确定环件结构及布置形式。基于活塞环摩擦副磨损研究和与环槽撞击疲劳研究,结合苏桥气缸磨损和活塞环断裂情况,优化调整了活塞环硬度和活塞环侧隙(避免环件高频次摩擦运动下造成缸体磨损),提高活塞环寿命。建立了储气库压缩机填料摩擦热计算方程和填料冷却指导图,为解决储气库压缩机适应高温苛刻工况奠定基础。提出偏心弹簧结构刮油环,根据压力、介质、冷却形式建立了储气库压缩机填料、刮油环选型表,明确了储气库压缩机国产高压填料和刮油环材质及结构形式。

试制 1 台套易损件(气阀、活塞环、填料、刮油环)在苏桥储气库(苏 4)压缩机开展现场负荷试验。经过了 3 个注采周期考核,使用寿命 8022h,解决进口气阀频繁损坏问题。现场使用效果较好,各项技术指标达到了设计的要求,能满足注气工艺要求,目前该技术已在西南相国寺、大港板南等储气库推广应用,通过采用国产化技术,易损件价格降低 25%,供货周期缩短 50% 以上,减少了由于易损件的损坏而引起的压缩机非计划停车,为储气库平稳运营和降本增效提供有力保障。

第三节　烃水露点控制技术

一、露点控制工艺需求

由于储气库地质构造的不同,在采气期自地层采出的天然气中一般都含有水、重烃等组分,它们的存在会给天然气的输送造成困难。为保证外输气在运输过程不会因为温度和压力的变化而形成水合物,堵塞管道,造成运行事故,而且储气库类型、地层压力、采气规模各不相同,因此需要综合考虑储气库运行压力、采气量波动变化情况等因素后,确定最适合的采出气露点控制工艺。

1. 储气库采出气特点

(1)采出气量变化范围大。

为满足下游用户调峰气量需求,采气期地下储气库的采出气量存在波动范围较大的特点,具体情况根据气源气量、管网输气能力、用户类型、用户用气量各有差异。同一采气周期内,采出气量变化范围可能达到 20% ~ 120% ,因此在确定采出气装置规模及数量时需适应地下储气库的气量变化范围要求。

(2)压力变化范围大。

地下储气库采用循环注采气模式运行,随着输气干线来的天然气不断注入地下,地下储气库地层储气量不断增加,地层压力也不断升高,井口压力也随之升高,经过一个注气周期的运行后,地层中储气量达最大值,地层压力及井口压力均达到最高值。采气期开始后,随着调峰气量的波动,下游管网压力不断变化,影响到采气井口压力也不断波动。因此,在选择采出气露点控制工艺时应综合考虑整个采气周期内井口压力的变化波动情况,确定最适合的露点控制工艺。

2. 储气库采出气处理工艺选择原则

各种类型地下储气库,采出气露点控制工艺的选择应遵循以下基本原则:

(1)满足安全、经济、节能、环保要求。

(2)满足采出气流量的变化波动,适应输气管网的参数变化要求。

(3)满足储气库气藏类型及采出气组分变化。

(4)应综合考虑采出气井口压力与外输气压力变化情况,在充分利用压力能的前提下,保证露点控制装置的经济性。

二、天然气脱水脱烃方法

地下储气库采出气要达到外输条件,除了要除去其中所携带的固体杂质和游离液体外,还必须除去在输送条件下会凝结成液体的气相水和天然气液烃组分。天然气脱水脱烃即指脱除天然气中会影响其在输送条件下正常流动的那部分气相水和凝液组分,以满足天然气在管输条件下对水露点和烃露点的要求。地下储气库采气装置只需对外输干气的水露点及烃露点进行控制,不以回收轻烃为目的,这种只为满足输气要求的脱水脱烃通常被称为"浅脱"。

(一)低温法

低温法是通过降低天然气的温度,将其中所含的会影响天然气在管输条件下正常输送的那部分气相水和重烃组分冷凝并分离出来,以满足外输气水露点和烃露点要求的一种脱水脱烃方法。使用该法需防止天然气在降温过程中生成水合物堵塞系统的设备和管道,为此需要在天然气降温前注入水合物抑制剂。常用防冻剂主要有甲醇和乙二醇,其适用范围如下:

(1)甲醇适用于气流温度低于 $-40℃$,且压力较高的场合,也可用于季节性或临时性局部解冻。如果甲醇用量较大,则应予以回收。

(2)当气流温度不低于 $-25℃$ 时,宜用乙二醇。

(3)当气流温度介于 $-40 \sim -25℃$ 之间时,根据原料气组成、压力等具体情况选择抑制剂。

对于地下储气库而言,正常生产情况下,低温处理后的天然气温度一般高于 $-20℃$,水合物抑制剂采用甲醇、乙二醇均可满足要求,但考虑到甲醇即使回收消耗也较大,一般推荐采用乙二醇。

其中乙二醇主要用于浅冷装置中,用于深冷装置的主要是甲醇,优点是能耗低,缺点是甲醇的损失量较大,对环保有不利影响,新的天然气处理装置已不再采用此工艺。

降温方法主要有 J-T 阀节流制冷降温和外部辅助制冷降温两种类型。前者要损失天然气自身的压力能;后者虽然不会损失压力能,但需要设置辅助制冷系统(一般采用丙烷辅助制冷),投资及运行成本较高。

1. J-T 阀节流制冷[7]

J-T 阀节流制冷目前在国内储气库采出气处理工艺上已有广泛应用。由于有自然压力能可供利用,天然气"浅脱"设备大范围使用。J-T 阀节流制冷属等焓节流降温工艺,优点是脱水脱烃工艺过程和设备相对简单,易于实施;缺点是浪费了压力能,制冷效率低。典型工艺流程如图 3 - 3 - 1 所示。

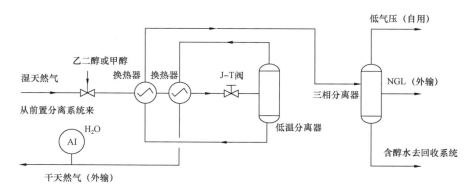

图 3 - 3 - 1 J - T 阀节流制冷脱水脱烃典型流程图

2. 外部辅助制冷

对于没有可供气体节流降温的自然压力能的采出气,要将其升压后再节流降温很不经济,这时大多采用外部辅助制冷的方式冷却天然气,将其中的会影响天然气输送的那部分气相水和重组分冷凝并分离出来,以满足输气的水露点和烃露点要求,目前国内大部分油气藏型地下储气库采出气露点控制装置多采用丙烷作为辅助制冷剂。典型的工艺流程图如图 3 - 3 - 2 所示。

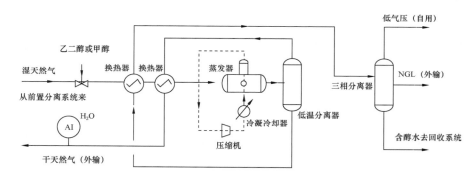

图 3 - 3 - 2 外部辅助制冷脱水脱烃典型流程图

乙二醇再生一般采用常压加热再生工艺,在乙二醇再生塔内通过加热使乙二醇吸收的水分在常压下脱除从而提浓,再生后的贫乙二醇溶液冷却后循环使用(图 3 - 3 - 3)。

采气装置来富乙二醇,经过滤器过滤后,先与乙二醇再生塔塔顶水蒸气和塔底乙二醇贫液换热至 95℃,然后进闪蒸分离器进行闪蒸分离,分出的低压气进放空系统,分出液相进乙二醇再生塔,再生塔塔底操作温度 120℃。再生塔塔底乙二醇贫液(质量分数 80%)在贫/富液换热罐内与富乙二醇换热后,经液冷却器冷却至 75℃,经乙二醇注入泵提升后,去采气装置循环使用。再生后的乙二醇的质量浓度宜为 80% ~85%,吸水后乙二醇溶液的冰点应低于系统最低温度,吸水后的质量浓度宜为 50% ~60%。乙二醇溶液黏度较大,在有凝析油存在时,若温度过低会造成分离困难,溶解和夹带损失增大,因此在乙二醇溶液与凝析油分离时,需要进

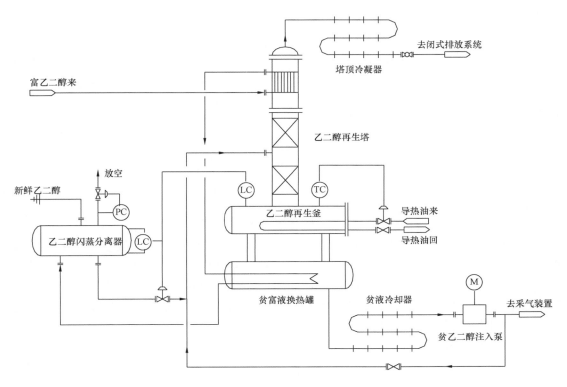

图 3 - 3 - 3　乙二醇再生装置工艺流程图

行加热,分离温度不宜低于 10℃ 左右。乙二醇再生釜的加热方式可采用导热油、电加热和直接加热的方式,当站内有导热油系统时,宜采用导热油加热方式,否则可采用电加热或直接加热的方式。

(二)溶剂吸收法

溶剂吸收法是脱水较为普遍的一种作法,常用的溶剂有二甘醇和三甘醇。目前国内外普遍使用三甘醇作为吸收剂,可处理至天然气水露点 -30℃。世界上已有三甘醇脱水装置在大范围大规模的运行,在美国已投入使用的甘醇法中,三甘醇占 85%,国内已经投产的甘醇脱水装置也多使用三甘醇。三甘醇脱水的各种工艺流程中,吸收部分大致相同,再生部分有所不同。至今,国外设计的一些三甘醇吸收脱水装置仍采用汽提气再生的方法,该法汽提气用量很少,虽有污染,但不影响环保标准。优点是成本较低,操作方便,提浓效果好;缺点是露点降不高,原料气的含水量越大,所需的甘醇循环量越大,能耗大;同时,如果原料气含有较多的重组分时,易起泡;甘醇吸收法脱水工艺所能适应的天然气处理量的变化范围相对较小,无法适应采出气组成的变化;而且当进站天然气温度高时,甘醇脱水后的水露点就高,不易满足脱烃制冷深度的要求。三甘醇脱水典型流程图如图 3 -3 -4 所示。

(三)固体吸附法

吸附是用多孔性的固体吸附剂处理气体混合物,使其中一种或多种组分吸附于固体表面上,其他的不吸附,从而达到分离操作。物理吸附是指流体中被吸附的分子与吸附剂表面分子

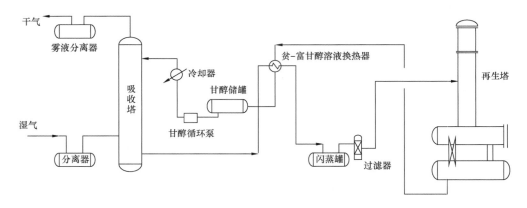

图 3 - 3 - 4   三甘醇脱水典型流程图

间为分子间吸引力——范德华力所造成,其吸附速度快,吸附过程类似于气体凝聚过程。物理吸附当气体压力降低或系统温度升高时,被吸附的气体可以容易地从固体表面逸出,而不改变气体原来的性质,这种现象称为脱附。吸附和脱附为可逆过程,工业上利用这种可逆性,借以改变操作条件,使吸附的物质脱附,达到使吸附剂再生、回收或分离吸附质的目的。目前工业上常用的吸附剂有分子筛、活性氧化铝、硅胶。

(四)超音速脱水法

1. 结构及工作原理

天然气超音速分离器(Super Sonic Separator,简称"3S")由旋流器、超音速喷管、工作段、气液分离器、扩散器和导向叶片等 6 部分组成,是一种体积小、质量轻、可靠性高的天然气脱水、脱烃设备,它能够充分利用天然气的低压制冷,以达到脱水、脱烃的目的。超音速分离器是近年来在油气集输、天然气处理领域逐渐被认知并兴起的一种集低温制冷及气液分离器于一体的新技术,该技术已在俄罗斯及国内牙哈凝析气田进行了成功应用,比目前常用的 J - T 阀效率高。3S 分离器的结构简图如图 3 - 3 - 5 所示。

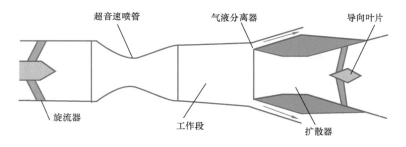

图 3 - 3 - 5   3S 分离器结构简图

超音速法天然气脱水系统是低温冷凝法气体脱水的一种。其基本原理是利用超音速喷管(拉瓦尔喷管),使气体在一定压力的作用下加速到超音速,这时气体的温度和压力会大幅度下降,以致气体中的水蒸气冷凝成小液滴,然后在超音速条件下产生的气流旋转将小液滴分离出来。同时,在干气的排出过程中对干气进行再压缩。具体过程如下:

天然气首先进入旋流器旋转,产生加速度为 $10^6 m/s^2$ 的旋流。该旋流在超音速喷管入口表面的切线方向产生一个或多个气体射流,并在喷管内降压、降温和增速。

气体体积膨胀发生在超音速喷管中。温度降低是由于部分气体的热能转化为动能,这种动能可以再用来增加超音速或亚音速扩散器的压力。

天然气温度降低后,其中的水蒸气和重组分凝结成液滴,在旋转产生的切向速度和离心力 $(10^5 g)$ 的作用下被"甩"到管壁上,通过专门设计的工作段出口排出,气体则经扩散器后流出,从而实现气液分离。

天然气经扩散器减速、增压、升温后,使天然气经 3S 喷管损失的压力能大部分得以恢复,从而大大减少了天然气的压力损失。

2. 典型流程

3S 分离器主要用于天然气的脱水及脱烃系统,超音速脱水系统主要由进口冷却器、气—气换热器、进口分离器、超音速分离器和气液分离器组成,其工艺流程如图 3-3-6 所示。

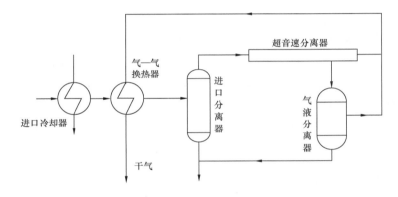

图 3-3-6 超音速脱水法工艺流程简图

湿气自进口冷却器和气—气换热器后经过进口分离器将小液滴和固体颗粒分离出来,分离后的湿气进入超音速分离器,从超音速分离器中流出的液体进入气液分离器进一步分离,气液分离器分离出的气体与从超音速分离器分离出的干气混合,经过气—气换热器后外输,气液分离器分离出的液体与从进口分离器分离出的液体混合外排。

3. 技术特点及优势

1)基本技术特点

(1)温降大。

天然气经主喷嘴节流后,急速膨胀,内部工作段温度至少达到 -70℃,到扩散段以后又逐步升温。随着入口气流温度的降低,工作段温度相应更低。

(2)一次性分液。

天然气温度降低后,凝结成液滴的水蒸气和重组分,在旋转产生的切向速度和离心力的作用下被"甩"到管壁上,通过专门设计的工作段出口排出。实现气液分离,一次性把液体分离排出。

(3)不生成水合物。

由于天然气气流在 3S 内的流动速度达 550m/s 以上,停留时间很短,所以在 3S 内部不会生成水合物。

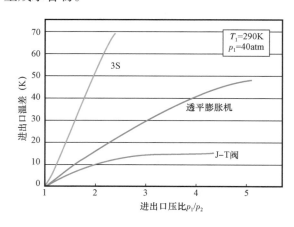

图 3-3-7　3S 与 J-T 阀及膨胀机
制冷温差对比图

(4)压降小。

虽然 3S 分离天然气中的水分和凝液也是通过降低天然气自身压力,从而降低天然气冻堵温度来实现的,但是由于天然气在扩散器内压力回升,使 3S 设备的进口压差大大小于超音速喷管的压差。

2)与传统制冷技术的比较

(1)3S 与传统的 J-T 阀和膨胀机制冷分离设备相比,在相同压差情况下,3S 可使天然气产生更大的温降。3S 与 J-T 阀及膨胀机制冷对比如图 3-3-7 所示。

从上图可见,在设备进出口压比(p_1/p_2)为 2.0 的情况下,3S 喷管进出口温降 50℃,膨胀机进出口温降为 16℃,J-T 阀为 10℃,并且随着压力比增大温差也随之增大。温降大,天然气获得的水露点和烃露点就低,或者说达到相同水露点和烃露点情况下,所需要的压力降就小。

(2)3S 不仅比等焓节流膨胀制冷的 J-T 阀效率高,而且也比等熵节流膨胀的膨胀机效率高。

(3)3S 能耗低,适应性强。

气田中,在凝液回收率相同的情况下,使用 3S 可减少功耗 50%～70%;用 3S 替代膨胀机可减少压缩功 15%～20%。特别是当膨胀机由于技术原因(诸如进口压力太高)不宜使用,或在中小油气田使用膨胀机不经济的场合,3S 的优势更加突出。

3)应用技术优势

超音速分离器具有效率高、能耗低等明显优势,应用于脱水脱烃工艺中,可大大简化流程,具有长期可靠、绿色环保的特点。

(1)效率高。

3S 超音速分离器,外形好似管段加 T 形接头,体积小,制冷速度快,温度高,分离时间短,单只处理气量大,充分显示了功能强、效率高的特点。

超音速分离装置集膨胀机、分离器、压缩机的功能于一体,将待处理的气体在达到超音速时急速冷却,完成脱水、脱烃后再将其压力恢复,整个过程不需要外力作用,完全利用了天然气自身压力做功。

(2)能耗低。

由于天然气在喷管后半部是经扩散器的减速、增压、升温作用,使天然气经 3S 喷管损失的压力能大部分得以恢复,从而大大减少了天然气的压力损失。与外加冷源相比,节能省耗。不仅比等焓节流膨胀制冷的 J-T 阀效率高,而且也比等熵节流膨胀的膨胀机效率高;在相同压差情况下,3S 可使天然气产生更大的温降,在相同温降条件下,3S 节省较大能耗。利用 3S 于高酸性气体处理中,将为节能降耗作出贡献。

（3）体积小。

所需的空间小、更轻便,占地和占有的空间小,绝大多数天然气直接外输,无需进入低温分离器,低温分离设备比J-T阀分离器小得多。因此降低了装卸和安装费用,降低了大型高压设备的制造难度。无转动部件、属静设备,因此运行更加安全可靠。

（4）简化工艺。

3S超音速分离器是一种创新的制冷、脱水脱烃高效设备,集制冷、气液分离、一次性产生干气等功能于一体,应用于气体处理工艺流程,可以减少设备、实现真正意义的短流程,使效率低、能耗高。

（5）长期可靠。

3S本身无转动部件,无损耗,操作简单,运行成本低、稳定可靠,无维护工作量。

（6）绿色环保。

运行过程中,无噪声、无排放、无污染,对环境无影响,可实行全绿色工艺。

4. 工程应用

超音速分离器在国外已经有诸多试验装置,并在俄罗斯和加拿大建成工业性装置。目前,国际上有2个研究单位成功开发了天然气超音速分离器并投入商业运行,一是俄罗斯ENGO Research Center,二是荷兰的TwinsterBV公司。

ENGO公司在莫斯科地区的试验场地建有天然气处理量为 $1.5 \sim 2.5 \text{kg/s} [约(17 \sim 28) \times 10^4 \text{m}^3/\text{d}]$,操作压力高达150bar,天然气进口温度为 $-60 \sim 20 \text{℃}$ 的工业试验装置。在加拿大卡尔加里附近建有天然气处理量 $7 \sim 9 \text{kg/s} [约(110 \sim 140) \times 10^4 \text{m}^3/\text{d}]$ 的工业示范装置,对3S的各项技术性能进行了全面测试和验证。

2004年和2007年7月分别有2套装置在俄罗斯西西伯利亚投入实际应用。2007年投入运行的改造装置使用2套3S分离器,天然气处理量为 $100 \times 10^4 \text{m}^3/\text{d}$ 左右。该装置比原有装置提高了露点降,增加了天然气凝液产量。

目前,俄罗斯已建成3S天然气 $1000 \times 10^4 \text{m}^3/\text{d}$ 的处理规模6处,在马来西亚沙捞越海上气田2003年12月建成 $1600 \times 10^4 \text{m}^3/\text{d}$ 处理规模。

国内牙哈集中处理站3S分离器(共计2台)于2011年6月安装完成,6月17日开始试投产,6月30日开始正式投运,至11月5日停运,前后历经约140天。牙哈3S模块由3S分离器、测量仪表及调节阀等组成。

5. 应用范围及使用条件

1）工艺应用分类

（1）天然气处理,实现水露点、烃露点达标外输。

（2）提高凝析油、轻烃回收率,增加附加价值。

（3）处理高含 H_2S、CO_2 等高酸性气体。

2）使用条件

（1）单台3S适应气体的处理量。最大 $200 \times 10^4 \text{m}^3/\text{d}$,最小 $20 \times 10^4 \text{m}^3/\text{d}$。需要指出的是,不能只研究流量(范围)而无视压力条件。

（2）3S 适应气体的压力范围：最大 20MPa，最小 2MPa。

（3）入口压力 p_1 与气相出口压力 p_2 的比值：通常在 1.35 左右（在某些情况下，压比 1.2 就足够了）。

（4）气相出口压力 p_2 与液相出口压力 p_3 的关系：$p_3 = p_2 + (2 \sim 5 atm)$。

（5）3S 内可以达到的最低温度：取决于入口温度。入口温度越低，3S 内的温度越低。现有项目，3S 内部温度可达 -140℃。

（6）入口气体允许带液量：< 15%（质量百分数）。

（7）入口气体允许携带固体颗粒直径：≤100μm。

（8）入口气体允许流动波动范围：-30% ~ 30%，取决于具体条件，一般调节阀门很容易实现 -30%，当 3S 分离器不能适应 30% 及其以上增量时，并联 3S 分离器是必要的。

（9）入口气体允许压力变化范围：-20% ~ 20%，取决于具体条件，20% 一般都可以适应，-20% 取决于流量，有可能不能形成超音速。

（10）3S 分离器使用寿命：15 年。

三、国内外采出气处理工艺现状

目前国内已建气藏型地下储气库，无论是对于油气藏型、凝析气藏型地下储气库（如大张坨、板 876、板中北高点、板中高点等），还是干气藏型地下储气库（如相国寺），大部分均采用 J - T 阀 + 注乙二醇工艺来实现水露点、烃露点的控制，由于设备尺寸大小及装置对气量适应范围的限制，单套处理规模一般不超过 $750 \times 10^4 m^3/d$。对于大型储气库，均采用多套并联的方式（表 3 - 3 - 1），如新疆呼图壁储气库，采气规模为 $2800 \times 10^4 m^3/d$，设置了 4 套 $700 \times 10^4 m^3/d$ 的采气装置。已建的长庆陕 224 储气库及在建的双坨子储气库采用三甘醇脱水工艺。

表 3 - 3 - 1　中石油建设的第一批储气库采气装置设置情况

项目名称	采出气处理工艺	总采气规模 ($10^4 m^3/d$)	采气装置	
			单套采气能力 ($10^4 m^3/d$)	套数
辽河双 6	J - T 阀工艺	1500	750	2
西南相国寺	J - T 阀工艺	1390,应急 2855	600	4
华北苏桥	J - T 阀工艺	2100	700	3
新疆呼图壁	J - T 阀工艺	2800	700	4
长庆陕 224 储气库	三甘醇吸收工艺	418	418	1
大港板南	J - T 阀工艺	400	400	1

国外储气库采出气处理采用固体吸附剂脱烃/脱水、三甘醇脱水、J - T 阀制冷三大主流工艺，如荷兰、德国、奥地利等欧洲储气库多采用吸附工艺（图 3 - 3 - 8）。吸附处理工艺单套处理能力大，可达到 $2500 \times 10^4 m^3/d$，操作弹性大，生产压差小，装置压差约 0.5MPa，采气生产可充分利用地层压力能。国外采气硅胶吸附分离工艺应用情况见表 3 - 3 - 2。

图 3 - 3 - 8   荷兰 Norg 储气库吸附装置

表 3 - 3 - 2   采气硅胶吸附分离工艺的应用情况

库名	国家	类型	采气规模(10^4Nm³/d)	吸附工艺
Norg	荷兰	凝析气藏	5000	3 塔/2 套
Lesum	德国	盐穴型	864	3 塔/2 套
Haidach	奥地利	油气藏	2640	4 塔/2 套
Nam	荷兰	凝析气藏	4000	3 塔/2 套
South Sumatra	印度尼西亚	油气藏	2605	3 塔/2 套
Hunter Elmworth	加拿大	油气藏	804	3 塔/2 套

四、露点控制技术适应性分析

(一)固体吸附技术适用性分析

1. 固体吸附剂的选择

硅胶、活性氧化铝和分子筛三种吸附剂主要物性见表 3 - 3 - 3。

表 3 - 3 - 3   常用吸附剂的物性

物理性质	硅胶	活性氧化铝	分子筛
	R 型	F - 1 型	
表面积(m²/g)	550 ~ 650	210	700 ~ 900
孔体积(cm³/g)	0.31 ~ 0.34	—	0.27
孔直径(Å)	21 ~ 23	—	4.2
平均孔隙度(%)	—	51	55 ~ 60
堆积密度(g/L)	780	800 ~ 880	660 ~ 690
比热[J/(g·℃)]	1.047	1.005	0.837 ~ 1.000
再生温度(℃)	150 ~ 230	180 ~ 310	150 ~ 310
静态吸附容量(相对湿度60%)(%)(质量分数)	33.3	14 ~ 16	22
颗粒形状	球状	颗粒	圆柱状

分子筛具有深度脱水特性,露点降大,对极性分子具有很强的吸附性,在高温或吸附质浓度低(相对湿度小)情况下仍然具有较强的吸附性,并且优于硅胶和活性氧化铝,硅胶及氧化铝在大于120℃的情况下吸水量约为0,但是分子筛在100℃时的吸水量可达到13%,200℃时仍有4%的吸水量,具体如图3-3-9、图3-3-10所示。

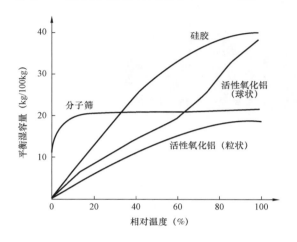 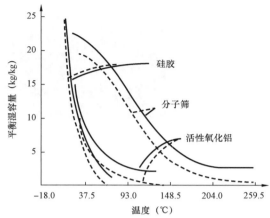

图3-3-9　水在吸附剂上的吸附等温(常温下)线　　图3-3-10　水在吸附剂上的吸附等压线(1.3332kPa)

三种吸附剂的脱水性能见表3-3-4。

表3-3-4　干燥剂脱水性能

干燥剂	形式	出口气流中近似含水量($\mu g/g$)
活性氧化铝	球形	0.1
硅胶	球形	5~10
分子筛	球形	0.1
分子筛	圆柱条形	0.1

分子筛脱水宜用于要求深度脱水的场合(1ppm以下),一般适用于将水露点降到-120~-70℃的场合;而硅胶适用于将水露点降到-60~-40℃的场合。

经活性氧化铝吸附脱水后,油田气的露点最高点可达-73℃,但再生时消耗热量较硅胶多,选择性差,易吸附重烃,不易脱附,呈碱性,在酸性气体较多时容易变质,需要经常更换吸附剂,不宜处理含酸性气体较多的天然气。湿容量很大,常用于水含量大的气体脱水,此外氧化铝吸附的重烃在再生时不易被去除。

硅胶吸附水蒸气的性能特别好,且具有较高的化学和热力稳定性,脱水后露点可达到-60℃。但普通硅胶与液态水接触很易炸裂,产生粉尘,增加压降,降低有效湿容量。金属改性硅胶在吸附性能、耐热性能和机械强度等方面相对于普通硅胶有了较大改进,且通过选择不同硅胶吸附剂,可选择性地吸附烃类及水。

对于吸附剂的选择应根据工艺要求作经济比较,选择合适的吸附剂,吸附剂的选择应符合以下原则:

（1）干燥后天然气水含量要求 $1\mu g/g$ 以下时,宜采用分子筛脱水,分子筛宜采用 4A 型或 3A 型,露点控制要求较低时,宜采用氧化铝或硅胶脱水。

（2）酸性天然气应采用抗酸分子筛,氧化铝不宜处理酸性天然气。

（3）低压气脱水,宜用硅胶或氧化铝与分子筛复合床联合脱水。

（4）吸附法脱烃吸附剂宜采用金属改性硅胶。

（5）需要同时脱除天然气中的水和烃时,应采用脱水金属改性硅胶与脱烃金属改性硅胶的复合床。

对于油气藏型储气库采出气需要脱烃及脱水,且储气库采出气处理后进入管道,对脱水深度要求低,因此,通过对 3 种吸附剂的综合对比,推荐采用硅胶吸附剂。

2. 硅胶吸附剂物理形式

近年来,在改性硅胶脱水、脱烃研究方面取得了长足的发展,国外如 BASF 公司（原恩格哈德公司 Engelhard）的 Sorbead 系列硅铝胶吸附剂产品,自 20 世纪 80 年代初在欧洲储气库采出气处理装置上开始商业应用,目前已有 300 多套 Sorbead 吸附剂装置应用在天然气脱水和脱重烃方面。如荷兰 NAM 公司（NederlandseAardolie Maatschappij B. V.）的 Grijpskerk UGS 地下储气库设计采出气脱烃脱水装置单线规模达到了 $2000\times10^4m^3/d$,吸附床直径 4.7m,吸附剂床层高度 8.5m,装填量达到了 103t/床。该产品具有较高孔容的多孔结构,专门用于地下储气库采出气脱水、脱烃装置,并且具有较低的再生温度,其主要组成即为 Al^{3+} 改性的硅胶。

现以 BASF 公司的 Sorbead 产品介绍下硅胶吸附剂的主要特点:

BASF 生产的用于天然气处理领域的 Sorbead 吸附剂主要包括 3 种,分别是 Sorbead R、Sorbead WS、Sorbead H,其特性如下:

（1）Sorbead R。

该吸附剂是用于天然气脱水的典型吸附剂,其高表面积和小孔径使其具有高吸附能力和低露点。该类吸附剂需要采用 Sorbead WS 作为隔离缓冲区。

吸附剂是由氧化铝和二氧化硅形成的坚硬的球型高效吸附剂,它具有不易破碎和耐磨损的性能。与其他吸附剂相比,该吸附剂具有寿命长的特点,有很好的性价比,可以降低实际应用中的生产成本。

该吸附剂的应用范围比较广,其高水平的经济性来源于独特性质的结合,主要表现在高干燥性能和低解吸附作用。

产品相关数据见表 3-3-5。

表 3-3-5 Sorbead R 吸附剂相关物性参数数据

化学组成（%）（质量分数）	SiO_2	97
	Al_2O_3	3
比表面积（BET）（m²/g）	750	—
孔容（cm³/g）	0.4	—
对水蒸气的吸附量（25℃）（%）（质量分数）	10%（相对湿度）	6
	80%（相对湿度）	36.3
堆积密度（lb/ft³）	50	—

挤压强度（N）	>200	—
磨耗率（%）（质量分数）	<0.05	—
耐水性	No	—

（2）Sorbead WS。

该吸附剂通常用于需要吸收液态水的场合，其突出特点是除了具有良好的抗水分裂能力外，还具有理想的吸附容量。

Sorbead WS 是一种防水多孔硅胶吸附剂，在水量含量比较高的情况下，它可以有效地保护其他吸附剂和催化剂，避免水分对它们的破坏。

Sorbead WS 防水吸附剂是由氧化铝和二氧化硅形成的坚硬的球形高效吸附剂，它具有不易破碎和耐磨损的性能。与其他吸附剂相比，Sorbead 吸附剂具有寿命长的特点，有很好的性价比，它可以降低实际应用中的生产成本。

Sorbead WS 防水吸附剂是仅有的 100% 防水多孔吸附剂，它可以用作 Sorbead R、Sorbead H 吸附剂的保护层，同时对其他的吸附剂（例如：分子筛、活性氧化铝、活性炭和其他的催化剂载体）也具有很好的保护作用。所以，这种多孔的防水吸附剂可以应用于很多的领域。

另一方面，Sorbead WS 防水吸附剂具有很好的耐湿热老化，以及低温再生的性能，它被认为是一种理想的吸附剂，可以作为热压缩机和风机的空气干燥剂，也可以用于空气分离设备的干燥。

产品相关数据见表 3 – 3 – 6。

表 3 – 3 – 6　Sorbead WS 吸附剂相关物性参数数据

化学组成（%）（质量分数）	SiO_2	97
	Al_2O_3	3
比表面积（BET）（m^2/g）	650	—
孔容（cm^3/g）	0.45	—
对水蒸气的吸附量（25℃）（%）（质量分数）	10%（相对湿度）	4
	80%（相对湿度）	34
堆积密度（lb/ft^3）	44	—
挤压强度（N）	>200	—
磨耗率（%）（质量分数）	<0.05	—
耐水性	YES	—

（3）Sorbead H。

该类型吸附剂专门用于需要同时控制天然气水露点和烃露点的场合，也可用于标准的轻烃回收单元，也用于作为 Sorbead WS 的隔离缓冲区，已广泛应用于世界上超过 100 套装置中。

该吸附剂是一种高性能，由氧化铝和二氧化硅形成的坚硬的球形高效吸附剂，它具有不易破碎和耐磨损的性能。与其他吸附剂相比，吸附剂具有寿命长的特点，有很好的性价比，可以降低实际应用中的生产成本。

产品相关数据见表 3 - 3 - 7。

表 3 - 3 - 7   Sorbead H 吸附剂相关物性参数数据

化学组成	SiO$_2$	Al$_2$O$_3$
比表面积(BET)(m^2/g)	750	—
孔容(cm^3/g)	0.5	—
对水蒸气的吸附量(25℃)(%)(质量分数)	10%(相对湿度)	6
	80%(相对湿度)	45
堆积密度(lb/ft^3)	44	—
挤压强度(N)	>200	—
磨耗率(%)(质量分数)	<0.05	—
耐水性	No	—

Sorbead 是氧化铝改性的硅胶,采用油滴成型工艺和专有的生产工艺。与普通硅胶相比,Sorbead 吸附剂具有压碎强度高(200~230N/颗),使用寿命长(通常使用寿命在 10 年以上),对水和重烃的吸附能力高等特点。

Sorbead R 或 Sorbead H 通常都采用原料湿气再生,特殊情况下也可以采用产品气再生,再生气体可以利用压差返回吸附床,而不需要压缩机增压。Sorbead R 或 Sorbead H 吸附装置的整体压力损失小,通常为 200~500kPa。Sorbead 吸附剂比其他普通硅胶、活性氧化铝和分子筛相比,其磨损率低,只有 0.05%,其他吸附剂都在 0.1%~0.5%,这也是其使用寿命长的原因之一。

硅胶和分子筛/氧化铝比较,具有耐酸的特点,具体比较见表 3 - 3 - 8。Sorbead 吸附剂外观如图 3 - 3 - 11 所示。

表 3 - 3 - 8   硅胶与分子筛/氧化铝性能参数对比表

参数	活性氧化铝	硅胶	分子筛
颗粒形状	球形	球形	球形
球形直径(mm)	2.0~5.0	2.0~5.0	2.5~5.0
表面积(m^2/g)	350	750	800~900
孔隙体积(cm^3/g)	0.5	0.4	0.4
孔径(Å)	>100	约为20	4
净吸附(%)(质量分数)(@10%相对湿度和20℃)	7.5	10	19
净吸附(%)(质量分数)(@60%相对湿度和20℃)	21	35	20
净吸附(%)(质量分数)(@80%相对湿度和20℃)	32.5	42	21.3
堆密度(kg/m^3)	约为769	约为800	约为720
抗碎强度(N/颗)	140	200	约为50
损耗率(%)	0.10	0.05	0.2
耐水性能	耐水	不耐	不耐

Sorbead R　　　　　　　　Sorbead WS　　　　　　　　Sorbead H

图 3 - 3 - 11　Sorbead 吸附剂外观

Sorbead 吸附剂主要是将被吸附物质吸附于硅表面。对于脱水过程,吸附动力来源于氢键和毛细管冷凝作用,对于脱烃过程,吸附动力主要为毛细管冷凝作用(图 3 - 3 - 12 和图 3 - 3 - 13)。

图 3 - 3 - 12　吸附过程的毛细管冷凝作用示意

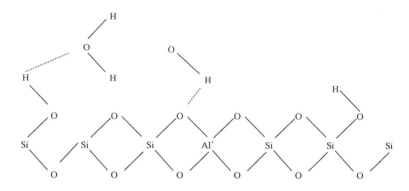

图 3 - 3 - 13　吸附水过程中氢键作用示意

在吸附剂吸附烃和水的过程中,首先是轻烃在吸附剂孔洞中沉积下来,随着吸附时间的推移,天然气中的重烃及水逐渐取代轻烃而沉积在孔洞中,轻烃逐渐释放出来,从而实现了脱除天然气中重烃及水的目的。

3. 吸附处理工艺

原料气经初步分离后,进入吸附脱烃脱水单元,原料气由上而下经过吸附床层,利用吸附剂对烃、水分子的吸附作用将原料气中的烃水脱除。

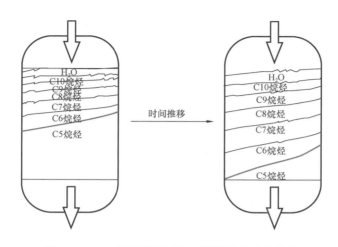

图 3 – 3 – 14　被吸附物质在吸附塔内的分布情况

1）再生工艺确定

再生有两种工艺，一种是等压工艺，即吸附和再生是一个压力等级，不需要降压和充压过程；一种是变压再生，即吸附压力高，再生的压力低，吸附和再生之间需要泄压，再生与吸附之间需要充压。等压工艺的优点是控制简单、操作安全、设备少；变压工艺的优点是再生更彻底，缺点是控制复杂、设备多，一旦控制不好易将床层粉化，将粉尘带入下一步的工艺设备中，变压工艺对床层的寿命也有一定影响。

在深冷处理领域，由于对于脱水深度要求高，一般采用降压再生以提高再生效果，对于储气库来水，采出气一般进入管道，水露点一般控制在 –5℃ 或 –10℃，采用等压再生完全可满足要求。

2）冷吹气的确定

针对流程主要存在两种流程，即湿气冷吹流程和干气冷吹流程。

等压再生（湿气冷吹、不含再生气压缩机）吸附脱烃、脱水流程图如图 3 – 3 – 15 所示，再生/冷吹气引自原料气聚结器出口，再生气经再生气换热器、再生气加热器加热到 260℃ 进脱烃吸附器，将烃、水带出。含烃、水的再生气经再生气换热器换热、再生气冷却器冷却至 45℃，经再生气分液罐分出烃/水后返回脱烃吸附器。冷吹时，冷吹气直接进脱烃吸附器，降低床层温度，经再生气换热器和再生气冷却器后，返回脱烃吸附器。

等压再生（干气冷吹、含再生气压缩机）吸附脱烃、脱水流程图如图 3 – 3 – 16 所示。再生/冷吹气引自出口过滤器出口，再生气经再生气换热器、再生气加热器加热到 260℃ 进脱烃吸附器，将烃、水带出。含烃、水的再生气经再生气换热器换热、再生气冷却器冷却至 45℃，经再生气分液罐分出烃/水后，经再生气压缩机压缩后返回入口。冷吹时，冷吹气直接进脱烃吸附器，降低床层温度，经再生气换热器和再生气冷却器后，返回脱烃吸附器。

两种方法均能满足要求，湿气再生不用再生气压缩机，投资低，再生后的气体直接混入原料气，也不影响产品指标，完全能满足储气库对外输气的水露点要求，因此，对于储气库采出气吸附处理推荐选用湿气冷吹工艺。

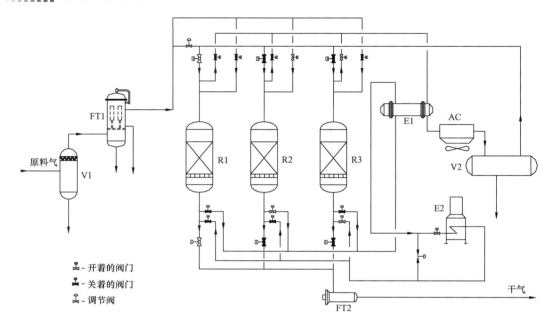

图 3 - 3 - 15 　等压再生(湿气冷吹、不含再生气压缩机)吸附脱烃、脱水流程图

V1—入口分离器;V2—再生气分水罐;FT1—过滤分离器;FT2—出口过滤器;E1—再生气换热器;

E2—再生气加热炉;R1、R2、R3—吸附塔;AC—再生气冷却器

(图中所示工况下 R1 进行吸附,R2 进行冷吹,R3 进行再生)

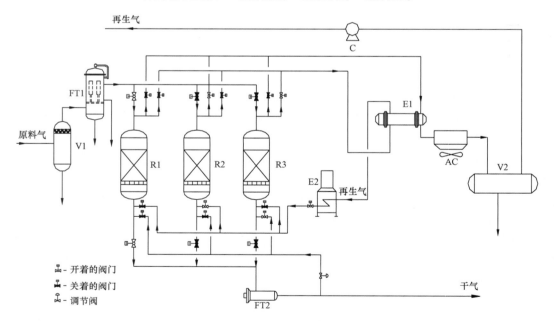

图 3 - 3 - 16 　等压再生(干气冷吹、含再生气压缩机)吸附脱烃、脱水流程图

V1—入口分离器;V2—再生气分水罐;C—再生气压缩机;FT1—过滤分离器;FT2—出口过滤器;

E1—再生气换热器;E2—再生气加热炉;R1、R2、R3—吸附塔;AC—再生气冷却器

(图中所示工况下 R1 进行吸附,R2 进行冷吹,R3 进行再生)

3）吸附塔数量的确定

（1）吸附再生周期。

对于吸附处理，根据操作压力及处理量不同，可采用两塔、三塔、四塔或多塔流程。

① 吸附塔床层吸附周期宜为 8~24h，脱烃吸附周期宜为 0.5~4h。

② 对于脱水装置两塔流程，吸附剂加热时间宜为总再生时间的 1/2~5/8，总再生时间包括冷却时间。对于 8h 的吸附周期，再生时间分配宜满足下列要求：

加热时间：4.5h；

冷却时间：3h；

备用与切换时间：0.5h。

③ 对于脱水装置三塔流程，吸附剂加热时间宜与吸附时间相同。对于 8h 的吸附周期，再生时间分配宜满足下列要求：

加热时间：8h；

冷却时间：7.5h；

备用与切换时间：0.5h。

④ 对于脱烃装置三塔流程，吸附时间宜为 0.5~4h，吸附剂加热时间与吸附时间相同。若为 4h 的吸附周期，再生时间分配宜满足下列要求：

加热时间：4h；

冷却时间：3.5h；

备用与切换时间：0.5h。

⑤ 对于脱水四塔流程，一个吸附、再生周期一般为 16h、24h，对于吸附周期为 16h 的循环，吸附时间一般为 8h，再生时间为 4h，冷吹时间为 3.5h。对于吸附周期为 24h 的循环，吸附时间一般为 12h，再生时间为 6h，冷吹时间为 5.5h。

（2）两塔、三塔对比。

两塔工艺是一塔吸附的同时，另一塔完成再生、冷吹两个工序。从经济角度来看，两塔流程设备少、自动切换阀门少、一次性投资低，但由于再生气量大，再生气加热负荷大，运行能耗高；而三塔流程直接利用冷吹气作为再生气，再生气加热负荷小，节约能量。通过多个项目综合比较，两塔流程费用现值高于三塔流程，经济效益相对较差。

从操作运行角度来看，采用两塔流程由再生转至冷吹时，会使供热系统造成一定的波动，同一座吸附塔要在一个吸附周期内需要完成再生及冷吹操作，冷吹时再生气加热炉需要停炉，不能连续操作，几小时后再启动加热炉时炉膛温度已经下降了很多，需要再次升温到操作温度，热量损失较大，而三塔流程则运行平稳、再生切换时对工艺装置的影响小，再生气加热炉可连续运行。而且采用三塔流程时，若其中一塔发生事故，通过调整再生气量、调整再生与冷吹时间等措施可保证其他两塔正常运行，不会导致装置的停产。

由以上对比可知，采用三塔流程无论在技术上还是在经济上均优于两塔流程，因此推荐采用三塔流程。

图 3-3-17 为吸附、再生、冷吹过程示意图。

综上，对于储气库采出气处理优先采用等压再生，湿气冷吹，三塔吸附处理流程。

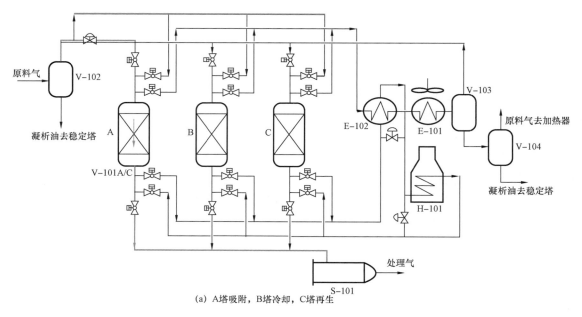

(a) A塔吸附，B塔冷却，C塔再生

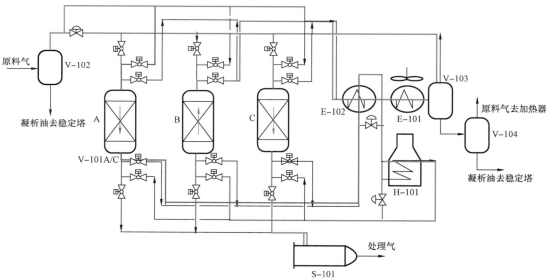

(b) A塔冷却，B塔再生，C塔吸附

图 3 - 3 - 17　三塔吸附处理流程走向示意图

（3）三塔、四塔对比。

以吸附脱水，循环周期为 24h 的三塔、四塔为例，对比两种方案区别。

对于吸附时间为 12h 的四塔循环，各步时间分配见表 3 - 3 - 9。

对于吸附时间为 8h 的三塔循环，各步时间分配见表 3 - 3 - 10。

表 3 - 3 - 9   四塔方案时间分配表

吸附塔	方案			
	0 ~ 6h	6 ~ 12h	12 ~ 16h	16 ~ 24h
吸附塔 A	吸附	加热	冷吹	吸附
吸附塔 B	吸附	吸附	加热	冷吹
吸附塔 C	冷吹	吸附	吸附	加热
吸附塔 D	加热	冷吹	吸附	吸附

表 3 - 3 - 10   三塔方案时间分配表

吸附塔	方案		
	0 ~ 6h	6 ~ 12h	12 ~ 16h
吸附塔 A	吸附	加热	冷吹
吸附塔 B	冷吹	吸附	加热
吸附塔 C	加热	冷吹	吸附

由表 3 - 3 - 10 可知,两种流程吸附—再生—冷吹循环周期均为 24h,在同一时间内,只有一个塔再加热,由于采用四塔流程,吸附塔尺寸小,因此再生气量较三塔流程小,因此采用四塔流程能耗低。

由于采用四塔流程吸附塔数量及切换阀数量均增加,且两种设施在吸附装置中投资比重大,因此,采用三塔流程或四塔流程应结合具体项目经过经济比选综合确定。

4. 推荐的吸附处理工艺特点

(1)用原料气作为冷吹气冷却再生床层。

(2)冷吹气先通过再生气换热器回收部分再生气热量后,再进入再生气加热炉前,综合利用了热量,减少运行能耗。

(3)在流程设置上有效利用了再生气两次,即用一股气同时用于冷吹和再生,先用作冷吹气后,用作再生气,可回收吸附塔及吸附剂吸收的热量,从而降低了加热炉的燃料气耗量,降低综合能耗;此外加热炉连续运行,避免了再生操作与冷吹操作之间的切换时间,有效地延长了再生时间,降低了流量及再生负荷。

(4)通过在原料气进吸附塔前设置调压阀,使得冷却后的再生气又返回至原料气,在保证产品气露点合格的情况下,避免了使用再生气压缩机,降低了设备投资。

对于具体的项目需综合压力、气质及处理量等通过技术经济比选确定,对比处理工艺流程主要区别在于吸附塔的数量。

(二)露点控制技术的选择

通过前面露点控制技术的介绍,鉴于超音速脱水法适用的规模较小,而大部分储气库的规模均在 $200 \times 10^4 m^3/d$ 以上,因此,本部分重点针对其他三种采出气处理工艺进行对比说明。三种露点控制技术对比见表 3 - 3 - 11。

表 3-3-11 采出气处理工艺对比

项目	J-T 阀节流+注乙二醇	三甘醇吸收	硅胶吸附
技术原理	利用天然气自身压力能,通过节流膨胀效应来实现	通过三甘醇溶液吸附天然气中的饱和水	通过固体多孔颗粒吸附天然气中的烃、水
适用储气库类型	可用于脱烃、脱水,适用范围广,包括油气藏型、盐穴型、含水层型	仅用于脱水,适用于盐穴型、含水层型	通过选用不同吸附剂可用于脱烃、脱水,适用范围广,适用于油气藏型、盐穴型、含水层型
生产压差(MPa)	≥1.5	≤0.5	≤0.5
处理后天然气露点	烃露点、水露点 -5℃~-10℃(丙烷辅助制冷时可达到 -25℃)	水露点降一般为 30~40℃,水露点为 -40℃	烃露点、水露点可达 -60℃,露点低,可杜绝外输气携液,增强管输效率
操作弹性(%)	30~100	60~100	20~100
目前已建装置单套最大处理量(10^4m³/d)	750	450	2500(国外)

通过上表可知,对于采出气同时含重烃及水的气藏型储气库,可采用 J-T 阀节流+注乙二醇工艺或硅胶吸附工艺;对于采出气中仅含水的干气藏型储气库,可采用三种工艺。

三种工艺运行消耗见表 3-3-12。通过多个工程实例对比,三甘醇吸收工艺较之含丙烷辅助制冷的 J-T 阀节流工艺,具有一次投资低,运行费用现值低的特点,常规工艺仅需对乙二醇/三甘醇溶液损耗进行补充。而吸附工艺吸附剂需每 5~6 年整体更换,吸附工艺靠吸附塔周期切换进行吸附/再生/冷吹,实现循环操作;吸附剂再生温度高,一般在 230℃以上;再生操作在加热吸附剂的同时需加热吸附塔筒体,且该部分耗能比重大,导致燃料气消耗多,运行费用高,20 年的费用现值较之其他两种工艺较高;但随着装置规模的增加,费用差距有减小的趋势。

表 3-3-12 三种工艺运行消耗一览表

方案	J-T 节流制冷工艺	三甘醇脱水方案	吸附方案
电耗	原料气预冷器(空冷),乙二醇泵,丙烷压缩机	原料气预冷器(空冷),三甘醇循环泵	原料气预冷器(空冷),再生气冷却器(空冷)
气耗	乙二醇再生釜	三甘醇再生釜	再生气加热炉
乙二醇/三甘醇/吸附剂消耗	乙二醇,主要考虑损耗,一般按照 4mg/m³ 考虑	三甘醇,主要考虑损耗,一般按照 15mg/m³ 天然气考虑	吸附剂,由于仅采气期运行,吸附剂一般 5~6 年更换一次

吸附脱烃工艺的吸附周期通常设计为 30~240min,吸附周期短,再生温度高,较之常规 J-T 阀制冷工艺在能耗方面没有优势,推荐采用传统的 J-T 阀+注防冻剂工艺,针对 1000×10^4m³/d 规模以上的储气库可具体进行技术经济比选综合考量。

脱水工艺吸附周期通常为 8~24h,吸附周期较长,再生温度较低,较之常规三甘醇脱水工艺在投资及能耗方面略高,投资相当。但考虑到吸附工艺操作弹性大,对于大于 1000×10^4m³/d 的装置,可设置一套,便于运行管理,建议 1000×10^4m³/d 以上的干气藏型储气库采用吸附脱水工艺。

第四节　酸气处理技术

一、储气库采出气组分变化规律

目前国内已建的京 58 群永 22 库及长庆陕 224 储气库均由含酸气藏改建而成,下面以陕 224 储气库生产运行动态说明采出气 H_2S 变化趋势。

陕 224 储气库于 2014 年 11 月注气调试完成,2015—2019 年开展"五注四采"的注采生产,前 5 个周期注采运行情况见表 3 – 4 – 1。

表 3 – 4 – 1　前 5 个周期注采运行情况表

注采周期	注气天数 (d)	日均注气量 ($10^4 m^3$)	累计注气量 ($10^8 m^3$)	采气天数 (d)	日均采气量 ($10^4 m^3$)	累计采气量 ($10^8 m^3$)
第一周期	151	92	1.3827	121	70	0.8498
第二周期	175	178	3.1169	89	73	0.6527
第三周期	191	120	2.3012	112	203	2.2765
第四周期	200	128	2.5574	111	212	2.3577
第五周期	94	163.7	1.5388			

酸气地层中变化规律如下:

(1)注气阶段:由于注入气体排驱作用,地层中 H_2S 由井筒流向远端,H_2S 含量由井底向地层逐渐升高。

(2)采气阶段:在生产压差作用下,气体流动方向发生反转,H_2S 由地层流向井筒,井底 H_2S 含量升高,进而导致采出气体中 H_2S 含量增加。

(3)随着注采次数增加,地层内部 H_2S 被不断淘洗,整体含量逐渐降低。

SCK – 8 井临时注采试验采气阶段,CO_2 含量保持稳定上升,当采气量达到注气量的 35.2%(采气量 $216.3 \times 10^4 m^3$,注入气量 $614.88 \times 10^4 m^3$)后,H_2S 含量快速上升(图 3 – 4 – 1)。

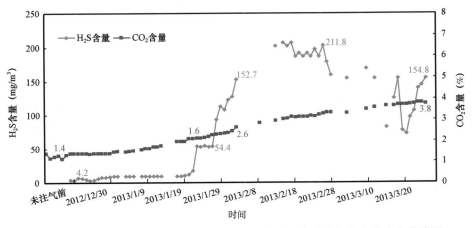

图 3 – 4 – 1　陕 224 储气库 SCK – 6 井临时注采过程中酸性气体含量变化曲线图

(注入气 H_2S 和 CO_2 含量分别为 $4.86mg/m^3$,0.89%)

第一周期采/注比 61%，SCKS1、SCK-8、SCK-11 井注气前 H_2S 含量分别为 $588mg/m^3$、$680mg/m^3$、$370mg/m^3$，注入气 H_2S 含量 $4.86mg/m^3$，采出气中 H_2S 组分含量较气田开发阶段明显降低，H_2S 含量初期基本稳定，在采气后期上升（图 3-4-2）。

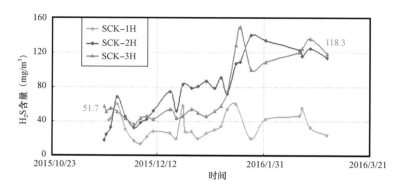

图 3-4-2　水平井第一周期 H_2S 含量监测曲线

第二周期采/注比 21%，由于采出比例低，采出气以注入干净气为主，H_2S 含量低且基本稳定，水平井 H_2S 含量显著低于老井（图 3-4-3）。

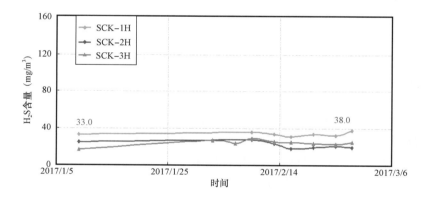

图 3-4-3　水平井第二周期 H_2S 含量监测曲线

经过 4 个周期的注采淘洗，酸性气体含量总体下降明显，H_2S 含量由 $554mg/m^3$ 降至 $102mg/m^3$，CO_2 含量由 6% 降至 1.1%，综合降幅 81.7%。通过数值模拟预测，在一定工作气量下，9 个注采周期后酸性气体含量达到二类气指标（图 3-4-4）。

永 22 储气库为未开发气藏改建储气库，是国内第一座含硫地下储气库，自 2010 年投产运行，截至 2019 年经历 7 个注采周期，在每个采气期内，随着时间的推移，H_2S 浓度呈逐渐上升趋势，随着注入干气的不断替换，平均 H_2S 浓度逐年下降。

通过以上分析可知含硫凝析气藏型储气库，由于注入的天然气为合格干气（不含 H_2S 或含量满足管输气的要求小于 $20mg/m^3$），故采出气中 H_2S 含量随着注采周期的延长，H_2S 含量在逐年减少。

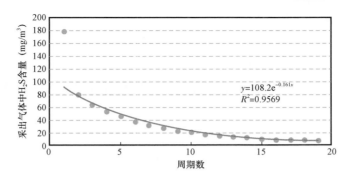

图 3 - 4 - 4　采出气 H_2S 含量随时间变化图

二、脱硫处理技术

目前国内外常见的天然气脱硫方法繁多,以脱硫剂的状态来分,天然气脱硫法可分为干法脱硫和湿法脱硫两大类。

(一)干法脱硫[8]

干法脱硫通常采用固体型的脱硫吸附剂,让原料气以一定空速通过装有固体脱硫剂的固定床,通过气—固接触交换,将气相中的 H_2S 吸附在脱硫剂上,并发生反应。其硫容量越大,脱硫精度越高,一般采用三塔或两塔串并联运行。其利用脱硫剂的催化氧化作用将天然气中的 H_2S 组分转化为单质硫和少量水,这样形成的单质硫沉积在脱硫剂载体的孔隙中,使得天然气中的 H_2S 组分直接转化为无害的固体单质硫,保留在脱硫剂中。干法脱硫装置投资少,设备少,能耗少,流程简单,生产过程中不产生废液、废气。常用的固体脱硫剂包括氧化铁脱硫剂、分子筛脱硫剂、活性炭脱硫剂。

1. 分子筛法

分子筛是人工合成的无机吸附剂——硅铝酸盐晶体,其脱硫过程主要是利用分子筛具有很强的亲 H_2S 能力,它最大优点是可以再生循环使用,但由于分子筛脱硫剂再生运行费用较高,再生出的 H_2S 需要进一步处理,通常需要配套硫黄回收等装置,使装置的一次性投资增大。因此除特殊场合外,在天然气脱硫领域中该法应用很少。对于小型 LNG 装置建议采用分子筛脱硫,脱附顺序为先脱碳再脱硫。

2. 固体氧化铁法

固体氧化铁脱硫剂可选择性的脱除 H_2S,其主要活性组分为氧化铁,并添加多种催化剂。在常温下,脱硫剂中的氧化铁吸收 H_2S 发生反应如下:

$$Fe_2O_3 \cdot H_2O + 3H_2S \longrightarrow Fe_2S_3 \cdot H_2O + 3H_2O$$

该方法的吸收速度正比于进料气中的含水量,因此为了提高脱硫反应速度,要求进料气要满足一定的含水量。该方法流程简单,适用于气量小,含硫量低的气源进行脱硫。

氧化铁脱硫剂有再生型和非再生型,20 世纪 70 年代后广泛应用在我国四川气田、长庆气田。国内有许多厂家生产天然气氧化铁脱硫剂,如四川天然气研究所、太原工业大学、北京三聚公司、中科院大连化学物理研究所等。

3. 活性炭脱硫工艺

活性炭是有多孔结构和对气体、蒸汽或胶态固体有强大吸附作用的炭。活性炭脱硫已有60余年历史,至今已广泛用于小合成氨脱硫、天然气脱硫等装置。活性炭脱硫剂具有硫容高、允许气速高、操作安全、环境接受性好等特点。

(二)湿法脱硫

湿法脱硫指通过气—液接触,将气体中的 H_2S 转移至液相中,从而使天然气得到净化,然后对脱硫液进行再生,循环使用。最常见的湿法脱硫有胺洗法和催化氧化法等。此法多用于高压天然气中酸性气体组分含量较多的情况。湿法本身又可按条件分为:化学吸收法、物理吸收法、复合法和直接氧化法。

1. 物理吸收法

物理吸收法是以有机复合物为溶剂,在高压、低温下使酸性组分溶于溶剂内的脱硫方法。由于物理溶剂对重烃有较大的溶解度,该方法常用于酸性气体分压超过 0.35MPa、重烃含量低的天然气净化。物理吸收法的优点是在脱除天然气中 H_2S 和 CO_2 的同时,还可以脱除硫醇等有机酸。但该方法也有一定的不足:一方面物理溶剂成本较高;另一方面是溶剂对重烃有较强的吸收能力,这不仅影响净化气的热值,还影响后期硫黄的回收质量。目前已应用于工业的物理溶剂有碳酸丙烯酯、多乙二醇二甲醚、磷酸三丁酯和 N – 甲基吡咯烷酮。使用较多的是多乙二醇二甲醚,该溶剂的蒸汽压较低,对 H_2S 和 CO_2 和有机硫化物有较好的吸收能力和选择性。

2. 化学吸收法[9]

化学溶剂吸收法是以可逆反应为基础,利用碱性溶剂与原料气中的酸性气体反应而生成富含酸气的化合物,从而脱除酸性气体;吸收了酸性气体的富液在升高温度、较低压力下该化合物又能分解而放出酸气,同时碱性溶液再生(图 3 – 4 – 5)。醇胺法是目前最常用的天然气脱硫脱碳方法。据统计 20 世纪 90 年代美国采用化学溶剂法的脱硫脱碳装置处理量约占总处理量的 72% ,其中有绝大多数是采用醇胺法。目前主要采用的是一乙醇胺(MEA)、二乙醇胺(DEA)、二甘醇胺(DGA)、二异丙醇胺(DIPA)和甲基二乙醇胺(MDEA)等。

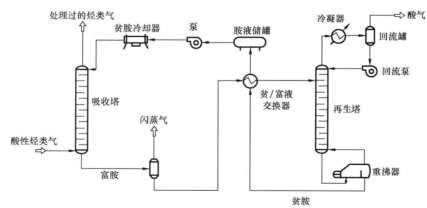

图 3 – 4 – 5　典型的湿法工艺流程图

（1）一乙醇胺（MEA）。

MEA 在各种醇胺中碱性最强，与酸气反应最迅速；MEA 既可脱除 H_2S，又可脱除 CO_2，没有选择性；MEA 相对分子质量最小，脱除一定量的酸气所需要循环的溶液较少；此外，MEA 在化学性能上较稳定，能减少溶液降解。其主要缺点是 MEA 与 SO_2 反应不可逆，导致溶剂大量损失及产物积累；而且 MEA 具有较高的蒸气压，溶液的蒸发损失稍大。

（2）二乙醇胺（DEA）。

DEA 为仲醇胺，脱除原料气中的 H_2S 与 CO_2 基本无选择性，与 MEA 在原理和操作上相似。一个主要差别是它与含硫化物反应速率较低，得到的产物也不同，反应造成的溶剂损失相对较少，腐蚀性弱。因此适用于杂质含量较高的炼厂气和人造煤气。

（3）二甘醇胺（DGA）。

DGA 属伯胺，具有伯胺特点的高反应性、低平衡分压等优点，对 H_2S 与 CO_2 的吸收无选择性，同时也能吸收有机酸等物质，并与之发生不可逆化学反应。特别适用于高寒、缺水地区使用。

（4）二异丙醇胺（DIPA）。

DIPA 属仲胺，该方法的脱硫剂是 20% ~ 30% 的二异丙醇胺水溶液，可完全脱除原料气中的 H_2S，部分脱除其中的 CO_2。在相同条件下，DIPA 溶液中酸气的溶解度与同浓度 DEA 相差不大，其再生条件较 MEA 缓和，且降低了液气比，从而降低了热损耗和热交换面积，在有机硫存在的条件下，DIPA 比 MEA 要稳得多，且副反应物可逆，在再生温度下可分解。主要用于炼厂气脱硫及硫回收装置尾气处理。

（5）甲基二乙醇胺（MDEA）。

MDEA 为叔醇胺，具有化学稳定性好，溶剂蒸发损失小和腐蚀性较弱等特点。而且在 CO_2 存在的条件下，对 H_2S 有选择性的吸收能力。采用 MDEA 代替其他胺，改善了酸气条件的质量和操作条件，降低了能耗。对于净化低含硫，高碳硫比的天然气，MDEA 是目前最优的方法。

（6）MDEA 混合胺溶液。

基于 MDEA 溶液的优点，国内外专家对其不断地进行发展研究，MDEA 溶液中加入不同配方的溶剂，如 DEA、哌嗪以及咪唑等，形成各种复配溶液，对于 H_2S 和 CO_2 的脱除更加有效，净化度更高，节能效果更好。MDEA 活化工艺于 20 世纪 60 年代末首次开发，并于 1971 年首次在德国的 BASF 公司投入使用。BASF 公司将 MDEA 溶液和哌嗪（PZ）混合作为复配溶液，研究表明活化 MDEA 溶液（MDEA + PZ）吸收 CO_2 的能力显著提高，节能效果更好。长庆气田靖边气区原料气为高含碳低含硫气源，CO_2/H_2S 高达 188.8，利用 MEDA 配方溶液处理后脱至我国国家标准含量。

醇胺法适用于天然气中酸性组分含量低的场合。由于醇胺法使用的是醇胺水溶液，溶液中含水可使被吸收的重烃降低至最低程度，故非常适用于重烃含量高的天然气脱硫。MDEA 等醇胺溶液还具有在 CO_2 存在下选择性脱出 H_2S 的能力，醇胺法的缺点是有些醇胺与 COS 和 CS_2 反应时不可逆地会造成溶剂的化学降解损失，故不宜用于 COS 和 CS_2 含量高的天然气脱硫脱碳。此外醇胺作为脱硫溶剂，其富液再生时需要加热，不仅能耗较高而且在高温下再生时会发生热降解造成损耗较大。MDEA 湿法脱硫一般配套硫黄回收装置建设。对于无硫黄回收价值的场合，由于其脱除的废气焚烧后产生 SO_2，为防止尾气中 SO_2 含量超标、不满足环保要求,尾气一般采用热碱法进行吸收。此方法工艺流程复杂、工艺设备多、工程投资高、装置运行能耗高。

3. 物理—化学溶剂吸收法

该方法是由物理溶剂和化学溶剂配制的混合溶剂。目前,最典型的代表是砜胺法,配方为环丁砜和二异丙醇胺(DIPA)或甲基二乙醇胺(MDEA)混合。其特点为酸气负荷高,净化度高,可同时脱除 H_2S 和有机硫,但溶剂价格较贵。由于砜胺法兼具物理吸收法和化学吸收法的优点,因此现在已成为天然气脱硫的重要方法之一。砜胺法首先由荷兰壳牌公司开发,将二异丙醇胺(DIPA)和环丁砜混合并命名为 Sulfolane – D 法,随后又将甲基二乙醇胺(MDEA)和环丁砜混合命名为 Sulfolane – M 法。我国先后将 MEA、DIPA 及 MDEA 与环丁砜混合,分别命名为砜胺Ⅰ型,砜胺Ⅱ型和砜胺Ⅲ型。

三、国内含酸气藏储气库净化工艺现状

陕 224 储气库(H_2S 含硫 553.9mg/m³,CO_2 含量 6.01%)距靖边气田第一净化厂 12km,该处理厂所采用的 MDEA/DEA 混合溶液可以有效脱除天然气中的 CO_2 和 H_2S,因此陕 224 储气库就近依托靖边气田净化厂净化能力进行酸气淘洗[10]。

京 58 群永 22 储气库设计规模 $250 \times 10^4 m^3/d$,采用固体脱硫法,设两套脱硫装置,每套装置 4 塔 2 组,组与组并联运行,每组 2 塔可串可并,采出气井流物经节流、预冷分离后进入脱硫装置(图 3 – 4 – 6)。

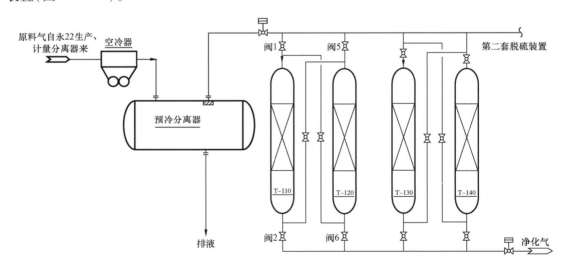

图 3 – 4 – 6　单套脱硫装置工艺流程示意图

四、酸气处理技术适应性分析

随着注采周期的延长,酸气组分逐年递减,每个周期内注入气/采出气比例不同,采出气中 H_2S 含量不同,因此对于储气库,应结合储气库中 H_2S 含量、库容参数确定逐年注采方案,确定合理的脱硫装置规模。

脱硫工艺选择时,主要考虑以下影响因素:

(1)外部工艺因素:如原料气组成、压力、温度与净化气要求等,但最重要的是原料气组成和净化气要求。

(2)脱硫方法的内部因素:如消耗指标、三废产生情况等,以及它们与上述外部工艺因素的关系。例如,由于其产生的固体废渣处理比较困难,且我国部分地区已经禁止就地掩埋,近年来固体氧化铁法的发展势头明显减缓。

(3)经济因素:主要投资和操作成本,也包括原材料供应情况。

根据工业实践经验,天然气脱硫方法选择的总体原则可归纳为:

(1)优先考虑 MDEA 法与醇胺法脱硫/克劳斯法硫黄回收/尾气处理的经典流程。

(2)在特殊情况下,考虑采用以 MDEA 为基础组分而开发的配方型溶剂。

(3)在潜硫量不很大,且再生酸气中 H_2S 浓度甚低(或碳/硫比过高)时,可考虑以自循环式络合铁法(Lo-Cat)装置替代克劳斯法硫黄回收装置,目前最大规模装置的潜硫回收量已达到 10t/d。

(4)潜硫量不超过 0.5t/d 或 C/S 比值很高的脱硫装置,可考虑固体法脱硫。

不同脱硫工艺适用的潜硫含量范围见表 3-4-2,在储气库周边有可利用的气田净化处理厂时,可优先依托处理厂进行净化处理,具体采用何种方案及净化工艺应根据技术经济比选综合确定。

表 3-4-2　各种脱硫工艺方法适用的潜硫量

工艺	是否回收硫黄	原料气潜硫量(t/d)
醇胺法脱硫/克劳斯硫黄回收/尾气处理	回收	>25
物理溶剂吸收法,膜分离法	不回收	>25
络合铁法(操作压力<0.7MPa)	回收	<20
固体脱硫剂法	不回收	<2
液体脱硫剂直接注入法	不回收	<0.2

五、干法脱硫运行实践

京 58 储气库干法脱硫装置在运行中存在脱硫剂实际强度与耐油水性较差的缺陷,在遇油水的情况下容易粉化、板结,水冲洗过程中,脱硫剂粉末容易造成积聚。脱硫剂粉化、板结与硫容偏低带来的问题直接限制了永 22 储气库的安全生产与脱硫剂的实际效率。

(1)硫容偏低。

京 58 储气库群采用的脱硫剂的实际硫容,明显低于理论硫容值,脱硫剂在使用过程中15~20天穿透,更换频繁。

(2)板结问题。

脱硫装置顶部存在较为严重的板结现象,造成卸剂困难、施工工作量增加、卸剂作业周期延长、风险增大。在每次卸剂作业时,单塔中约 1/4 的脱硫剂能够自由流出,而剩余 3/4 的脱硫剂出现严重的板结现象,需要用高压水冲洗的方式卸剂。卸剂过程中发现脱硫塔底部脱硫剂未参与反应,严重影响了脱硫剂的使用效率。

针对以上问题,对脱硫剂进行了筛选,并优化了脱硫床层的布置。将球形脱硫剂的直径由6~8mm调整为4~6mm。新脱硫剂粒径由原来平均7mm减小至目前平均5mm,堆密度增大,单位体积脱硫剂表面积增加约50%,增强了脱硫剂吸附的能力,硫容均超过15%,提高了脱硫效率并且减少了更换频次。

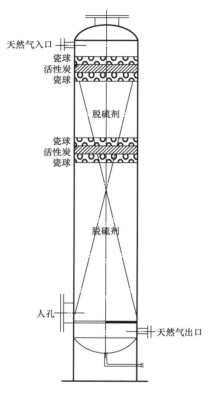

图3-4-7　塔内分布结构

在塔的最顶部铺设高度为200mm的氧化铝瓷球,在装瓷球前首先将脱硫剂扒平,瓷球与脱硫剂之间设置丝网,可缓解进入塔内天然气对脱硫剂的冲击,改善塔内气体的分布,减少偏流,使脱硫剂反应更加均匀、充分。

针对脱硫塔底部脱硫剂未参与反应的实际情况,在保证出口H_2S含量不超标的情况下,适当减少了脱硫剂的填装量,减少底部脱硫剂浪费,在脱硫塔上部装填吸油剂,吸油剂采用优质活性炭添加特种活性剂和助剂,在塔内采用分层铺垫的形式,以达到脱除天然气中油水的目的,减少油水对脱硫剂的不利影响。选用的吸油剂具有以下特点:孔隙率大,吸附效率高,油容量大,机械强度好,在高温、高压及水泡情况下不粉化,不与脱硫剂发生反应的特点。2016年的采气期在脱硫塔的上部装填了一定高度的活性炭,基本解决了脱硫剂板结问题,进而提高了脱硫剂使用效率,脱硫剂的硫容均超过21%。

活性炭在塔内建议采用分层铺垫的形式:瓷球+活性炭+瓷球+脱硫剂+……,在塔内分布结构如图3-4-7所示。

通过对工艺流程优化,对脱硫剂性能、结构调整,优化装填措施等方法,目前永22储气库冬季采气生产中,脱硫装置生产运行存在的问题和风险均得到有效控制,实际硫容超过15%,平均更换周期为43天。在应急采气时,由于凝液量的增加与地面设施的限制,脱硫系统压差增加较快,采气量在$(140~150) \times 10^4 m^3/d$的条件下,能够连续安全采气7~10天,亦可确保天然气应急供应。

第五节　凝液处理技术

一、凝液处理方案

由于地层条件的不同,地下储气库的凝液产量存在一定差异,凝液产量一般不大,且随着注采周期的增长,凝析油产量将会逐渐减少,从经济角度考虑,不宜单独设置凝液处理装置,最经济、最简便的凝液处理方式则是在站内设一套凝液收集装置,当凝液达到一定量后,统一输至附近凝液处理厂或装车外运,当周边存在可依托的油气处理厂或联合站,可直接将产出凝液经管道输送至附近依托站场进行处理。

当油气田附近无联合站可依托时,需独立设置凝液处理装置(即凝析油稳定装置),稳定后的凝析油进凝析油储罐储存,最终装车外运。根据国内外同类型地下储气库的实际运行经验,随着注采周期的增加,凝液产量呈逐年递减趋势,因此凝液处理装置宜采用多套、橇装化布置,当该储气库凝液枯竭时可拉运至其他储气库或油气处理厂使用。

二、凝析油处理方案

凝析油稳定主要可分为闪蒸法和分馏法两类。闪蒸法又分为正压闪蒸、微正压闪蒸和负压闪蒸。根据 SY/T 0069—2008《原油稳定设计规范》中单位轻烃能耗与原油中 $C_1 \sim C_4$ 组分含量的有关说明,当凝析油中 $C_1 \sim C_4$ 含量小于 2%(质量分数)时,宜采用负压闪蒸,当 $C_1 \sim C_4$ 含量在 2% ~3%(质量分数)之间时,宜采用正压闪蒸,当 $C_1 \sim C_4$ 含量大于 3%(质量分数)时,宜采用分馏法稳定。

通过对已建储气库凝液组分分析,凝液中 $C_1 \sim C_4$ 含量一般大于 3%(质量分数),因此推荐采用分馏法,分馏法包括提馏稳定和全塔分馏稳定工艺。在稳定凝析油产品合格的前提下,由于采用提馏稳定工艺设备少,投资及能耗均低于全塔分馏稳定工艺,故一般首选提馏稳定工艺,在实际设计中,建议根据原料的组成、温度、压力、流量等进行 HYSYS 模拟、设备核算、产品及能耗分析、设备投资和操作费用等分析确定具体工艺。

典型的凝析油稳定工艺流程如图 3 - 5 - 1 所示。

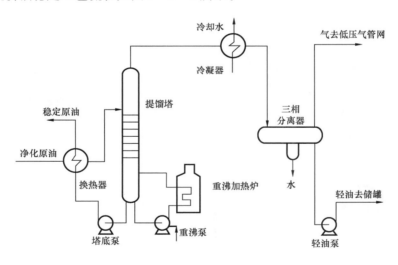

图 3 – 5 – 1　凝析油稳定工艺流程

来自低压分离器的凝析油首先与稳定后的凝析油在进料/产品换热器中进行预热,进入预闪蒸罐中移除部分轻组分。闪蒸后的气体与稳定塔顶气相一起进入一级废气压缩机。闪蒸后得到的底部凝析油,由进料凝析油泵,将一部分打入稳定塔顶部,另一部分由稳定凝析油预热后进入稳定塔中部。所有进入稳定塔中的凝析油经过多次闪蒸分离,得到底部稳定凝析油。稳定凝析油分别经过进料/底部换热器和进料/产品换热器后,送入储罐储存。

第六节 关键设备选型及设计

一、分离器

双向输气管道来气常含有固体、液体杂质,为保护注气压缩机或保证贸易交接计量的准确性,集注站或分输站一般设置旋风分离器 + 过滤器两级分离过滤。过滤分离指标为:脱除固体粒度 5μm,液体粒度 10μm,脱除效率 99.5%。

(1)旋风/旋流分离器。

旋风/旋流分离器设备的主要功能是尽可能除去输送气体中携带的固体颗粒杂质和液滴,达到气固液分离,以保证管道及设备的正常运行。

天然气通过设备入口进入设备内旋风分离区,当含杂质气体沿轴向进入旋风分离管后,气流受导向叶片的导流作用而产生强烈旋转,气流沿筒体呈螺旋形向下进入旋风筒体,密度大的液滴和尘粒在离心力作用下被甩向器壁,并在重力作用下,沿筒壁下落流出旋风管排尘口至设备底部储液区,从设备底部的出液口流出。旋转的气流在筒体内收缩向中心流动,向上形成二次涡流经导气管流至净化天然气室,再经设备顶部出口流出。

旋风/旋流分离器如图 3 - 6 - 1 所示。

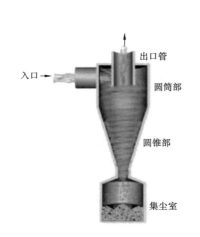

(a)原理图

(b)实物图

图 3 - 6 - 1 旋风/旋流分离器示意图

旋风/旋流分离器的分离效果:在设计压力和气量条件下,均可除去 ≥10μm 的固体颗粒。在工况点,分离效率为 99%,在工况点 ±15% 范围内,分离效率为 97%。

(2)过滤分离器。

过滤分离器有立式和卧式两种,卧式使用较广。含微量液体和固体杂质的气体由外向内通过过滤管,分出固体杂质,并使雾状油滴聚结成较大油滴,和入口分期区的液体汇合后流入下部的集液罐内;气体通过捕雾器后流出分离器。常用在压缩机入口、贸易交接计量流量计上游、甘醇脱水塔上游。

过滤分离器分离精度:分离固体粒度5μm,分离液体粒度10μm,分离效率99.5%。目前有的过滤分离器可以达到脱除100%粒径大于2μm的油滴和99%粒径大于0.5μm的油滴的要求。过滤分离器典型压降7~14kPa,一般压降达到50kPa时需要对滤芯进行清洗或更换。

过滤分离器如图3-6-2所示。

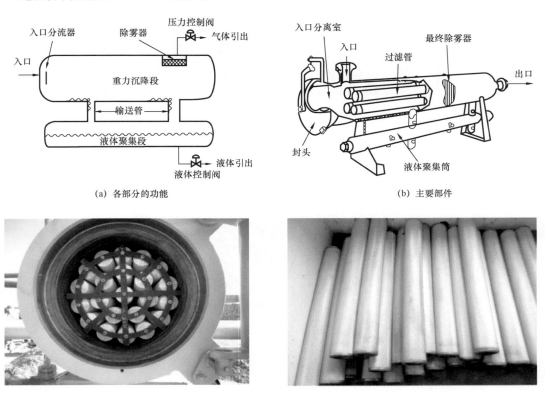

(a) 各部分的功能

(b) 主要部件

(c) 筒体内的滤芯

(d) 散装滤芯

图3-6-2 过滤分离器示意图

二、预冷器

当注采井采出物温度较高时,集注站采出气处理装置一般设置预冷器。在不会生成水合物的条件下,预冷器出口温度宜比运行期间最热月平均气温高10℃。采气期一般在冬季,10月份至次年3月,最热月为10月份。因此可按照10月份平均气温加10℃作为出口温度。

预冷器宜采用空冷器,空冷器如图3-6-3所示。

由于环境温度不断变化,作为预冷器的空冷器应具备温度调节功能,调节措施包括:

(1)变频调节风机转速、关停部分或全部风机。

(2)关小百叶窗开度。

(a) 实物图

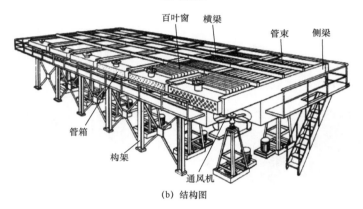

(b) 结构图

图 3 - 6 - 3 空冷器

预冷器设计需要注意的问题：

（1）防止出口温度过低造成冻堵。设置温度报警和调节仪表；介质入口注入乙二醇防冻；材质选择满足极端低温工况。

（2）安装位置保证空气流通，防止形成热岛。

（3）噪声控制满足要求。

三、气—气换热器

换热设备的类型很多，对每种特定的传热工况，通过优化选型都会得到一种最适合的设备型号。如果将这个型号的设备使用到其他工况，则传热效果可能有很大的改变。因此，针对具体工况选择换热器类型是很重要和复杂的工作。换热器选型时需要考虑的因素是多方面的，主要有：

（1）热负荷及流量大小。

（2）流体的性质。

（3）温度、压力及允许压降的范围。

（4）对清洗、维修的要求。

（5）设备结构、材料、尺寸、重量。

（6）价格、使用安全性和寿命。

在换热器选型中，除考虑上述因素外，还应对结构强度、材料来源、加工条件、密封性、安全性等方面加以考虑。

气—气换热器常用的类型有绕管式换热器、板翅式换热器（冷箱）、管壳式换热器、套管换热器。为了充分回收冷量，低温分离器分出的天然气和凝液宜分别与原料气换热。建议冷流出口和热流入口温度差按照 5℃ 左右设计。

在各种换热器中，套管换热器适用于换热负荷较小的场合，应用范围较少。板翅式换热器适用于设计压力 8MPa 以下、比较干净介质之间的换热，应用的范围有一定的局限性。管壳式换热器单位面积内能够提供较大的传热面积，传热效果较好，并且适应性较强，其允许压力可以从高真空到 41.5MPa，温度可以从 -100°C 以下到 1100°C 高温；此外，它还具有容量大、结构简单、造价低廉、清洗方便等优点。绕管式换热器是在与管板相连的中心筒上，以螺旋状交替缠绕数层小直径换热管形成管束，再将管束放入壳体内的一种换热器，具有结构紧凑、可同时进行多种介质换热、管内操作压力高、传热管的热膨胀可自行补偿、换热器易实现大型化等特点，但是清理困难，所以一般用于较清洁的工艺介质。

板翅式换热器（冷箱）是天然气处理厂、LNG 液化工厂应用比较广泛的换热器，具有换热效率高、温差小、多股流换热的优点，可以最大程度地回收冷量，提高装置效率、降低能耗。缺点是由于焊接技术制约，不适合压力太高的场合，目前国内板翅式换热器最高压力为 8MPa。

绕管式换热器适用于洁净、黏度不大的介质，具有换热器效率高、压力高、单台设备换热面积大、多股流换热的优点。绕管式换热器属于定制设备，制造商一般根据用户的工况条件进行专门的设计，单台设备换热面积可达几千平方米。

管壳式换热器是应用最为广泛的换热设备，技术成熟。用于低温露点控制装置气气换热时，需要采用两级串联，以达到最大程度回收冷量的目的。

不同类型换热器示意图如图 3-6-4 至图 3-6-6 所示。

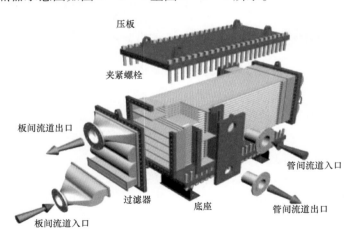

图 3-6-4 板翅式换热器示意图

图 3 – 6 – 5　超高压多股流绕管式换热器示意图

图 3 – 6 – 6　管壳式换热器示意图

综上,J – T 阀 + 注乙二醇露点控制装置气气换热器选型建议如下:

当操作压力低于 8MPa 时,建议选择管壳式换热器或板翅式换热器,回收低温分离器分出的天然气和凝液的冷量。在入口考虑注乙二醇防冻。当采用板翅式换器时,应设置进口过滤设施,防止堵塞板翅式换热器。

当操作压力高于 8MPa 时,建议选择管壳式换热器或绕管式换热器,在入口考虑注乙二醇防冻,目前国内大部分储气库采用管壳式换热器,换热器一般采用两串两并设置,随着大型储气库的出现,绕管式换热器已在新疆呼图壁储气库及辽河双 6 储气库得到了应用;但对于油藏型或凝析气藏型储气库,由于采出气含油,气质较脏,绕管式换热器的应用可靠性有待进一步验证。

四、冷剂系统设备

(一)冷剂压缩机

制冷压缩机型式主要包括:活塞式制冷压缩机、螺杆式制冷压缩机和离心式制冷压缩机。

1. 活塞式制冷压缩机

活塞式制冷压缩机是目前生产量最大、应用最广的一种制冷压缩机。按照 GB/T 10079—2018《活塞式单级制冷剂压缩机(组)》规定,气缸直径小于 70mm,制冷量 $Q_0 < 58kW$ 为小型活塞式制冷压缩机;气缸直径为 70~170mm、制冷量 $58kW \leq Q_0 \leq 580kW$ 为中型活塞式制冷压缩机;制冷量 $Q_0 > 580kW$ 为大型活塞式制冷压缩机。我国活塞式制冷压缩机系列产品多属于中小型。

若按电动机与压缩机的组合型式分类,可分为开启式和封闭式两种,而封闭式又可分为半封闭式和全封闭式两种。封闭式压缩机密封性比开启式的好,可减少和避免制冷剂泄漏。

若按气缸的布置型式分类,可分为卧式、直立式和角度式三种类型。角度式压缩机的气缸轴线呈一定的夹角布置,有"V"形、"W"形和"S"形(扇形)之分。现代中小型高速多缸压缩机多采用角度式布置。

2. 螺杆式制冷压缩机

螺杆式制冷压缩机与活塞式制冷压缩机相比较,属于近 20 多年发展起来的一种机型。螺杆式制冷压缩机是一种工作容积作回转运动的容积型制冷压缩机,因没有往复运动机构,所以结构简单、体积小、重量轻、零部件少,可靠性高,同时操作简便,易于自动化。虽然尚待开发和研究的领域十分广阔,还存在不少有待探讨的问题,但已显示出许多优点,发展很快,占有了大容量活塞式制冷压缩机的使用范围,并向中等冷量范围内的应用延伸,制冷系数、噪声等已接近活塞式制冷压缩机的水平,已发展成为制冷机的主要机型之一。

螺杆式压缩机气缸呈"∞"字形,气缸中配置 2 个按一定传动比反向旋转的螺旋形转子,其中一个有凸齿,称阳转子,另一个有齿槽,称阴转子。螺杆压缩机气缸两端设有一定形状和大小的吸气口和排气口。螺杆式压缩机的吸、排气过程不需要阀片控制,因此它的结构简单,易损件少,维护保养也方便。螺杆式压缩机阴、阳转子与气缸壁之间的容积成为基元容积,基元容积的大小和位置随转子的旋转而变化。就气体压力提高的原理而言,螺杆式制冷压缩机与往复式制冷压缩机相同,都属于容积式压缩机,即都是通过工作容积的变化而使气体压力变化。

螺杆式制冷压缩机的型式一般分为开启式、半封闭式和全封闭式三种。制冷负荷可以在 10%~100% 的范围内波动。

3. 离心式制冷压缩机

压缩机本体包括吸气腔、叶轮、扩压器、蜗壳、传动轴及轴封装置(半封闭式结构无轴封装置)等部件。离心式制冷压缩机的工作原理基本上与离心式泵和风机相同,是以高速旋转产生的离心力来压缩和输送气体。当电动机通过增速齿轮带动叶轮高速旋转时,叶轮内的气体在叶片作用下与叶轮一起旋转,气体在旋转离心力的作用下,沿着叶片间的流道高速离开叶轮,进入扩压器和蜗壳,并使气体的大部分动能转变为压力能,然后进入冷凝器,在冷凝压力下冷凝。当叶轮中的气体通过叶道流出叶轮后,吸气腔中的气体便通过叶轮进口不断补充。为了使流出压缩机的制冷剂蒸汽具有一定的压力,其叶轮通常具有较高转速。离心式制冷机的特点如下。

（1）单机制冷量大。

（2）结构紧凑、重量轻、尺寸小,故可节省机房投资。

（3）没有气阀、填料、活塞环等易损件,因而工作可靠,操作方便,维护费用仅为活塞式压缩机的1/5。

（4）运转平稳、振动小,噪声低于90dB。运转时制冷剂中不混有润滑油,因而蒸发器和冷凝器的传热性能好。

（5）能够经济地进行调节。当采用入口导流叶片调节器和改变扩压器宽度调节装置时,可使机组负荷在30%～100%范围内进行高效率调节。

（6）离心式制冷机缺点在于单机制冷量不宜过小,其效率低于活塞式制冷机。

对于小型的制冷压缩机组多选用活塞式制冷压缩机或螺杆式制冷压缩机,对于大型的制冷压缩机多采用离心式制冷压缩机。由于螺杆式制冷压缩机具有结构简单、体积小、重量轻、零部件少、可靠性高、操作简便、易于自动化的优点,对于储气库辅助制冷系统宜选用螺杆压缩机作为制冷机组。

（二）经济器选型

1. 经济器型式

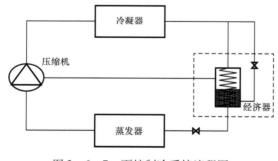

图 3 - 6 - 7　丙烷制冷系统流程图

制冷剂从压缩机出来,经过冷凝器冷凝成液态冷媒,之后分成两路,一路经膨胀阀节流后变成低温低压的制冷剂,使另外一路的制冷剂温度再一次降低,自身也得到热量蒸发成气体回到压缩机。得到过冷的另外一路制冷剂经节流后进入蒸发器蒸发,再回到压缩机。通过这种方式可以为系统增加更多的制冷量以及更高的能效比,系统流程如图 3 - 6 - 7所示。

常用的经济器(Economizer)分为闪发式经济器和热交换器式经济器。

1）闪发式经济器

从蒸发器 G 吸入的低温低压的制冷剂气体,经压缩机 A 压缩成高温高压的制冷剂气体,经过油分离器 B 分离出润滑油后,送入蒸发式冷凝器 C 冷凝成高压液体,并依靠重力流入贮液器 D,从贮液器 D 出来的高压液体经节流阀 E 节流成中间压力的液体,进入闪发式经济器 F。节流后的液体降温至中间压力下的饱和液体,再经过第二次节流后,进入蒸发器 G 吸热蒸发,产生的制冷剂气体被压缩机 A 吸走,完成一个制冷循环,系统流程如图 3 - 6 - 8所示。

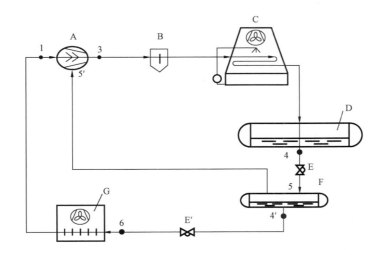

图 3 - 6 - 8　带闪发式经济器的丙烷制冷系统流程

2）热交换器式经济器

来自冷凝器的高压液态制冷剂在进入经济器后,分为两部分,一部分通过节流来吸收另一部分的热量膨胀的方式进一步冷却,去降低另一部分的温度,其中一部分稳定下来的过冷液体通过丙烷供液阀直接进蒸发器制冷,而另一部分未冷却的气态丙烷通过经济器与压缩机的连通线,重新进入压缩机继续压缩,进入循环。它巧妙通过膨胀制冷的方式来稳定液态制冷介质,以提高系统容量和效率,系统流程如图 3 - 6 - 9 所示。

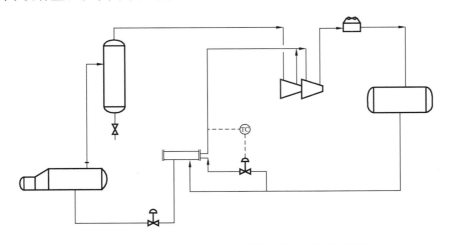

图 3 - 6 - 9　带热交换器式经济器的丙烷制冷系统流程

热交换式经济器和闪发式经济器性能比较见表 3 - 6 - 1。

综合上述比较,带闪发式经济器的丙烷压缩机组较带热交换器式经济器的丙烷压缩机组能效比高,但带闪发式经济器的丙烷压缩机组需加装复杂的液位控制系统,成本较大。因此储气库选带热交换器式经济器的丙烷制冷机组。

表 3-6-1　两种型式的经济器性能比较

型式	热交换器式经济器	闪发式经济器
优点	(1)结构简单,易于加工; (2)制冷剂流经管程,流速较快,可直接将冷冻油带回压缩机,因此无须增加额外的回油设备; (3)制冷剂充注量小,一般只有满液式经济器的1/3,节约了成本	(1)直接接触式换热,无换热温差,换热效率高; (2)经济器回气为饱和气体,保证机组高效率运行; (3)结构简单,便于回油; (4)冷量范围大
缺点	(1)经济器回气要求有一定的过热度,使换热器有约20%的余换热面积,故传热效率低; (2)热力膨胀阀供液能力有限,提供的冷量范围小; (3)管程制冷剂压降大等	经济器内须控制液位,须加装复杂的液位控制系统,加之制冷剂充注量较大,增加了机组的成本

五、再生气加热装置

通常工艺要求再生气的加热温度在 250～290℃ 之间,加热后进吸附塔进行再生。温度要求远高于其他常规用热单元。在此类加热系统中,多采用再生气加热炉直接加热,如采用间接加热,适用于高温位热媒主要为蒸汽和导热油。对蒸汽供热和导热油供热和再生气直接加热从系统安全性、运行成本、工程投资、操作维修和节能性几个方面进行比较,见表 3-6-2。

表 3-6-2　蒸汽供热、导热油供热和再生气直接加热对比表

序号	项目	蒸汽供热	导热油供热	再生气直接加热
1	热源设备	蒸汽锅炉	导热油炉	再生气加热炉
2	工艺安全	(1)相同温位,蒸汽压力较高(如280℃饱和蒸汽,对应蒸汽压力为6.31MPa); (2)传统供热工艺,成熟可靠、系统配套设施多	(1)多用于较高温位加热系统; (2)可在低压下获得高温、安全可靠; (3)系统简单,调节灵活	火焰直接加热炉管内再生气
3	运行成本	(1)热媒为水,价格便宜; (2)存在锅炉排污、热力除氧器等锅炉房自用汽,系统总体热效率较低,燃料消耗较多; (3)系统配套动设备较多,耗电量大	(1)热媒合成油,价格很高,每年补充替换油量约3%～5%; (2)系统闭式循环,无其他热损,总体热效率较高,燃料消耗少; (3)系统动设备较少,耗电较低	只消耗燃料和少量用电,无其他成本
4	操作维修	(1)蒸汽系统运转设备、部件较多,原水处理、RO水处理、除氧器、凝结水回收等系统复杂,需值班岗位较多; (2)系统设备较多,操作、维修工作量较大	(1)自控水平高,可以实现无人值守; (2)系统设备较少,操作简单,操作、维修工作量较小	全自动运行
5	节能	(1)系统除正常管网热损外,还存在锅炉排污热损、除氧用汽、冷凝水回收系统热损,综合能源利用率较低; (2)水资源用量较大	系统运行效率高,闭式循环,除管网正常散热外,无其他热损失,节能效果好	无管网,只存在排烟热损和设备热损,节能效果最好
6	工程量及投资	(1)系统配套辅助设施较多,需建设锅炉房、水处理间、除氧间、化验间、排污降温池等设施,基建工程量较大; (2)目前小负荷的过热蒸汽锅炉价格未知; (3)蒸汽锅炉系统配套设备费较多	(1)系统设备较少,基建工程量少; (2)导热油锅炉设备费较低; (3)初期预填充导热油价格较高	工程量最少、投资少

因此,由于再生气用热负荷较小,且温度最高,从操作管理、运行维护成本、投资费用、节能等角度考虑,单独设置再生气加热炉是项目的首选。

再生气加热炉一般采用立式圆筒炉,结构相对简单、可靠性较高,无转动风机、循环泵等自身耗能设备,故在天然气吸附装置中使用非常广泛。再生气加热炉由燃烧器及点火控制系统、炉膛、炉管、烟囱等部件组成。为了充分利用燃料气燃烧后的能量,合理设计加热炉节圆直径、耐火砖厚度、炉管高度、炉管直径、排列方式及数量等结构参数,使火墙温度、管内流速、过剩空气系数、烟囱抽力、排气温度等性能参数处于较佳的数值范围内。

再生气加热炉控制系统均采用先进的智能仪表控制系统,可对加热介质进出口温度及压力、排烟温度等进行显示和监控,用于实现数据监测、控制和报警功能;选配新型高效的全自动一体化比例调节式燃气燃烧器,具有点火程序控制及熄火报警和保护等功能,可根据加热炉出口温度自动调节燃气量和鼓风量,提高燃烧效率,达到优化燃烧的目的,经燃烧器燃烧后烟气的排放标准满足国家排放标准。

六、低温分离器

低温分离器是储气库低温分离法烃水露点控制的关键设备,其分离效果直接关系到外输气露点是否达标外输。它的作用主要是对来自 J – T 阀节流后的天然气进行分离,分离出的富乙二醇水溶液去乙二醇再生系统再生,分离出的气体外输。

(一)低温分离工艺的优化简化

对于油气藏型储气库,采出气中含有凝析油或原油,由于乙二醇黏度较大,在有凝析油或原油存在时,操作温度较低造成乙二醇溶液和凝析油或原油分离困难,增加乙二醇在凝析油或原油中的溶解损失和携带损失,不利于乙二醇的回收,因此,对于富乙二醇的分离采用的是两级分离,即首先液烃和富乙二醇与天然气在低温分离器中进行一级分离,而后设置第二级分离器,将加热后的液烃和富乙二醇分离,已建的大张坨储气库最初建设时采用该种分离方式,具体如图 3 – 6 – 10 所示。

为了减少低温分离器出口天然气中液滴含量,保证出站天然气的水烃露点,建议低温分离器设置高效聚结分离内件,并在气出口加装捕雾网。为了提高分离效率,宜采用卧式,当凝液量较多时采用双筒分离器,凝液量较少时采用单筒分离器 + 积液包,当只有很少液量时也可采用立式分离器。为了便于凝液与乙二醇分离,可加设盘管,或者在下游设醇液分离器。

为优化建设地面设备,"低温分离器 + 聚结过滤器"两台设备的组合模式已在储气库中得到推广,即在低温分离器后设置聚结过滤器,实现天然气的精过滤,有效避免外输管线积液现象,同时将二级分离器与低温分离器合一,避免二级闪蒸不合格气进入管网。

该组合式油气分离器由卧式分离器、加热器和立式气液聚结装置构成。包括卧式壳体,卧式壳体一端的顶部设有油气入口及入口初分离装置,卧式壳体的该端内部设有加热盘管,卧式壳体另一端下部设有相邻设置的水室和油室,位于卧式壳体另一端的顶部设置立式气液聚结装置。设备示意简图如图 3 – 6 – 11 所示。该设备结构紧凑、节省占地、过滤精度高、功能全面、操作方便,不仅克服了单独设置分离器时气液分离质量不达标的缺点,同时对于优化简化储气库地面设施、降低投资具有极大的推动作用,目前该设备已成功应用于大港油田板南储气库。

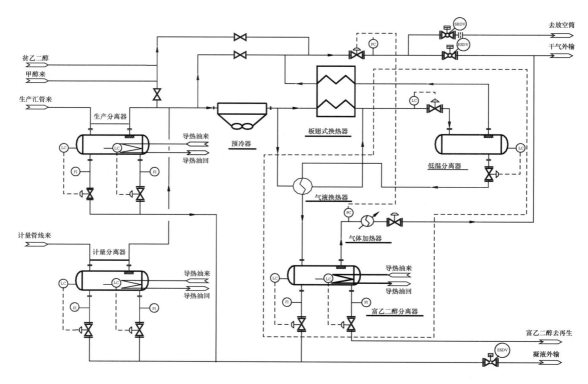

图 3 – 6 – 10　传统烃醇分离流程图

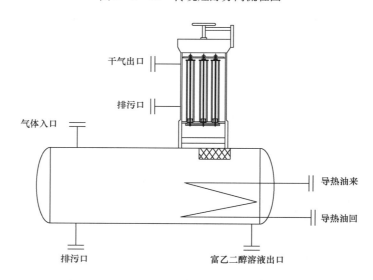

图 3 – 6 – 11　组合式低温分离器示意简图

优化后的工艺流程如图 3 – 6 – 12 所示。

(二)高效分离器的应用

目前分离器分离机理有 4 种:

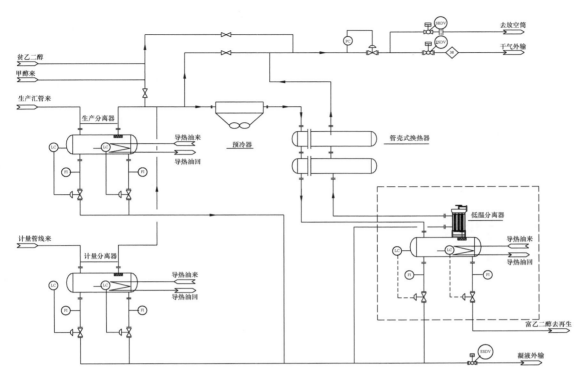

图 3 – 6 – 12　优化后的烃醇分离流程图

（1）扩散沉降：只在极细的分散浮质分离中有效，液滴一般小于 1μm 足以受到布朗运动的影响。

（2）直接拦截：假定有一个已知直径且质量微小的液滴随着气流到达分离器中金属丝或纤维上时，通过直接拦截，液滴从气相中分离。

（3）惯性拦截：考虑到液滴质量，并预计出动量将怎样使其背离气流。

（4）重力沉积：用在液滴尺寸大、速度慢的场合极佳，液滴可以在重力作用下从气流中分离。但是大的液滴和低的气速使分离面积增大，不经济。

为达到最好的分离效果，重要的就是获得均匀的气流分配和合适的有效面积，根据容器入口、出口和其他容器内件的分离，得到分离元件最合适的定位。基于直接和/或惯性拦截设备，可以通过确定设备恰当的表面速度来建立。除沫器的整体性能表现在效率和压降之间的平衡，每种分离机理的应用均严格依赖于液滴尺寸分布。

除重力分离器、叶片分离器等常规设备外，一些新型设备也逐渐得到推广，如 GLCC、超音速分离器（3S）、SM 系列分离器[11]及内联脱气器、脱液器等。其中，Shell 石油公司的 SM 系列分离器由于分离效率高、处理量大等优点得到广泛应用，安装量已超过 600 台。

Shell 石油公司自主研发了进料分布器和管式离心分离器，并分别命名为入口分布器（Schoepentoeter）、涡流板（Swirldeck）。捕雾器选用 SULZER 公司的 Knitmesh 除沫器（Mistmat）。各内部件按图 3 – 6 – 13（b）所示的顺序组装，选取各名称首字母进行命名，即 SMS 分离器。SMS 分离器推出后凭借高效、处理量大等优势得到迅速推广，随着部分油气田进入开采中后期,气体含液量升高,SMS 分离器暴露出处理后气体达不到管输要求的问题。于是,在其基础上增加除沫器的数量并合理布置,推出了更高效的 SMSM 分离器和 SMMSM 分离器,从而形成了 SM 系列分离器,具体演变过程如图 3−6−13 所示。

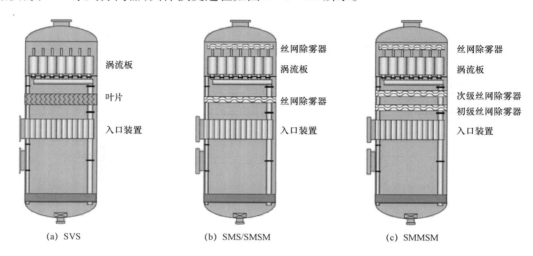

| | | |
| (a) SVS | (b) SMS/SMSM | (c) SMMSM |

图 3−6−13　SM 系列分离器部分产品结构示意图

国内自长北合作区成立以来,长北、榆林、格里木等气田陆续引进该类设备,推动了国内天然气处理装备的进步,相国寺储气库脱水装置高效分离器的内构件选用 SULZER 公司的 SMMSM 内构件,在液滴直径≥5μm 的条件下,分离效率超过 99.6%。

为了减少低温分离器出口天然气中液滴含量,保证出站天然气的水烃露点,经过研究,在低温分离器内部设置了高效聚结分离内件,并在气出口加装捕雾网,分离原理如图 3−6−14 所示,常用的高效聚结捕雾元件如图 3−6−15 所示,高效聚结分离器如图 3−6−16 所示。在满足分离要求的前提下,可以提高处理能力30%~40%。为了提高分离效率,宜采用卧式,当凝液量较多时采用双筒分离器,凝液量较少时采用单筒分离器 + 积液包,只有很少液量时也可采用立式分离器。为了便于凝液与乙二醇分离,可加设盘管,或者在下游设醇液分离器。

七、固体吸附塔

(一)结构设计

吸附塔是吸附处理工艺的核心处理设备,设计操作温度高,设备尺寸大,一般采用固定床式。两端采用标准椭圆封头,被支承在裙式支座上。为了均匀分布入口原料气,防止气体出现沟流现象和损坏吸附剂,吸附塔入口设置气流分配器。支撑结构应有利于气流均匀分布和更换吸附剂。选用的瓷球强度要好,装填瓷球高度:床层上部约150mm,下部为 150~200mm。在吸附剂与瓷球之间设置两层 10 目/寸不锈钢丝网盘。该盘为分体组装式,可以由人孔装入或拆除。在分子筛的底部设置支持格栅,该格栅有足够的通气面积和支持强度。

人孔应根据吸附塔筒体直径和高度设置,保证吸附剂装卸方便,确保床层装填水平。进料口(人孔)和卸料口分别置于上封头和筒体上。为便于装卸填料,设置了塔顶吊柱。

选择材料时考虑耐高温性能,壳体材料选用 13MnNiMoR,锻件采用 20MnMo。

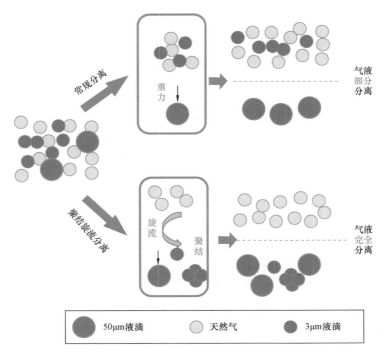

图 3 - 6 - 14　聚结旋流低温分离器气液分离原理示意图

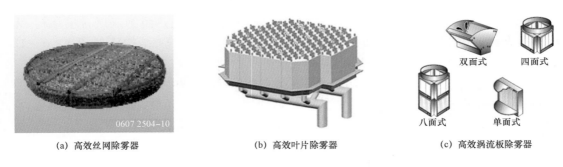

(a) 高效丝网除雾器　　　　(b) 高效叶片除雾器　　　　(c) 高效涡流板除雾器

图 3 - 6 - 15　常用高效聚结捕雾元件

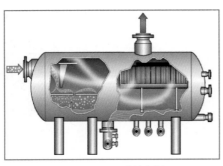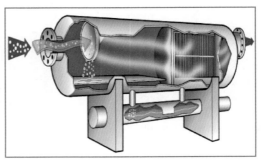

(a) 单筒分离器　　　　　　　　　　　　(b) 双筒分离器

图 3 - 6 - 16　高效聚结分离器

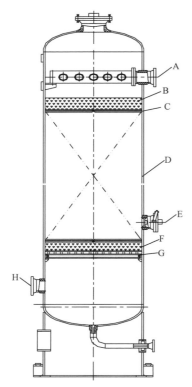

图 3 – 6 – 17　吸附塔结构图

A—入口；B—瓷球；C—丝网；

D—填料；E—人孔；F—瓷球；

G—栅板；H—出口

（吸附塔内应用栅板支撑床层，床顶有防护网罩。床层下部用瓷球和不锈钢丝网铺设在栅板上再装填吸附剂，床层上部可根据筒体直径大小用不固定的不锈钢丝网和瓷球覆盖）

对于单脱水的吸附塔，保温结构形式采用常规的外保温结构，对于同时脱烃、脱水的吸附塔，保温结果可采用内部龟甲网隔热耐磨双层衬里结构形式，不仅能耗可降低 30% 以上，而且容器壳体不再承受交变的温度场，同时还可避免酸性气体与吸附塔内壁接触，防止形成高温腐蚀，使设备运行更加安全可靠。

图 3 – 6 – 17 为一高效的脱烃脱水设备结构，与常规的设备相比具有以下特点：

（1）气体入口采用了环形分布管结构，可以保证气体均匀分布，提高了填料的利用效率。

（2）针对天然气中既含有水又含有烃，采用双层高效复合填料结构，既保证了脱水脱烃效果，又延长了填料使用寿命。

（3）采用内保温结构，最大限度地减少再生气用量，节约装置操作费用。

（二）内保温结构选择

1. 主要内保温结构

石油化工设备隔热耐磨衬里结构主要有龟甲网隔热耐磨双层衬里结构、无龟甲网隔热耐磨双层衬里结构、无龟甲网隔热耐磨单层衬里结构等，结构件如图 3 – 6 – 18 所示。

1）龟甲网隔热耐磨双层衬里结构

优点：衬里表面平整、密实、光滑、没有麻面、把缝等，而且衬里工艺成熟、使用经验多、安全可靠。

缺点：结构复杂、造价稍高；在操作温度过高时，由于热膨胀差异，易产生龟甲网焊缝脱开衬里翘曲、断裂和鼓包。

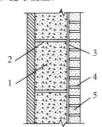

(a) 龟甲网隔热耐磨双层衬里结构

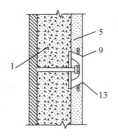

(b) 无龟甲网隔热耐磨双层衬里结构

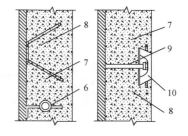

(c) 无龟甲网隔热耐磨单层衬里结构

图 3 – 6 – 18　隔热耐磨衬里结构图

1—隔热混凝土；2—柱形锚固钉；3—端板；4—龟甲网；5—耐磨/高耐磨混凝土；6—Ω 形锚固钉；

7—钢纤维；8—隔热耐磨混凝土；9—柱形螺栓；10—侧拉型圆环

2）无龟甲网隔热耐磨双层衬里结构

优点：与龟甲网隔热耐磨双层衬里结构相比，结构相对简单、施工工序少，造价低，且耐磨性优于单层衬里。

缺点：无法支模浇注，衬里层的密实度不易保证；隔热层及耐磨层的线变化率等性能相差较大，层间无法很好结合，容易分层，不建议使用，目前逐步被无龟甲网单层衬里替代。

3）无龟甲网隔热耐磨单层衬里结构

优点：容易进行支模浇注，衬里层的密实度易得到保证；焊接点少、结构简单、整体性强、修补容易、造价低。

缺点：对单层衬里材料的要求较高，既要兼顾隔热和耐磨两种性能。

2. 吸附塔内保温结构确定

储气库吸附脱烃脱水塔采用硅胶填料，再生温度为 200～240℃，操作温度不是很高，但气速高，对耐磨性要求高。综合考虑各种内保温结构优缺点，吸附塔内保温结构选用衬里工艺成熟、耐磨性好、安全可靠的龟甲网隔热耐磨双层衬里结构，如图 3-6-19 所示。

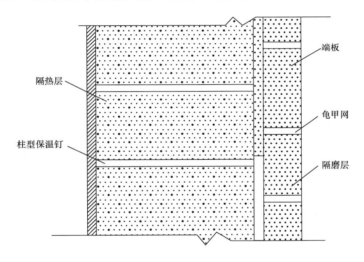

图 3-6-19　衬里端板与龟甲网的连接

参 考 文 献

[1] 马振东,卢冰,齐丽萍,等. 夹装式超声波气体流量计在储气库单井计量中的应用效果评价[J]. 石油化工应用,2016,35(2):48.

[2] 姚欣伟,任晓峰,李卫,等. 榆林南储气库双向流量计的选择与应用[J]. 计量自控,2018,37(10):71.

[3] 张智. 储气库注采气流量计量技术研究[J]. 计量测试与检定,2018,28(5):55.

[4] 毕权. 多相流计量综述[J]. 辽宁化工,2015,44(12):1462.

[5] 刘丹丹,曹平,等. 多相流流量计量综述[J]. 科学管理,2017,8:283.

[6] 郭宇,茹海鹏,郭宝刚,等. 优化分离器内部结构设计高效分离[J]. 硅谷,2011(9):57.

[7] 孟凡彬,刘科慧,王东军,等. 长输管道配套地下储气库采气装置大型化及适应性分析[C]. 中国油气论坛——油气管道技术专题研讨会论文集,2014:135-137.

[8] 孟红,张利媛,阳小平,等.干法脱硫装置脱硫剂更换研究[J].辽宁化工,2017,46(7):609 – 701.

[9] 陈赓良,李劲.天然气脱硫脱碳工艺的选择[J].油气加工,2014,32(6):29 – 30.

[10] 宗月,仇阳,王为民,等.天然气脱硫脱碳工艺综述[J].工艺管控,2019(2):200 – 201.

[11] 熊思,陈家庆,石熠,等.天然气脱水脱烃用 SM 系列分离器的研究与应用[J].石油与天然气化工,2015,44(3):7.

第四章　注采集输管道设计技术

注采集输管道一般包括注气管道、采气管道,集输管道规格种类多、设计输量大、运行压力高、工况复杂,采气期油气混输,对注采管道设置的安全性、管材选择及防腐提出了较高要求,本章将对注采集输管道设计涉及的重难点进行介绍。

第一节　注采集输管道设置

一、注采管道设置方式

井场与集注站间的管线一般包括注气管线、采气管线及计量管线,随着混相流计量技术的发展和地面流程不断简化的要求,目前多采用井口计量的方式,即计量设施设置于井场,因此井场与集注站间的管线简化为注气管线及采气管线。由于储气库运行方式的特殊性(注气与采气交替运行)及不同类型储气库采出气物性差别较大,因此衍生出注气管线与采气管线分开设置与合一设置的两种方式,注、采管道分开设置与合一设置流程示意如图4-1-1所示。

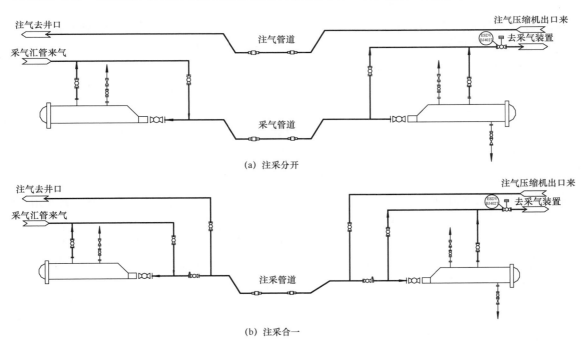

(a) 注采分开

(b) 注采合一

图4-1-1　注采管道设置示意图

大港油田已建的大张坨储气库井场与集注站之间管道采用采气汇管独立设置、注气汇管和计量管道合一设置的方式,利用 $\phi 219\text{mm} \times 23\text{mm}$ 的注气管道在采气期作为单井采气计量管道。在后续的板876、板中北高点、板中南高点、板808、板828、京58储气库及西气东输配套刘庄储气库均采用了注采管道分开设置的原则,即注气汇管、采气汇管和单井计量管道均独立设置。即注采管道分开设置。华北苏桥储气库采用注气与计量管道合一建设,呼图壁、相国寺、双6、板南、陕224储气库均采用了注采分开方案。

注采集输管道设计压力高,在地面工程投资中所占的比例高,注采管道注采分开还是注采合一,需要进行方案对比,根据地质部门提供的井流物参数,从经济性及操作运行难易程度等方面综合对比分析,以做到操作运行便利、节省工程投资。

储气库采气期井流物的性质将直接影响注采管道优先设置方式。对于凝析气藏或油藏型储气库,当井口采出井流物为油气水三相时,尤其当油品重组分含量高或含蜡时,可能发生重烃低温凝管或结蜡,采气期若存在清管不彻底现象,管道中的残留物,特别是腐蚀性杂质,在注气期有可能随干气一起注入地下,造成地层的二次污染,给地下储气库的使用寿命带来不利影响,此外注气期和采气期需切换阀组,对操作管理带来不便。因此对于凝析气藏或油藏型储气库,优先考虑注采管道独立设置方案;对于干气藏型储气库,由于井口采出井流物主要为天然气和水,不含液态烃,不会发生温度降低凝管或结蜡等问题,且随着注采周期的延长,井流物中携带的地层水逐渐减少。因此当采出气含水量较低,对管道冲蚀较小的情况下,优先考虑采用注采管道合一设置方案。

二、典型方案对比

注采管道的设置应根据储气库的总体布局、注采规模、注采气工艺等进行优化。分析计量方案、注采气管道的设计能力、设计压力等参数,考虑我国的钢管制管水平、管件制作水平和管道建设的施工技术水平,对注采管道的设置方案进行对比,择优选择。

井场至集注站的注气管道、采集气管道、计量管道合一还是分开设置,应根据各项目的具体情况,从管材费、配套阀门、施工费、征地费、方便运行管理等方面进行技术经济对比和综合分析,选择最佳配置方案。

选择典型工况对注采合一还是注采分开进行对比。

(一)典型计算参数

为研究注采合一、注采分开的适用界限,选取有代表性的储气库注采气工况条件,进行相应的模拟计算。对辽河双6、华北苏桥、大港板南、新疆呼图壁、西南相国寺5座储气库的相关参数进行统计和分析,选取有代表性的关键数据作为研究的参数取值,具体如下:

(1)采气规模/注气规模的比值:在1.1~1.94之间,采气量/注气量按照1.5取值。

(2)油水产量:不同油气藏改建的储气库,采出物中油气水比例差别较大,按照$1.5t/10^4 m^3$(液/气)取值。

(3)注气和采气压力:注气井口压力范围10~38MPa,采气井口压力范围6.4~35MPa。通过综合分析和比较,取最有代表性的数值,注气管道设计压力取33MPa,采气管道设计压力取14MPa。

(4)注采干线长度:已建储气库注气干线、采气干线长度不超过18km,研究中选取5~20km。

综合以上分析,按照采气量/注气量的比值1.5,产液量$1.5t/10^4 m^3$,选取注气量$200 \times 10^4 m^3/d$、$500 \times 10^4 m^3/d$、$800 \times 10^4 m^3/d$、$1000 \times 10^4 m^3/d$、$1200 \times 10^4 m^3/d$、$1500 \times 10^4 m^3/d$

6 种工况、管道长度 5km、10km、15km、20km 4 种工况,注气管道设计压力 33MPa、采气管道设计压力 14MPa 进行注、采气干线的水力计算。

注气干线、注采合一管道最大管径:注气管道、注采合一管道设计压力高,一般采用无缝钢管,根据我国无缝钢管生产情况,壁厚大于 30mm 的厚壁无缝钢管最大管径为 D457mm。采气管道可以采用有缝钢管或者双金属复合管,我国双金属复合管成熟应用的最大管径为 D660mm。

(二)水力计算

选取不同的注采规模和集输距离,通过水力计算,优选不同工况条件下注采合一和注采分开设置时的注采管道直径,具体计算结果见表 4 – 1 – 1。

表 4 – 1 – 1　不同工况下注采管道直径计算结果表

序号	规模	集输方案	直径(mm)			
			5km	10km	15km	20km
1	注气量 200×10⁴m³/d,采气量 300×10⁴m³/d,采液量 478t/d	注气干线	219.1	219.1	273	273
		采气干线	273	273	273	273
		注采合一	273	273	273	273
2	注气量 500×10⁴m³/d,采气量 750×10⁴m³/d,采液量 1190t/d	注气干线	273	323.9	323.9	355.6
		采气干线	406.4	406.4	406.4	406.4
		注采合一	406.4	406.4	406.4	406.4
3	注气量 800×10⁴m³/d,采气量 1200×10⁴m³/d,采液量 1905t/d	注气干线	323.9	355.6	406.4	406.4
		采气干线	508	508	508	508
		注采合一	355.6(2 条)	355.6(2 条)	355.6(2 条)	355.6(2 条)
4	注气量 1000×10⁴m³/d,采气量 1500×10⁴m³/d,采液量 2382t/d	注气干线	406.4	457	457	355.6(2 条)
		采气干线	559	559	559	559
		注采合一	406.4(2 条)	406.4(2 条)	406.4(2 条)	406.4(2 条)
5	注气量 1200×10⁴m³/d,采气量 1800×10⁴m³/d,采液量 2867t/d	注气干线	457	457	457	355.6(2 条)
		采气干线	610	610	610	610
		注采合一	457(2 条)	457(2 条)	457(2 条)	457(2 条)
6	注气量 1500×10⁴m³/d,采气量 2250×10⁴m³/d,采液量 3573t/d	注气干线	323.9(2 条)	355.6(2 条)	406.4(2 条)	406.4(2 条)
		采气干线	660	660	660	660
		注采合一	457(3 条)	406.4(3 条)	406.4(3 条)	406.4(3 条)

由表 4 – 1 – 1 可以看出,当注气规模 ≥800×10⁴m³/d 时,注采合一需要设置 2 条或 3 条管道,与注采分开相比,注采合一并不能减少管道数量。

(三)经济性对比

具体工程项目中,注气管线与采气管线分开还是合一设置,受注气能力、采气能力、采出物组成与物性、管材选择、管道长度、地形条件的影响,同时受到钢管和阀门等供货情况、供货价格的影响,需要进行具体的技术、经济对比分析。

为了研究注采合一和注采分开的一般性的适用界限,采气管道的管材选择和防腐措施按照双金属复合管、碳钢管+注缓蚀剂两种方法分别进行对比分析。注采合一方案与注采分开相比需要增加部分切换阀门。

(1)双金属复合管方案。

储气库采气管线防腐工艺采用双金属复合管,即普通碳钢管材+316L内衬,结合储气库采气气质的高压条件,选用 L485+2mm316L 管材。投资对比见表4-1-2。

表4-1-2　注采管(腐蚀余量)网设置方案投资对比表(双金属复合管)

序号	注采规模 (10^4m^3/d)	集输距离 (km)	可比工程投资(万元)		合一比分开 投资减少比例(%)
			注采分开	注采合一	
一	注气200,采气300	5	2563	1930	25
		10	4988	3740	25
		15	8234	5550	33
		20	10834	7360	32
二	注气500,采气750	5	6294	5225	17
		10	12914	10210	21
		15	19204	15195	21
		20	27806	20180	27
三	注气800,采气1200	5	8091	7504	7
		10	16978	14664	14
		15	27301	21824	20
		20	36256	28984	20
四	注气1000,采气1500	5	10461	9820	6
		10	21896	19160	12
		15	32586	28500	13
		20	45980	37840	18
五	注气1200,采气1800	5	12088	12050	0
		10	24508	23460	4
		15	34968	34870	0
		20	49112	46280	6
六	注气1500,采气2250	5	12148	14730	-21
		10	25912	28740	-11
		15	42538	42750	0
		20	56438	56760	-1

由表4-1-2可以看出,随着注采规模增加,注采合一的经济性变差,当注气规模≥1000 ×10^4m^3/d 时,注采合一的经济性优势不明显。

(2)碳钢管+注缓蚀剂方案。

储气库采气管线采用碳钢管材+注缓蚀剂时,管道投资费用见表4-1-3。

表 4 - 1 - 3　注采管网设置方案投资对比表(碳钢管材 + 注缓蚀剂)

序号	注采规模 ($10^4 m^3/d$)	集输距离(km)	集输方案费用(万元)		合一比分开 投资减少比例(%)
			注采分开	注采合一	
一	注气200,采气300	5	1828	1395	24
		10	3518	2670	24
		15	5959	3945	34
		20	7894	5220	34
二	注气500,采气750	5	2999	2820	6
		10	6324	5400	15
		15	9319	7980	14
		20	14626	10560	28
三	注气800,采气1200	5	4216	4144	2
		10	9228	7944	14
		15	15676	11744	25
		20	20756	15544	25
四	注气1000,采气1500	5	6141	5640	8
		10	13256	10800	19
		15	19626	15960	19
		20	28700	21120	26
五	注气1200,采气1800	5	7343	7240	1
		10	14038	13840	1
		15	20733	20440	1
		20	30132	27040	10
六	注气1500,采气2250	5	7623	7240	5
		10	16862	16200	4
		15	28963	23940	17
		20	38338	31680	17

由表 4 - 1 - 3 可以看出,随着注采规模增加,注采合一的经济性变差,当注气规模 ≥ 1200 $\times 10^4 m^3/d$ 时,注采合一的经济性优势不明显。

(四)注采合一与注采分开设置界限

对不同注采规模、不同长度,采用两种管材方案(双金属复合管和碳钢 + 缓蚀剂)的技术经济研究表明:

(1)集输距 5 ~ 20km,注气规模 ≤ 1000 $\times 10^4 m^3/d$(采气 1500 $\times 10^4 m^3/d$)时,两种管材方案,注采合一优于注采分开,随着注、采规模增大,注采合一的优势逐渐减小。

(2)集输距 5 ~ 20km,注气规模 > 1000 $\times 10^4 m^3/d$(采气 1500 $\times 10^4 m^3/d$)时,两种管材方案,注采合一和注采分开投资费用基本相当,注采合一的优势不明显。从方便注气、采气操作减少管道转换等考虑,优先选用注采分开方案。

注采合一还是注采分开设置,除应考虑经济性以外,还需考虑以下几个方面:

(1)凝析气藏或油藏型储气库,当油品重组分含量较高或含蜡时,应优先采用注采分开设置方案,以防低温条件下发生重烃凝管或结蜡现象,同时也可以避免注气期内管壁附着物再次污染地层。

(2)对于纯气藏型储气库,由于井口采出井流物主要为天然气和水,不含液态烃,不会发生低温凝管或结蜡等问题,且随着注采周期的延长,井流物中携带的地层水逐渐减少,因此优先采用注采合一设置方案。

(3)当注采气量较大,需要设置多条注采干线时,若采用注采合一,注采流程转换阀门数量较多、比较繁琐,考虑到方便管理,宜采用注采分开。

(4)注采合一设置需要注意:注采转换时,要加强清管,注采转换阀门开关状态要明确,防止误操作。

三、注采管道设置建议

(1)储气库注采管道的投资费用受管材价格、配套阀门价格等影响很大,在具体的工程建设中,应结合注气采气设计规模、注采管道长度、采出物油水含量、油品物性参数、设备与管材生产情况与价格、方便运行管理等方面,进行综合技术经济比较后择优选择。

(2)凝析气藏或油藏型储气库,当油品重组分含量较高或含蜡时,应优先采用注采分开设置方案,以防低温条件下的重烃凝管或结蜡现象的发生,同时也可以避免注气期内管壁附着物再次污染地层。

(3)纯气藏型储气库,由于井口采出井流物主要为天然气和水,不含液态烃,不会发生低温凝管或结蜡等问题,且随着注采周期的延长,井流物中携带的地层水逐渐减少。优先采用注气管道与采集气管道合一的"注采合一"设置,或者注气管道、计量管道合一"注计合一"设置。

(4)对于大型、超大型储气库,注采气量较大,需要设置多条注采干线时,若采用注采合一,注采流程转换阀门数量较多、比较繁琐,考虑到方便管理,宜采用注采分开。

(5)注采合一设置需要注意:注采转换时,要加强清管。注采转换阀门开关状态要明确,防止误操作。

(6)注气管道、采集气管道线路切断阀的设置满足 GB 50350—2015《油田油气集输设计规范》的要求。

第二节　管　材　选　择

输送管道承受输送介质的压力与温度的作用,同时还遭受经过地带各种自然与人为因素的影响,在使用过程中可能发生各样的破漏或断裂事故。管道事故不仅因漏失影响输送造成经济损失,而且还会污染环境。为确保管道的安全运行和预防管道事故的发生,应从设计、施工和操作三方面着手,其中设计合理选择管材是相当重要的。

储气库注、采气的不同特点直接决定了其在管材选择上的特殊性,采气期,根据国内已建地下储气库的实际运行经验,开井初期,井口温度场未建立起来时,井口压力很高,而井口温度很低,经节流后,井流物温度可低至 -30℃ 以下;注气期压缩机出口温度较高,尤其是注气末期,压缩机出口压力可高至 30MPa 以上,如此高的压力,出于管道运行及周边设施安全性考虑,对管道强度提出了更高的要求。

由于储气库运行工况的多变,对注、采管线提出了更高的要求,管材的优化选择,直接关系到工程投资与地面设施的安全性。对于注采管线分开设置,注气管线主要满足注气期高压管道强度要求,采气管线主要满足开井初期井口节流后温度较低的工况,而注采管线合一设置时,集输管线材质应同时满足以上两种要求。

一、钢管分类

钢管按生产方式分为焊接钢管和无缝钢管两大类。

(一)焊接钢管

焊接钢管分为直缝焊管和螺旋焊管等。直缝焊管生产工艺简单,生产效率高,成本低,发展较快。螺旋焊管的强度一般比直缝焊管高,能用较窄的坯料生产管径较大的焊管,还可以用同样宽度的坯料生产管径不同的焊管。但是与相同长度的直缝管相比,焊缝长度增加 30% ~ 100%,而且生产速度较低。因此,较小口径的焊管大都采用直缝焊,大口径焊管则大多采用螺旋焊。

焊接钢管按用途一般分为两类:

(1)输送水、煤气、空气、油和取暖热水或蒸汽,适用压力范围 0 ~ 2.0MPa,采用标准 GB/T 3091—2015《低压流体输送用焊接钢管》,代表材质 Q235A。

(2)输送天然气,适用压力范围 0 ~ 10MPa,采用标准 GB/T 9711—2017《石油天然气工业管线输送系统用钢管》。在设计压力 ≤ 6.3MPa 时,宜采用 L360 及以下钢级的碳素镇静钢;在 6.3MPa < 设计压力 ≤ 8MPa 时,宜采用 L415 及以上钢级的低碳微合金控轧钢;在 8 < 设计压力 ≤ 10MPa 时,宜采用 L450 及以上钢级的低碳微合金控轧钢。

(二)无缝钢管

无缝钢管是用钢锭或实心管坯经穿孔制成毛管,然后经热轧、冷轧或冷拔制成,分热轧和冷轧(拨)无缝钢管两类,其技术特征是无焊缝,安全可靠。热轧无缝钢管分为一般钢管、低、中压锅炉钢管、高压锅炉钢管、合金钢管、不锈钢管、石油裂化管、钻井用钢管和其他钢管等。冷轧(拨)无缝钢管除分一般钢管、低中压锅炉钢管、高压锅炉钢管、合金钢管、不锈钢管、石油裂化管、其他钢管外,还包括碳素薄壁钢管、合金薄壁钢管、不锈薄壁钢管、异型钢管。

热轧无缝管外径一般大于 32mm,壁厚 2.5 ~ 75mm,冷轧无缝钢管外径可以到 6mm,壁厚可到 0.25mm,薄壁管外径可到 5mm,壁厚小于 0.25mm,冷轧比热轧尺寸精度高。

储气库工程集输管道设计压力高(一般 ≥ 10MPa),相对于长输管道用量少,由于焊接钢管适用压力低,且一般批量生产,焊接钢管无法满足要求,因此储气库集输管道首选无缝钢管。

1. 无缝钢管标准及适用范围

1)常用标准

无缝钢管标准及适用范围见表 4 - 2 - 1。

表 4 - 2 - 1   无缝钢管常用标准及适用范围

钢管产品名称	钢管现货材质	钢管执行标准	钢管现货规格	钢管产品应用
合金管	12Cr1MoVG、 12CrMoG、 15CrMoG、 12Cr2Mo＜A335P22＞、 Cr5Mo＜A335P5＞、 Cr9Mo＜A335P9＞、 10Cr9Mo1VNb＜A335P91＞、 15NiCuMoNb5＜WB36＞、 12Cr2MoWVTiB＜钢研102＞	GB 5310—2017、 GB 6479—2013、 GB 9948—2013、 DIN 17175、 ASTM、SA335、 ASTM、SA213、 JISG3467、 JISG3458	$\phi 8 - 1240 \times 1 - 200$	适用于石油、化工、电力、锅炉行业用耐高温、耐低温、耐腐蚀用无缝钢管
不锈钢管	0Cr18Ni9＜304＞、 00Cr19Ni10＜304L＞、 00Cr25Ni20＜310S＞、 0Cr17Ni12Mo2＜316＞、 00Cr17Ni14Mo2＜316L＞、 1Cr18Ni9Ti＜321＞、 0Cr18Ni10Ti、 0Cr18Ni11Nb＜347＞	GB/T 14975—2012、 GB/T 14976—2008、 GB 13296—2013、 ASTM、A213、 ASTM、A269、 ASTM、A312、 JIS G3459、 DIN 17458	$\phi 6 - 630 \times 0.5 - 60$	适用于石油、航空、冶炼、食品、水利、电力、化工、化学、化纤、医药机械等行业
低温管	16MnDG、10MnDG、09DG、 09Mn2VDG、06Ni3MoDG、 ASTM A333Grade1、 ASTM A333Grade3、 ASTM A333Grade4、 ASTM A333Grade6、 ASTM A333Grade7、 ASTM A333Grade8、 ASTM A333Grade9、 ASTM A333Grade10、 ASTM A333Grade11	GB/T 18984—2016、 ASTM、A333	$\phi 8 - 1240 \times 1 - 200$	适用于 $-195 \sim -45$℃级低温压力容器管道以及低温热交换器管道用无缝钢管
高压锅炉管	20G、ASTM SA106B/C、 ASTM SA210A/C、 ST45.8 - III	GB 5310—2017、 ASTM、SA106、 ASTM、SA210、 DIN17175	$\phi 8 - 1240 \times 1 - 200$	适用于制造高压锅炉受热管、集箱、蒸汽管道等
高压化肥管	10#、20#、16Mn	GB 6479—2013	$\phi 8 - 1240 \times 1 - 200$	适用于工作温度为 $-40 \sim 400$℃，工作压力为 $10 \sim 32$MPa 的化工设备及管道
石油裂化管	10#、20#	GB 9948—2013	$\phi 6 - 630 \times 1 - 60$	用于石油精炼厂的炉管、热交换器管和管道
低中压锅炉管	10#、20#、 16Mn＜Q345A.B.C.D.E＞	GB 3087—2008	$\phi 8 - 1240 \times 1 - 200$	适用于制造各种结构低压和中压锅炉及机车锅炉

钢管产品名称	钢管现货材质	钢管执行标准	钢管现货规格	钢管产品应用
输送流体管	$10^{\#}$、$20^{\#}$、ASTM A106A,B,C、A53A,B、16Mn〈Q345A. B. C. D. E〉	GB/T 8163—2018、ASTM A106、ASTM A53	$\phi8-1240\times1-200$	适用于输送流体的一般无缝钢管
一般结构管	$10^{\#}$、$20^{\#}$、$45^{\#}$、27SiMn、ASTM A53A,B、16Mn〈Q345A,B,C,D,E〉	GB/T 8162—2018、GB/T 17396—2009、ASTM A53	$\phi8-1240\times1-200$	适用于一般结构,工程支架、机械加工等
石油套管	J55、K55、N80、L80 C90、C95、P110	API SPEC、5CT、ISO11960	$\phi60.23-508.00$ $\times4.24-16.13$	油管用于油井中抽取石油或天然气套管用作油气井的井壁
管线管	A、B、X42、X46、X52、X56、X60、X65、X70、X80、L245、L290、L360、L415、L450	API SPEC、5L、GB/T 9711—2017	$\phi32-1240\times3-100$	用于石油、天然气工业中的气、水、油输送管

常用的碳素钢无缝钢管标准有 GB/T 8163—2018、GB 9948—2013、GB 6479—2013。GB/T 8163—2018、GB 9948—2013、GB 6479—2013 标准差异主要体现在制造质量和适用范围上。

(1)制造质量。

GB/T 8163—2018 中钢管多采用平炉和转炉冶炼,其杂质成分和内部缺陷相对较多;GB 9948—2013中钢管多采用电炉冶炼,其杂质成分和内部缺陷相对较少;GB 6479—2013 进行炉外精炼,其杂质成分和内部缺陷最少,材料质量最高。钢管标准的制造质量等级从低到高的顺序依次应是 GB/T 8163—2018 < GB 9948—2013 < GB 6479—2013。

(2)适用范围。

GB/T 8163—2018 中钢管适用于设计温度小于 350℃、压力低于 10.0MPa 的油品、油气和公用介质条件。GB 9948—2013 和 GB 6479—2013 中钢管适用于设计温度超过 350℃或设计压力大于 10.0MPa 的油品、油气和公用介质条件。凡是低温下(小于 −20℃)使用的碳素钢钢管应采用 GB 6479—2013 标准,因此标准规定了能满足对材料低温冲击韧性的要求。低温冲击试验所用冷却介质一般为无毒、安全、不腐蚀金属和在试验温度下不凝固的液体或气体,如无水乙醇(酒精)、固态二氧化碳(干冰)或液氮雾化气(液氮)等。

2)GB/T 9711—2017《石油天然气工业 管线输送系统用钢管》

该标准规定了石油天然气工业管线输送系统用的两种产品规范水平(PSL1 和 PSL2)的无缝钢管和焊接钢管的制造要求,适用于石油天然气输送用无缝钢管,这 2 个规范水平不仅检验要求不同,而且化学成分、力学性能要求也不同,所以按此标准订货时,合同中的条款除注明规格、钢级等通常的指标外,还必须注明产品规范水平,PSL2 在化学成分、拉伸性能、冲击功、无损检测等指标上均严于 PSL1。如 PSL1 不要求做冲击性能,PSL2 除 X80 以外的所有钢级,全尺寸 0℃ Akv 平均值:纵向≥41J,横向≥27J。X80 钢级,全尺寸 0℃ Akv 平均值:纵向≥101J,横向≥68J。

2. 无缝钢管的力学性能

无缝钢管的力学性能是指钢管抵抗外力作用的能力,是保证钢材最终使用性能(机械性能)的重要指标,它取决于钢的化学成分和热处理制度。在钢管标准中,根据不同的使用要求,规定了拉伸性能(抗拉强度、屈服强度或屈服点、伸长率)以及硬度、韧性指标,还有用户要求的高、低温性能等。常用的力学性能包括:强度、塑性、硬度、韧性、多次冲击抗力和疲劳极限等。

由于载荷的作用方式有拉伸、压缩、弯曲、剪切等形式,一般的油气输送管道都是根据钢材的屈服强度设计的。采用屈服强度较高的钢制管,可以在相同壁厚下提高管道工作压力,获得较好的经济效益。

硬度是衡量金属材料软硬程度的指标。目前生产中测定硬度方法最常用的是压入硬度法,常用的方法有布氏硬度(HB)、洛氏硬度(HRA、HRB、HRC)和维氏硬度(HV)等方法。

有些材料在室温20℃左右试验时并不显示脆性,而在较低温度下则可能发生脆断,这一现象称为冷脆现象。为了测定金属材料开始发生这种冷脆现象的温度,可在不同温度下进行一系列冲击试验,测出该材料的冲击韧性值与温度间的关系曲线,如图4-2-1所示。该图为某些材料的冲击韧性值与温度曲线示意图,由图可以看出,冲击韧性值随温度的降低而减小,在某一温度范围时,冲击韧性值显著降低而呈现脆性,这个温度范围称为冷脆转变温度范围。冷脆转变温度越低,材料的低温抗冲击性能越好。这对于在寒冷地区和低温下工作的输送管道尤为重要,这种管道必须具有更低的冷脆转变温度,才能保证工作的正常进行。

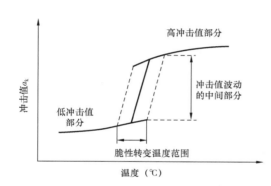

图4-2-1 其材料冲击韧性与温度关系

化学成分对韧脆转变温度的影响:管线钢的化学成分对其韧脆转变温度有较大的影响,因而相关标准对输送钢管的化学成分均有严格要求。含碳(C)量对钢的韧脆转变温度有很大的影响,随着钢中含C量的增加,材料塑性抗力增加,韧脆转变温度明显提高,转变的温度范围也加宽,钢中含C量增大对韧脆转变温度的影响,主要归结为珠光体的增加加大了钢的脆性。管线钢中的锰(Mn)可以抑制铁素体—珠光体的转变,促进贝氏体的形成,从而提高管线钢的韧性,随着Mn含量的增加,韧脆转变温度降低。钼(Mo)可以细化晶粒和形成第二相质点,以此来提高钢的韧性,影响韧脆转变温度。硫(S)、磷(P)等杂质易偏聚于晶界,降低晶界表面能,产生沿晶断裂,同时降低脆性断应力,影响韧脆转变温度。硅(Si)对韧性有不良影响,Si含量的控制对于韧脆转变温度的降低也起到一定的作用。铌(Nb)在热轧过程中有沉淀强化的作用,使管线钢的强度增大,韧性减小,但同时Nb又能细化晶粒,从而改善钢的强度和韧性。钛(Ti)由于其与氮(N)有很强的亲和力,结合形成TiN,能固定钢中氮元素,TiN在钢中以细小弥散状质点分布,可以降低板坯加热奥氏体化温度,控制奥氏体晶粒长大,从而达到细化晶粒的目的,有效改善材料韧性。钒(V)和铝(Al)在钢中有沉淀强化、细晶强化和晶界强化作用,从而有利于韧脆转变温度降低。

3. 无缝钢管热处理

通过热处理可以充分发挥钢材(管)的潜力,提高工件(钢管)的使用性能,减轻工件(钢管)重量,节约材料降低成本,延长使用寿命。另外,热处理工序还可以改善加工工艺性能,提高加工质量,减少刀具磨损。同时,一些理化指标必须经过热处理才能获得,诸如:高抗 H_2S 应力腐蚀性能、不锈钢钢管的强化等。

金属热处理工艺大体可分为整体热处理、表面热处理、局部热处理和化学热处理等。根据加热介质、加热温度和冷却方法的不同,每一大类又可区分为若干不同的热处理工艺。同一种金属采用不同的热处理工艺,可获得不同的组织,从而具有不同的性能。

钢管的交货状态分为两种:热轧或冷拔(轧)状态、热处理状态。一般不经过热处理交货的称热轧或冷拔(轧)状态或制造状态;经过热处理交货的称热处理状态。

使用热轧方法生产大口径厚壁碳素无缝钢管时,钢管的强度能够满足标准要求,但是其冲击韧性低,不能满足冷加工或者特殊使用环境(低温、高压)的需要。

屈服强度和抗拉强度:以20#钢管为例,经过热处理后钢管试样的屈服强度和抗拉强度均大幅度提高,正火后屈服强度和抗拉强度分别增加了 33MPa 和 15MPa,淬火后屈服强度和抗拉强度分别增加了 161MPa 和 114MPa。不同状态钢管的伸长率变化不大,淬火和调质处理后钢管伸长率有所下降。钢管经过热处理后屈强比大幅度增加,正火后增加了 5.4%,淬火后则增加了 17.1%,经过回火的钢管屈强比有所下降,但仍然较高。

热处理对冲击性能的影响:以20#钢管为例,对采用不同工艺热处理后的试验钢管进行室温和 −20℃冲击试验,结果表明,热轧状态在两个试验温度下的冲击值均很低。经过正火处理后室温冲击功得到大幅度提高,平均值达到 140.7J,但是 −20℃冲击功仍很低,平均值仅为 9.7J。经过淬火和调质处理的钢管在室温和 −20℃均具有优异的冲击韧性。淬火状态的室温冲击功达到225.3J,经过650℃回火后室温冲击功达到269.6J。淬火和调质状态试验钢管具有良好的低温冲击韧性(冲击功 >150J)。

热处理对冲击断口微观形貌的影响:热轧钢管室温冲击断口为准解理型断口,一些平面上存在短而且不连续的河流花样,平面与平面之间有明显的撕裂棱,为典型的脆性断口。调质态钢管的室温冲击断口为韧窝型断口,韧窝在应力作用下被拉长呈抛物线形状,为韧性断口。正火处理后钢管的晶粒得到细化,组织得到改善,室温冲击韧性得到提高,但低温冲击韧性依然很差。通过调质处理后,钢管的室温和低温冲击韧性得到大幅度提高。20 钢热轧管经 900℃淬火 +650℃回火的调质处理获得了最优的室温和低温冲击韧性。

4. 无缝钢管供货能力

国内主要无缝钢管生产厂家目前不同外径的钢管生产范围为 50.8 ~ 711mm,16Mn 无缝钢管的外径最大可达406mm,管线钢的外径最大可达711mm,轧态和正火交货钢管最大外径达到 28 寸(711mm),淬火 + 回火(调质)交货钢管最大外径达到 22 寸 (559mm)(表 4 − 2 − 2)。

表4－2－2 国内无缝钢管生产能力一览表

牌号/钢级	外径（mm）	壁厚（mm）	执行标准及钢级
Gr. B（L245） X42（L290） X46（L320） X52（L360） X56（L390） X60（L415） X65（L450） X70（L485） X80（L555） Gr. C 级 SGP370 STPG370 STS370 STPT370 Gr. 6	50.8	4～8.8	ISO 3183：2007/API Spec5L（44th）中 PSL－1、2 类 ISO 3183－1：1996、ISO 3183－2：1996 ISO 3183－3：1999 GB/T 9711—2017 ASTM A53 ASTM A106 中 B、C 钢级 ASTM A333 Gr6 级 JIS G3452 中 SGP370 JIS G3454 中 STPG370 JIS G3455 中 STS370 JIS G3456 中 STPT370 或同时执行 ASTM A53 ASTM A106 ASME SA53 ASME SA106 API 5L PLS1 标准时的 Gr. B、Gr. B /X42 钢级和 ASTM A333Gr6 级
	60.3	3.91～9.2	
	73	4.8～9.4	
	88.9（89）	4.0～14	
	101.6	4.5～14	
	114.3	4.5～15	
	127	4.0～22	
	141.3	5.6～22	
	158.7（159）	5.0～22	
	168.28（168.3）	5.0～22	
	178.8	5.56～40	
	193.6（193.7）	5.56～40	
	219.1	6.35～50	
	244.48（244.5）	6.35～40	
	273.1（273）	6.35～40	
	323.9	7.5～40	
	325	7.5～40	
	355.6	7.5～40	
	377	9.5～50	
	406.4	9.5～55	
	426	9.5～50	
	457	18～57	
	508	9.53～32	
	530	9.53～32	
	559	9.53～32	
	610	9.53～32	
	630	10～32	
	660	12.0～28	
	700	12.0～28	
	711	12.0～28	

二、高压耐低温管材选择

（一）耐低温性能

管线材质通常应满足耐高压、强度以及可焊性要求；满足线路热煨弯管的技术要求，热加工后强度不降低;国内生产有现行标准可遵循;制造厂有生产业绩,技术成熟可靠;价格上有市场竞争力。特殊规格生产困难,价格较高应尽量避免使用。

注采管道材质的选择应满足高压管道强度要求,同时需满足开井初期井口节流后温度较低的工况。根据各种管材介绍,有缝钢管适用压力低,无法满足储气库集输管道高压操作需要,因此对于储气库集输管道多采用无缝钢管。

各种材质执行标准、屈服强度及单价对比见表4-2-3。

表4-2-3 常用无缝钢管对比

管材	Q345	20#	06Cr19Ni10
执行标准	GB/T 6479—2013	GB/T 8163—2018	GB/T 14976—2008
耐温下限(℃)	-40	-20	-196
屈服强度(MPa)	320/310	245/ 235	190
钢材单价(万元/t)	0.9	0.7	4.0

鉴于采气初期,地层温度场未建立起来时,管道操作温度降低至-30℃,由于20#管道耐温下限仅为-20℃,不锈钢(06Cr19Ni10)材质单价较高,因此不推荐作为注采集输管道使用,可使用Q345钢管(GB6479)。

由于Q345屈服强度为320MPa,在压力较高的情况下,壁厚较大。如当管道设计压力为30MPa,管线外径为508mm时,管线壁厚将达到50mm,管线加工、焊接难度较大。此外考虑经济因素,高压管道在选材时,应选用屈服强度较高的钢种,以减小壁厚,从而减少钢的用量以减小成本,因此,建议选择GB 9711—2017中更高钢级无缝钢管,主要钢级及屈服强度见表4-2-4。

表4-2-4 管线钢主要钢级及屈服强度一览表

钢级	X52	X60	X65	X70	X80
屈服强度(MPa)	360	415	450	485	555

韧脆转变温度决定了管线钢的低温性,是衡量管线钢脆性转变的重要指标,直接影响了管线钢的使用范围。材料的韧脆转变温度(FATT)一般使用标准V形缺口夏比冲击试验来测定。不同规格钢管韧脆转变温度见表4-2-5。PSL2×60Q(406.4mm×12.5mm)无缝钢管韧脆转变曲线如图4-2-2所示。

表4-2-5 不同规格钢管韧脆转变温度一览表

型号	规格(mm×mm)	屈服(MPa)	抗拉(MPa)	韧脆转变温度(℃)
PSL2 X60Q	406.4×12.5	470	575	低于-80
	355.6×11.13	465	565	低于-60
	219.1×12.7	490	585	约为-75
PSL2 X65Q	508×26.19	495	585	低于-80
	219.1×12.7	520	600	低于-80
	323.8×20	540	635	低于-80
PSL2 X70Q	323.9×16	535	630	低于-80
	323.9×17.5	590	675	低于-80

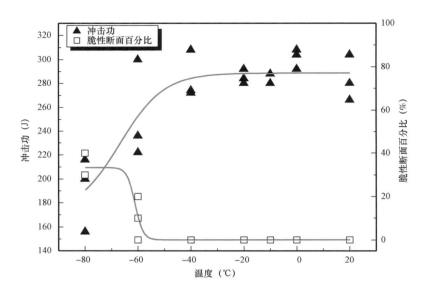

图 4 – 2 – 2　PSL2　X60Q(406.4mm×12.5mm)无缝钢管韧脆转变曲线

调质 L360、L415、L450 等高等级管线钢的韧脆转变温度均低于 −60℃,表现出了优良的抗低温性能,因此可以作为储气库集输管道用钢管。

(二)不同管径选材研究

钢材的等级越高,单价越高,但随着钢号的提高,壁厚下降,因而总耗钢量也有所下降,但不是钢号越高就越合理。管材的选择过程是一个择优的过程,其目标函数为管材费用最低。在选择过程中除满足管线的基本参数要求外还包括以下几个约束条件:

(1)所选择的规格在厂家生产能力范围内。

(2)所选择的壁厚,在任何条件下,不得小于自由运输、装卸、安装等环节所需要的最小壁厚。

(3)所选择钢号必须是安装部门的焊工和技术人员能熟练掌握的。

集输管道的设计压力变化范围可达到 10～40MPa,对比了不同压力下对应管道管材费,在相同的压力下,在管径 <219mm 的情况下,管材费差别较小,随着管径的增加,钢材等级越高,管材费的差别越大,且随着管道设计压力的增高,钢级越高,管材费减少的趋势越明显。

综合管材费比选及钢管的生产能力,在进行大量比选的情况下,提出不同压力及不同规格管线的材质推荐方案,具体见表 4 – 2 – 6 至表 4 – 2 – 8。

表 4 – 2 – 6　10MPa 及以上(小于 20MPa)推荐材质一览表

管径(mm)	16Mn	L360	L415	L450	L485
89	√				
114	√				
168	√				
219	√	√			

续表

管径(mm)	16Mn	L360	L415	L450	L485
273		√	√		
323		√	√		
355			√	√	
406				√	
457					√
508					√

表4－2－7 20MPa及以上(小于30MPa)推荐材质一览表

管径(mm)	16Mn	L360	L415	L450	L485
89	√				
114	√				
168	√	√			
219		√	√		
273			√		
323			√	√	
355				√	
406				√	
457					√
508					√

表4－2－8 30MPa及以上(小于40MPa)推荐材质一览表

管径(mm)	16Mn	L360	L415	L450	L485
89	√				
114	√	√			
168		√			
219		√	√		
273			√	√	
323			√	√	
355				√	
406				√	√
457					√
508					√

三、双金属复合管

双金属复合管(图4－2－3),就是将内层的无缝钢管或壁厚更薄的不锈钢管和外层的镀锌钢管、焊管、无缝钢管等碳钢管或低合金钢管,用复合工艺强力嵌合在一起的一种管材,也是一种新型的更加理性的管道升级换代产品。

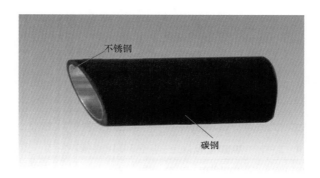

图 4 - 2 - 3　双金属复合管结构图

内衬管起着耐腐蚀作用,多为不锈钢,一般可以根据输送介质的化学成分来选择不同的耐腐蚀合金。壁厚则能根据使用寿命和焊接工艺的要求在 0.3 ~ 4mm 之间。外基管负责承压和管道的刚性支撑,一般都根据输送介质的流量和压力要求,来选择不同通径和壁厚的碳钢管材。直径可为 20 ~ 1020mm,壁厚可为 2.5 ~ 50mm。它保留着两种不同材料的特性和优点,既有不锈钢优良的耐腐蚀性,又有高机械强度和抗压性能,综合性能优越,建造成本也不是很高,适合对输送管道有较高要求的介质。双金属复合管具有以下优点:

(1)综合性能优越,有良好的机械性能和强度,抗压、抗拉强度、伸长率高,熟膨胀系数小,稳定性高,有高合金铸造的耐磨性,使用起来安全可靠。

(2)耐腐蚀、防锈性能好,内层的不锈钢材质耐氧化、耐酸碱、耐晶间腐蚀,防锈防腐性能比其他材质更加优越。

(3)结合强度高,将内层的不锈钢管嵌套在热镀锌钢管里面,机械作用下,外碳钢管弹性变形、内衬不锈钢管塑性变形,相互之间紧密嵌合,而且两层材质相近,也不会出现分裂的情况。

(4)耐热耐寒,可以冷热两用,通径大,管壁光滑阻力小,不结垢、输送能耗低。

(5)性价比高,成本相对较低。

双金属复合管自 2001 年在我国油气田领域应用以来,经过十余年的发展,以其低廉的价格、较高的承压能力和优异的耐腐蚀性能,在管材领域迅速成长。无论复合管制造企业的数量、制造技术、制造能力、生产规模,还是研发技术队伍的建设,都得到了较快的发展。此外,复合管的理论和应用技术研究也越来越多,国内目前几家主要的双金属复合管制造企业有西安向阳航天材料股份有限公司、上海海隆集团、成都贝根管道有限责任公司、河北新兴铸管有限公司以及江苏众信绿色管业科技有限公司等,分别采用爆燃复合技术、气体爆炸复合技术、液压复合技术、离心铸造技术和旋压技术,各企业都将其核心技术申请了专利保护。其中,爆燃技术仍然是国内双金属复合管的主要生产方式[1]。

四、注采管道材质选择建议

储气库注、采气的不同特点直接决定了其在管材选择上的特殊性,采气期开井初期,井口温度场未建立起来,节流后井流物温度可低至 -30℃ 以下;注气末期压缩机出口压力可高至 30MPa 以上,对管道强度提出了更高的要求。

由于储气库运行工况的多变,管材的优化选择,直接关系到工程投资与地面设施的安全性。对于注采管线分开设置,注气管线主要满足注气期高压管道强度要求,采气管线主要满足开井初期井口节流后温度较低的工况,而注采管线合一设置时,集输管线材质应同时满足以上两种要求。

管材选择主要取决于钢管是否满足于管道的技术要求,同时考虑经济性以及国家制管业的现状。储气库注采管道设计压力高,相对于长输管道用量少,而焊接钢管适用压力较低,且一般批量生产,因此储气库注采管道首选无缝钢管。

鉴于采气初期,地层温度场未建立起来时,管道操作温度降低至 -30℃,而 20#钢耐温下限仅为 -20℃,不锈钢(06Cr19Ni10)材质单价较高,因此不推荐作为注采管道使用。16Mn 钢的屈服强度为 320MPa,在压力较高的情况下,壁厚较大,当管道设计压力为 30MPa,外径为 508mm 时,管线壁厚将达到 50mm,管线加工、焊接难度较大。

高压管道在选材时,应选用屈服强度较高的钢种,以减小壁厚,从而减少钢的用量以减小成本。针对 GB 9711—2017 中更高钢级的无缝钢管,L360、L415 和 L450 等高等级管线钢的抗低温性能进行了研究,研究结论表明其韧脆转变温度均低于 -60℃,表现出了优良的抗低温性能,因此可以作为储气库注采管道用钢管。

管材选择建议如下:

(1)储气库注采管道设计压力一般较高,当钢材质等级过低时,所需壁厚较大;当钢材质等级过高时,虽然减少了管道壁厚,但是工程施工难度和管材单位吨成本投资会随之增加。实际工程中,储气库注采管道选材应结合工艺要求、制管水平、钢管价格等因素综合比选后决定。

(2)管道材质优先选择碳钢 + 注缓蚀剂方案,当输送介质中 CO_2 分压高、Cl^- 含量高并且有游离水腐蚀性较强时,注采管道材质也可采用双金属复合管。

(3)为了提高采出气注采管道的耐低温性能,满足储气库开井初期低温工况要求和降低高压管道壁厚,碳钢材质的注气管道、采气管道、注采合一管道,或双金属管道的外管,可选用调质 L415、L450 等高等级管线钢。

(4)16Mn 无缝钢管屈服强度较低,高压、大口径管道的壁厚较大,加工、焊接难度较大。对于中小型储气库,在管径≤200mm 的情况下可以选用。

第三节 腐蚀控制技术

一、腐蚀工况分析

油气田的储气库开发项目中,采出气中往往含有一定量的 CO_2,一般来说干燥的 CO_2 对钢铁没有腐蚀性,但采出气中往往同时也含有饱和水汽或地下水,CO_2 溶于水后的总酸度较高,会对钢铁产生严重的腐蚀,高的运行压力、运行温度及采出水中含有的 Cl^- 离子或其他矿物离子均会进一步加剧管道的腐蚀[2]。

影响 CO_2 腐蚀钢管的主要因素依次为：CO_2 的分压、温度、介质成分及流速，其中 pH 值不作为判断 CO_2 是否腐蚀的因素，主要原因是 CO_2 在水中的溶解度很大，而其中只有极小部分的 CO_2 与水结合生成 H_2CO_3，因此 CO_2 对钢管的腐蚀主要由 CO_2 的浓度即分压值来决定。

（1）CO_2 分压的影响。

CO_2 分压是影响腐蚀速率的重要因素，当温度低于 60℃ 时，CO_2 分压对碳钢和低合金钢腐蚀速率的影响可用 Ward 等提出的经验公式表达：

$$\lg CR = 0.67\lg p_{CO_2} + C \qquad (4-3-1)$$

式中 CR——腐蚀速率，mm/a；

p_{CO_2}——CO_2 分压，MPa；

C——温度校正常数。

当温度大于 60℃ 时，则受多种因素共同影响，但总体而言 CO_2 分压值越高，则对集输管线的腐蚀情况将表现得越为严重，在油气行业标准中，将 CO_2 分压对集输管线的腐蚀分为 3 个阶段，具体为：

CO_2 分压 >0.21MPa，发生严重腐蚀；

CO_2 分压为 0.021～0.21MPa，产生腐蚀；

CO_2 分压 <0.021MPa，没有腐蚀。

（2）温度影响。

温度也是影响 CO_2 腐蚀速率的重要因素，在不同温度区起主导作用的因素各不相同，人们通过大量实验，并根据温度与表面成膜的状况把 CO_2 对碳钢的腐蚀分为 3 个温度区域：低温区（温度小于 60℃）、中温区（温度小于 110℃）、高温区（温度小于 150℃）。

（3）介质成分影响。

介质中离子主要是通过影响产物膜的形成或改变其特征来影响材料的腐蚀行为的。

① Cl^- 离子的存在会加重、加快腐蚀的进程，包括碳钢、合金钢、奥氏体不锈钢都对 Cl^- 离子浓度比较敏感。Cl^- 对钢铁的腐蚀主要表现在其对钢铁表面产物膜的"破钝"效果上，它的存在会破坏产物膜，从而产生点蚀。

② Ca^{2+} 和 Mg^{2+} 的存在总体来说会加剧腐蚀的产生，尽管 Ca^{2+}、Mg^{2+} 含量的增加会导致水溶液中 CO_2 浓度的降低，但是也会使得溶液中结垢的倾向增大进而加速垢下腐蚀以及产物膜与缺陷处暴露基体金属间的电偶腐蚀。这两方面的影响因素作用使得平均腐蚀速率降低而局部腐蚀增强。

（4）流速影响。

介质流速对腐蚀的影响分析非常复杂，流速增大一方面有利于腐蚀性组元的物质和电荷传递，促进腐蚀，另一方面造成腐蚀产物膜形貌和结构的变化，增大了产物膜对物质传递过程的阻碍。腐蚀速率与流速之间的经验公式为：

$$\nu_e = BV^n \qquad (4-3-2)$$

式中 ν_e——腐蚀速率；

V——流速；

B 与 n——常数,在大多数情况下 n 取 0.8。

二、腐蚀控制措施

采气管道介质为湿气,CO_2 的分压一般介于 0.021 ~ 0.21MPa 之间,因此,对于采气管道应采取必要的腐蚀控制措施。注气管道输送的为干气,腐蚀轻微。CO_2 腐蚀的常用控制方法如下:

(1)选用耐腐蚀合金钢。

耐腐蚀合金钢管材主要通过在钢材中加入一些能抗 CO_2 腐蚀或减缓 CO_2 腐蚀的合金元素来达到防腐蚀的目的,国外在含 CO_2 的油气田中采用含 Cr 的铁素体不锈钢(含 9% ~ 13% Cr),在 CO_2 与 Cl^- 共存的重腐蚀条件下采用 Cr - Mn - Ni 不锈钢,在 CO_2 与 Cl^- 共存且使用温度较高的条件下使用 Ni - Cr 基合金或 Ti 合金,取得了较好的防腐效果,但是合金元素的大量使用大大增加了管线成本,一次性投资比较贵,投资是普通碳钢投资的 10 倍。此外,高耐蚀合金一般屈服强度较低,导致高压集输管线的壁厚偏大,大大增加了工程投资,同时厚壁管道也给焊接及附属管件的制造带来了较大难度,因此一般不推荐选择耐蚀合金方案。

(2)增加腐蚀裕量。

由于采气期采出气为湿气,注气期为干气,因此,对于采气管道一般选取 2 ~ 3mm 腐蚀余量,注气管道选取 1 ~ 2mm 腐蚀余量,对于注采合一设置的管道选取 2 ~ 3mm 腐蚀余量。

(3)添加缓蚀剂 + 腐蚀挂片监测。

采用在采气管道上设置腐蚀挂片及探针来监测管道的腐蚀状况,该方法是国内外较常用的防腐手段之一,具有操作简单、效果好的优点,添加缓蚀剂防腐具有用量少、成本低、操作方便、能适应各类环境的优点,应用十分广泛。控制 CO_2 腐蚀的缓蚀剂种类较多,常用的有胺类、酰胺类、咪唑啉类,以及其他一些含有 N、P、S 的有机化合物,也有少数无机缓蚀剂,同时注缓蚀剂也可减小设备的内腐蚀。但注入缓蚀剂具有不均衡性,在较高的介质流速下(流速大于 10m/s),缓蚀剂失效,在降低流速下(流速小于 1m/s),也不能起到有效的缓释效果。此外,缓蚀剂需要定期或连续投加,需要增加现场的缓蚀剂管理工作。

(4)施加内涂层。

在管道内表面采用液态涂料进行防腐蚀保护,以确保管道完好无损,管道内涂层方案成本较低,在轻微腐蚀工况下,能起到一定的保护作用,集输管线直管段的内涂层一般在工厂预制,现场只需对焊缝处做内补口。补口采用补口机法,内补口一直是管道内防腐的难点,随着材料科学与设备研究的不断进步,内补口施工质量得到一些提高,但目前仍然存在质量不易控制的问题,尤其是没有得到服役管道补口处的开挖检验资料。同时采用内涂层时,管道的运行风险较大,一旦涂层脱落,会导致脱落处产生严重的点蚀,高压、高温均会增加涂层脱落的风险,并且还会造成设备的堵塞。因此对管道采用内涂层不是一种好的选择。

(5)复合钢管。

复合钢管材料[2]是由高耐蚀合金和管线钢两种金属材料采用无损压力同步复合成的新材料,复合钢管既具有耐蚀合金优异的耐蚀性能,又具有管线钢的优异承压性能,且比高耐蚀合金更经济,国内目前已经有许多成功应用复合钢管的工程案例。复合钢管母材及焊接接头的性能试验表明,母材及接头具备优异耐蚀性能及力学性能,能完全保证工程的运行安全。

根据大张坨储气库多年运行经验,板桥地区采气系统腐蚀轻微,因此,对于注采管道采取增加腐蚀裕量+加注缓蚀剂的方法控制管道内腐蚀速率,并采用腐蚀挂片及探针对管道的内腐蚀速率进行在线监控,井口预留缓蚀剂注入口法兰。加注缓蚀剂后,要求试片腐蚀速率小于0.05mm/a。华北苏桥储气库 CO_2 分压最高达到 0.81MPa,采用增加腐蚀余量的方案难以满足工程需求,采用管道内涂层时施工难度大,质量难易保证,且运行风险大;采用缓蚀剂方案长期投资高,且工艺复杂,而采用内衬316L的复合钢管抗 CO_2 腐蚀的能力和整体采用316L相比等同,防护能力上优于加注缓蚀剂方案以及低 Cr 合金钢方案,满足了工程安全性的要求,焊接工艺虽然复杂,但是工程上已经有较成熟的焊接指导和评价工艺,且近些年来酸性油气田采用复合钢管的案例越来越多,最终选择 L450Q+316L 的复合钢管。

参 考 文 献

[1] 王永芳,袁江龙,张燕飞,等. 双金属复合管的技术现状和发展方向[J]. 焊管,2013,36(2):6.
[2] 卜明哲,陈龙,刘欢,等. 高含 CO_2 储气库集输管道腐蚀防护研究[J]. 当代化工,2014,43(2):230-231.

第五章　安全放空技术

储气库站场主要包括井场、集注站、分输站,其中井场与集注站之间通过注采集输管道相连接,集注站与分输站之间通过双向输气管道相连,储气库放空系统主要存在以下几个特点:(1)地面设施多,装置规模大,注采期放空气质复杂;(2)压力等级高,存在高、低压系统;(3)高压系统泄放初始压力高,瞬时泄放量远大于平均泄放量;(4)注采不同期运行,注气期与采气期泄放量差别大;(5)泄放前后压差大,泄放后气体温度低。

我国关于油气田站场泄压放空研究的著作较少,目前国内天然气行业在站场放空系统设置原则及放空规模确定方面存在多样化现象,设计标准不统一,结合国际、国内标准规范,经过研究及实践总结,逐步形成了适用于储气库地面系统的安全放空技术。

第一节　国内外放空系统设置现状

一、国内外放空系统相关法律、法规、标准及规范

(一)相关法律、法规

国外一般不强制要求放空点火,北美部分地方政府甚至鼓励不点火放空,但是直接放空的天然气超过一定量后(加拿大是以排放的 CO_2 当量衡量)要向政府缴纳罚款。

国内《中华人民共和国大气污染防治法》规定工业生产中产生的可燃性气体应当回收利用,不具备回收利用条件而向大气排放的,应当进行防治污染处理。可燃性气体回收利用装置不能正常作业的,应当及时修复或者更新。在回收利用装置不能正常作业期间确需排放可燃气体的,应当将排放的可燃性气体充分燃烧或者采取其他减轻大气污染的措施。

(二)相关标准规范

目前国内外有关放空的标准规范并不完善,国外标准主要有:美洲标准 API 521 2014《Pressure – Relieving and Depressuring Systems》(《泄压和减压系统指南》)和欧洲标准 EN 12186《Gas Supply Systems—Gas Pressure Regulating Stations for Transmission and Distribution—Functional Requirements》(《气体供应系统—用于输送和分配的气体调压站—功能需求》)、EN 14382—2009《Safety Devices for Gas Pressure Regulating Stations and Installations – Gas Safety Shut – off Devices for Inlet Pressures up to 100 bar》(《气压调节站和装置用安全设备—运行压力在100bar 以下的气体安全关闭装置》)。国内标准主要有:GB 50183—2015《石油天然气工程设计防火规范》、GB 50251—2015《输气管道工程设计规范》、SY/T 10043—2002《泄压和减压系统指南》、SH 3009—2013《石油化工可燃性气体排放系统设计规范》。其中 SY/T 10043—2002《泄压和减压系统指南》采标 API 521《Pressure – Relieving and Depressuring Systems》。

1. 国外规范

1）欧洲标准要求

（1）执行标准。

① EN 12186《气体供应系统—用于输送和分配的气体调压站—功能需求》。

② EN 14382—2009《气压调节站和装置用安全设备—运行压力在 100bar 以下的气体安全关闭装置》。

（2）压力界面安全保护装置分类。

压力界面安全保护系统可分为非泄放系统和泄放系统两类。

① 非泄放系统：包括监控调压、超压快速关断阀（SSV，Slam - Shut Valve）或关断阀（COV，Cut - off Valve）三种方式。

② 泄放系统：包括直接作用或间接作用的安全泄放设施。安全泄放设施主要是在必要的情况下作为非泄放保护系统的第二级保护装置。设置第二级保护装置的目的是为了提高系统的安全水平。泄放式安全保护系统在设置时要求泄放量应减少到最低限度。

（3）压力界面保护装置设置原则。

根据压力分界的具体情况，压力界面安全保护装置的设置方式分为以下 3 类：

① 不需要设置安全保护装置：$MOPu \leqslant MIPd$ 或 $MOPu \leqslant 0.01MPa$。

② 需要设置单个（第一级）安全保护装置：$MOPu > MIPd$。

③ 需要设置两级安全保护装置：$MOPu - MOPd > 1.6MPa$ 并且 $MOPu > STPd$。

其中 MOPu 为压力控制系统上游的最大操作压力，该压力是指系统在正常操作环境下能够连续运行的最大压力。

MOPd 为压力控制系统下游最大操作压力。

MIPd 为压力控制系统下游最大偶然出现的压力，该压力是在安全保护装置允许的条件下，系统在短时期可以运行的最大压力。

STPd 为压力控制系统下游强度试验压力。

在上述规定中，当最高操作压力（MOP）= 设计压力（DP）时，上述关系成立。当最高操作压力（MOP）< 设计压力（DP）时，将上述最高操作压力改为设计压力。

（4）两级压力安全保护装置的采用要求。

① 第一级压力安全保护装置可采用以下 3 种方式之一：

a. 监控调压器。

b. 快速关断阀：SSV，关闭时间 $\leqslant 2s$。

c. 关断阀：COV，其关断时间要求为当 $DN \leqslant 250mm$ 时，关闭时间 $\leqslant 0.08s$；当 $DN > 250mm$ 时，关闭时间 $\leqslant 0.06s$。

② 第二级压力安全保护装置可采用以下 4 种方式之一：

a. 全量安全泄放设施：当采用安全泄放设施时，应采用全量泄放。

b. 第一级中的 3 种。

目前，国内外常用的两级保护设置有 3 种，见表 5 - 1 - 1。

表 5 - 1 - 1 常用两级压力安全保护装置设置方式一览表

级别	第一级	第二级
1	1 台监控调压器	1 个快速关断阀
2	1 个快速关断阀	1 个快速关断阀
3	1 个快速关断阀	1 个全量安全泄放阀

各种安全保护装置的响应时间应按照保证下游低压系统不超过其最大偶然出现的压力（MIPd）来确定。

2）美洲标准要求

（1）执行标准。

① API RP 14C《海上生产平台上部设施安全系统的基本分析、设计、安装和测试的推荐方法》（《Recommended Practice for Analysis, Design, Installation and Testing of Basic Surface Safety Systems for Offshore Production Platforms》）。

② API RP 520《炼油厂泄压设备的尺寸、选择与安装》（《Sizing, Selection and Installation of Pressure - Relieving Devices in Refineries》）。

③ API 521《泄压和减压系统指南》（《Pressure - Relieving and Depressuring Systems》）。

④ ANSI/ISA - 84.01《加工处理工业的安全仪表系统的应用》（《Application of Safety Instrumented Systems for the Process Industries》）。

综合以上标准中的要求及设计经验，可确定压力界面安全保护系统的设置原则及具体方式如下：

不同压力等级的界面必须设置压力安全保护装置，安全系统要有两级保护。这两级保护应独立于工艺系统正常操作的控制装置之外，且这两级安全保护装置的类型在功能上要不同。压力安全保护系统的两级保护装置通常为：

一级保护：检测仪表及相应紧急关断阀。

二级保护：安全阀。

按照 API RP 14C 中的规定，两级压力安全保护设置方式如图 5 - 1 - 1 所示。

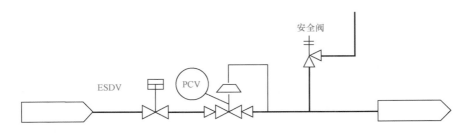

图 5 - 1 - 1 两级压力安全保护设置方式示意图

（2）放空量计算。

API 521 中对放空规模进行了规定：当容器壁厚≥25mm 时，可按 15min 内将设备内压力从操作压力降到容器设计压力的 50%。对于含有轻烃的气体，应在 15min 内将设备压力降到 690kPa 或降到设备设计压力的 50%，取其中较低者。

2. 国内规范

在国内现行标准规范中,GB 50183—2015《石油天然气工程设计防火规范》、GB 50251—2015《输气管道工程设计规范》、GB 50350—2015《油田油气集输设计规范》、SY/T 10043—2002《泄压和减压系统指南》(采标 API 521)、SH 3009—2013《石油化工可燃性气体排放系统设计规范》对放空系统设置进行了规定,GB 50183—2015 仅从防火安全间距等方面对放空设备的间距、位置等方面进行了规定。GB 50251—2015 对输气管道放空系统的设置进行了规定,但内容有限。GB 50350—2015 对集气站放空系统的设置及安全阀定压做出了规定。SY/T 10043—2002(等同 API 521),对放空系统规定较为全面,该规范对装置超压原因、放空量的确定、放空系统的设计等方面均做出了规定。

(1)GB 50183—2015《石油天然气工程设计防火规范》。

① 第4.0.8条,火炬和放空管宜布置在场外地势较高处。放空管与石油天然气站场的间距:放空管放空量≤$1.2 \times 10^4 m^3/h$ 时,不应小于10m;放空管放空量 >$1.2 \times 10^4 m^3/h$ 且≤$4 \times 10^4 m^3/h$ 时,不应小于40m。

② 放空管与外部设施的防火间距按照可能携带可燃液体的火炬间距减少50%。

③ 经热辐射计算确定火炬与石油天然气站场的防火间距。

④ 第6.8.8条,连续排放的可燃气体排气筒顶或放空管口,应高出20m范围内的平台或建筑物顶2.0m以上。间歇排放的,高出10m范围内的平台或建筑物顶2.0m以上。

⑤ 第4.0.8条,石油天然气站场及线路截断阀(室)的区域布置防火间距(火炬和放空立管除外),不应小于表4.0.8的规定。

⑥ 火炬的防火间距应根据人、设备或建构筑物允许的辐射热强度计算确定,对可能携带可燃液体的高架火炬,防火间距还不应小于表4.0.8的规定。

⑦ 站场放空立管区域布置防火间距宜通过计算可燃气体扩散范围确定,扩散区边界空气中可燃气体浓度不应超过其爆炸下限的50%。当计算困难时,其防火间距不应小于表4.0.8的规定。

(2)GB 50251—2015《输气管道工程设计规范》。

① 第3.4.6条,放空气体应经放空竖管排入大气,并应符合环境保护和安全防火要求。

② 第3.4.7条,输气干线放空竖管应设置在不致发生火灾危险和危害居民健康的地方,其高度应比附近建(构)筑物高出2m以上,且总高度不应小于10m。

③ 第3.4.8条,输气站放空立管应设置在围墙外,与站场及其他建构筑物距离符合 GB 50183—2015 的规定,高度比附近建构筑物高出2m以上,且总高度不小于10m。

(3)SY/T 10043—2002《泄压和减压系统指南》(API 521)。

① 如果环境允许,压力泄放所产生的蒸汽流可以直接安全地排放到大气中。

② 气体排放流速越高越有利于可燃气体在空气中扩散。

③ 对于流速30m/s以上的喷射泄放,无需担心放空管泄放高度以下位置存在可燃气体云团或可燃条件。

(4)SH 3009—2013《石油化工可燃性气体排放系统设计规范》第4章可燃性气体排放系统工程设计,规定了排放量计算、火炬选择、火炬工艺计算等。

3. 国内外规范对比分析

（1）火炬的高度和安全间距计算确定，规定比较明确，也比较统一。

（2）放空管的安全间距国内外做法差别较大，国内 GB 50183—2015 给了比较明确的距离，国外除俄罗斯以外，其他国家没有明确距离，但是明确要求要将放空气体排放至安全地点。

（3）是否集中排放，即是否设置放空立管和火炬：国内 GB 50183—2015 有明确的要求，宜集中排放，欧美国家没有明确要求，俄罗斯有要求。

（4）是否点火放空：国外没有明确要求，国外认为，天然气不点火放空是安全的。国内 GB 50183—2015 认为，放空量 $\geq 4 \times 10^4 \, m^3/h$ 时，宜设火炬。

（5）最大允许放空速率：GB 50183—2015 要求放空量小于 $4 \times 10^4 \, m^3/h$ 时，可以不点火排放，澳大利亚根据所在地区特点限制最大放空速率，$10 \times 10^4 \, m^3/h$ 或者 $100 \times 10^4 \, m^3/h$。

二、国外放空系统设置应用现状

集注站注气区和采气区分别设置火炬或放空立管，火炬或放空立管可位于集注站内。放空系统设计采用分区 + 限流放空理念，从而减小放空系统规模。以下列举了几个国外储气库放空系统的设置情况。

（1）荷兰 Norg 储气库。

荷兰 Norg 储气库是目前设计理念与建设水平相对较高的地下储气库，该储气库由 Shell 公司运营。该储气库是凝析气藏型地下储气库，工作气量为 $30 \times 10^8 \, m^3$，站场包括 1 座集注站及 1 座井场，集注站毗邻井场布置。该储气库共有 6 口注采井，2 套单套规模为 $2500 \times 10^4 \, m^3/d$ 的采出气处理装置，2 台单台排量为 $1200 \times 10^4 \, m^3/d$ 的电动机驱动离心式压缩机。Norg 储气库虽然注采装置规模大，但是采用分区放空 + 限流理念，放空系统规模小，且高低压火炬合一，该储气库只设置了 1 具高 40m，直径为 300mm 的放空火炬，采用分区放空理念，将全站分为 26 个区，紧急情况下分区放空。

（2）Rehden 储气库。

Rehden 储气库位于德国，共 16 口注采井，工作压力 110～280bar，总库容 $80 \times 10^8 \, m^3$，总有效工作气量 $42 \times 10^8 \, m^3$，最大采气能力 $240 \times 10^4 \, m^3/h$，最大注气能力 $140 \times 10^4 \, m^3/h$，放空系统采用分区泄放，放空气量小，注气区和采气区各设 1 座火炬，2 座火炬互为备用，直径约 250mm，高约 30m，均位于集注站内，火炬未设长明灯。

（3）比利时 Loenhout 储气库。

Loenhout 储气库是水层型地下储气库，库容 $14 \times 10^8 \, m^3$，工作气量目前为 $7 \times 10^8 \, m^3$，气藏含有少量 H_2S。该储气库 1975 年投产，现有 12 口注采井，工作压力 9～15MPa，注气规模为 $32.5 \times 10^4 \, m^3/h$，采气规模为 $62.5 \times 10^4 \, m^3/h$。该储气库无正式的放空火炬系统，没有设火炬，也没有集中放散立管。集注站未设全厂性集中放空立管，分区设置了就地放散管，紧急情况下分区泄放，部分安全阀放空为就地放空，井口不设单独放空。

三、国内放空系统设置应用现状

我国储气库和气田地面工程建设中，多年来，站场放空系统设计一直遵循全量放空的设计理念,即放空系统的设计规模等于全站(厂)的日处理规模。储气库具有"大进大出"的特点,集注站设计规模均比较大。在此背景下,如果放空系统设计规模仍然按照全量放空的理念确定,无疑会使得放空系统规模偏大,进而导致火炬与站场间距偏大,占地面积偏大、工程费用高。

全量放空的设计并不能保证安全泄放。如克拉 2 中央处理厂放空火炬系统按照全量放空设计。2006 年 10 月,中央处理厂由于放空系统自动控制出现故障,湿气管段的 6 套紧急放空阀同时打开,由于未设限流放空,出现了总放空流量超高情况,强大的气流冲击致使放空汇管撕裂,最终导致全厂停产。为了解决放空系统存在的问题,中央处理厂对放空系统进行了改造。改造后,采用"关闭装置进出口、打开放空阀放空"的措施来实现装置的有效停车。同时,为了有效解决放空流量超高,采用了迷宫笼套式调节阀及旋塞阀 + 限流孔板方式实现受限放空,即装置在关闭进出口后,高压天然气通过可调节放空阀进入放空火炬,实现安全排放。因此,单纯采用全量放空的设计理念来确定放空火炬系统的设计规模是不科学的,且并不能保证放空系统和处理厂的运行安全。合理的做法是采取可靠措施控制放空流量。

放空系统设计应按照"先关断后放空"的设计理念,计算不同工况下的放空流量,按照最大放空流量确定放空火炬系统的设计规模。目前天然气处理厂和储气库集注站的 ESD 系统一般按照四级关断来设计,其中 0 级关断即火灾关断,将关断处理厂内所有生产系统,并打开自动泄放阀(BDV),实施紧急放空泄压,是放空流量最大的工况。

表 5 - 1 - 2 列出了中国石油部分已建储气库集注站放空火炬系统的设计规模和站内采气处理装置的规模。可以看出,高压火炬规模均低于采出气处理装置的规模。均按照"先关断再放空"的设计理念计算后确定放空规模。放空系统设计规模均小于采气装置总处理规模。

表 5 - 1 - 2　国内部分储气库放空系统设置一览表

储气库名称	注气能力($10^4 m^3/d$)	采气能力($10^4 m^3/d$)	放空规模($10^4 m^3/d$)
辽河双 6 储气库	1200	1500	500
大港板南储气库	300	400	100
华北苏桥储气库群	1300	2100	1100
新疆呼图壁储气库	1550	2800	1000
西南相国寺储气库	1440	2855	700
长庆陕 224 储气库	227	417	110

第二节　放空系统设计原则

储气库地面设施放空工况主要包括:(1)火灾工况下,为防止事故扩大或蔓延,进行泄压保护。(2)事故工况下,为防止系统/设施超过设计压力,进行安全泄放;事故工况包括:出口阀门关闭,站场电气故障,站场仪表风故障,站场阀门误打开等。(3)装置检修、维护时,进行泄压放空。

一、井场

储气库井场内设施主要包括采气树、井口阀组、发球筒(阀)、注甲醇设施等,油气藏型地下储气库井场典型工艺流程如图 3-1-28 所示。由该图可看出,井场存在两个压力系统,压力分界点在采气管线上的角式节流阀,角式节流阀之前为高压系统(一般为 30MPa 以上),角式节流阀之后为低压系统(一般为 10MPa 左右)。为防止角式节流阀事故状态下下游管线超压,在角式节流阀前设置了紧急切断阀 ESDV1,ESDV1 截断信号为角式节流阀下游 PSHL。而且,每口注采井井下均设置一个紧急切断阀 ESDV2,切断信号由易熔塞触发,同时可由角式节流阀下游 PSHL 触发。

由以上分析可知,注采井设置了双重保护系统,当 ESDV1 失效时,ESDV2 可提供紧急切断功能,可有效防止角式节流阀下游管线超压。因此井场放空系统设计原则如下:虽然井场存在压力分界点,由于设置有双重保护系统,即井下及地面双切断,因此井场内一般不设置安全阀,不设放空筒(火炬)。

二、集注站

集注站截断和放空系统的设计遵循以下原则:

(1)集注站只设置 1 套放空(筒)火炬。

(2)集注站注气装置和采气装置进出站管线均设置紧急切断阀 ESDV。

(3)当集注站有多套采气装置或多套注气装置时,各装置按火灾时不同时放空考虑,在各装置间设置截断阀(ESDV),当一套装置发生事故时,只对该装置实施紧急切断并放空该装置内天然气,其他装置保压。

(4)若火灾工况下即使分装置放空量仍然很大,则可采用"分区放空+延时"理念,即不同操作单元按不同时放空考虑。

(5)高、低压放空采用同一个放空(筒)火炬,高、低压放空汇管是分开设置,只需考虑放空背压,当低压放空压力高于整个放空系统的背压时,高压放空汇管与低压放空汇管可共用一条;当低压系统泄放压力低于整个放空系统的背压时,高压放空汇管与低压放空汇管应独立设置,此时放空(筒)火炬应设置两个天然气进口,即一个为高压进口和一个为低压进口。

(6)井场至集注站集输管道内气体放空利用集注站放空(筒)火炬。

(7)集注站至分输站双向输气管道内气体放空利用集注站或分输站内放空(筒)火炬。

(8)集注站关断时要考虑同时将上游井场关断,避免集输管道超压。

第三节 放空量计算及控制方法

一、计算方法和模型[1]

设计人员应按照不同工况下站场放空时的最大放空流量确定站场放空系统的设计规模。

天然气处理厂和储气库集注站的最大操作压力一般都很高,国内现有规范和工具书中对高压放空水力计算尚无明确规定和计算方法。GB 50350—2015《油田油气集输设计规范》、GB

50251—2014《输气管道工程设计规范》、GB 50183—2015《石油天然气工程设计防火规范》均未给出最大处理量、管口流速、管口内侧压力确定的方法。

根据研究,高压放空管路中的气体流动具备以下水力特性:

(1)放空管路较短,但压降极大。

(2)沿途温度、密度、流速差异大。

(3)放空过程属非稳定流动,管路中任意点参数均随时间变化。

高压放空可以简化为如图 5-3-1 所示。

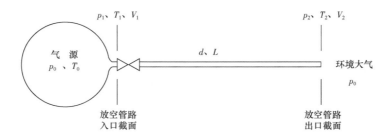

图 5-3-1　处理厂放空模型示意图

高压放空过程经历 3 种状态(p_a 为环境大气压力):

(1)放空前期,壅塞流即超临界流状态。p_1 很高,$p_2 > p_a$,马赫数 =1。

(2)临界流状态:当 $p_2 = p_a$,马赫数 =1。

(3)亚音速流状态:$p_2 = p_a$,马赫数 <1,直至 $p_0 = p_1 = p_2 = p_a$,放空结束。

因此,可以以可压缩流体有摩擦绝热一维流动的范诺方程为基础进行计算,但是手工计算需要多次迭代,计算繁琐,推荐用软件模拟计算。

初步研究认为,可采用 Aspen HYSYS 软件的动态模型来模拟计算站场放空。该软件被国内设计院广泛采用计算站场放空。

模拟过程如下:将站内所有管道和设备简化成一个压力容器,设置进站 ESD 阀门和出站 ESD 阀门。放空时,关闭进站 ESD 阀门和出站 ESD 阀门,打开 BDV 放空阀。BDV 放空阀的开度可以调整,进而计算不同时间下的压力、放空流量、流速、温度等参数。简化模型示意如图 5-3-2 所示。

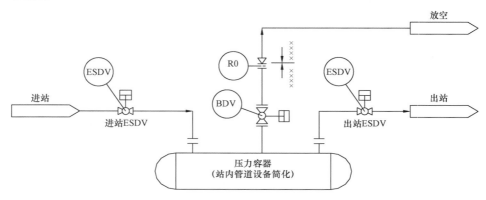

图 5-3-2　站场放空计算简化模型示意图

按照 API 521 规定,在 15min 内将设备压力降到 690 kPa 或降到设备设计压力的 50% ,取两者的最低值(同 SY/T 10043—2002《泄压和减压系统指南》3. 19. 1 规定"将装置进出口切断,在 15min 之内将装置的压力降到 690kPa 计算安全泄放阀的放空流量"),其中凝析气藏型、油藏型储气库采气装置放空量应按照 15min 内将单套装置内压力降至 690kPa 的平均泄放量计算,注气装置放空量按照 15min 内将单套装置压力降至设计压力一半的平均泄放量计算,放空系统设计规模按照两者中较大值确定。干气藏型、盐穴型储气库采气装置、注气装置放空量均按照 15min 内将单套装置压力降至设计压力一半的平均泄放量计算。

二、参数选取

(一)泄放时间

泄放的根本目的是降低设备、管道的压力。当金属材料的温度由于火灾等原因高于设计温度时,即使系统压力没有超过最大允许操作压力,也可能发生应力破损。因此,发生火灾时需要对系统泄压以避免发生这种现象。

SY/T 10043—2002《泄压和减压系统指南》详细规定了泄压工况分析和泄放量的计算方法(第 3. 19. 1 条),减压系统应有足够的处理能力,以便把容器应力降到容器不会立即损坏的程度。一般情况要求大约在 15 min 内,设备内压力可以从最初的压力降到容器设计压力的 50% 。该准则是根据容器的壁温与对应破坏应力之间的关系而定,一般用于壁厚 ≥25mm 的容器,壁厚更薄的容器通常需要更大的减压速度。在控制火灾处,适于对操作压力大于 1. 7MPa(G)的设施进行减压。对所有处理轻烃的设备在 15 min 内将压力降到 690kPa 或者容器设计压力的 50%(取较低值)。对于储气库集注站,注气系统设备和管道泄压速度可以按照 15 min 内降至设计压力的 50% 计算;采气处理系统按照 15 min 内降至 690kPa 计算,并需要考虑液烃闪蒸产生的气体。在工程设计中,为了简化计算模型,常常全站按照 15 min 内降至 690kPa 计算。

(二)初始泄放压力

集注站初始泄放压力等于事故情况下站内自动泄压阀(BDV)的开启压力。

三、放空工况分析

导致集注站放空或关停的主要原因如下:

(1)火灾工况时的紧急放空。

(2)下列工况引起的安全阀超压起跳放空。

① 集注站、工艺装置或工艺设备出口关闭,下游管道关闭;

② 上游物流:流量超高或超低、压力超高或超低;

③ 工艺阀门误打开或者误关闭;

④ 工艺参数变化;

⑤ 换热器管程破裂、机泵故障、分离器塔器等压力容器的压力或液位控制失灵、止回阀损坏等;

⑥ 电气系统、仪表风系统、燃料气系统、循环冷却系统、导热油系统等辅助公用系统故障。

集注站大面积火灾将启动全站 0 级关断,即连锁关闭集注站进出口紧急切断阀(ESDV),并开启泄放阀(BDV),是集注站放空量最大工况。另外其他异常工况亦可能触发 BDV 阀门打开放空,设备超压可能引起安全阀起跳放空,系统/设施检修、维护时,进行有计划放空。只有当 BDV 出现故障,才有可能出现超压导致 PSV 泄放工况,两者不会同时放空,其放空量也不会进行叠加。

综上,按照 0 级关断、BDV 放空工况计算放空系统规模。

四、泄放总量和放空流量计算

(一)苏桥集注站放空流量计算

按照集注站 0 级关断并 BDV 放空计算泄放总量和泄放速率。一般情况下,储气库集注站内的工艺设施用 ESD 阀门分割成若干个区域,并设置若干个 BDV 阀门。应分别计算每个区域内工艺设备、管道内储存的天然气总量,BDV 阀门打开时每个区域的放空流量。各个区域放空流量之和是集注站的总放空流量,以此确定放空系统设计规模。

高压放空规模和低压放空宜分别计算。

以华北苏桥储气库群集注站为例,用 Aspen HYSYS 软件进行放空总量和放空瞬时速率计算。结合平面布置和工艺流程,苏桥储气库集注站放空分为 6 个区,具体如图 5 - 3 - 3 所示。放空 1 区为注气 A 区,包括 6 台注气压缩机组及空冷器;放空 2 区为注气 B 区,包括 6 台注气压缩机组及空冷器;放空 3 区为采气区,包括 3 套露点控制装置;放空 4 区为低压油气处理区;放空 5 区为进出站区;放空 6 区为液烃储罐区。其中放空 4 区和 6 区为低压放空。放空 1、2、3、5 区为高压放空。

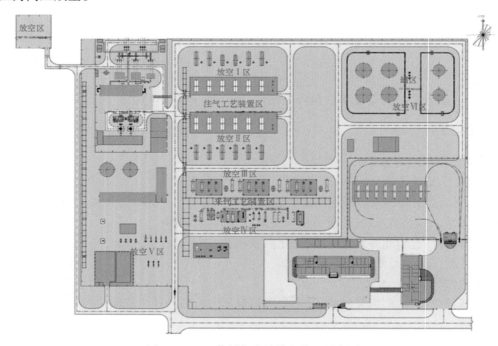

图 5 - 3 - 3 苏桥集注站放空分区示意图

放空流量计算结果见表 5 – 3 – 1、表 5 – 3 – 2。

表 5 – 3 – 1　苏桥集注站泄放速率计算结果表(采气期)

放空分区	工艺设备、管道水容积（m³）	起始泄放压力（MPa）	15min 内泄放至指定压力	放空阀口径（mm）	最大放空流量（10⁴m³/h）
3 区(采气处理区)	270	10	降至 690kPa	250	34.95
5 区(进出站区)	20	10	降至 5MPa	50	1.32
小计(采气)	290				36.27

表 5 – 3 – 2　苏桥集注站泄放速率计算结果表(注气期)

放空分区	工艺设备、管道水容积(m³)	起始泄放压力(MPa)	15min 内泄放至指定压力	旋塞阀口径(mm)	最大放空流量(10⁴m³/h)	注气压缩机放空流量(10⁴m³/h)
1 区(注气 A 区)	20	40	降至 5MPa	50	11.46	3.4
2 区(注气 B 区)	20	40	降至 5MPa	50	11.46	3.4
5 区(进出站区)	20	40	降至 5MPa	50	11.46	—
小计	60				34.38	

从表 5 – 3 – 1 可以看出,采气期所有区域同时放空时,放空流量最大为 $36.27 \times 10^4 m^3/h$,即 $870.48 \times 10^4 m^3/d$。

(二)分区延时泄放

典型放空流量—时间曲线如图 5 – 3 – 4 所示。

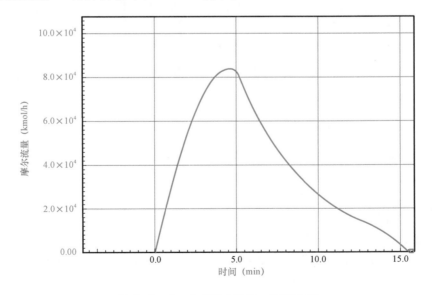

图 5 – 3 – 4　典型放空流量—时间曲线

由图 5 – 3 – 4 可知,放空流量随放空时间迅速降低。多工况模拟计算结果表明,最大瞬时放空流量是平均放空流量的 2~6 倍。分区延时泄放,使每个放空区域的峰值不叠加,则可以有效降低总最大瞬时放空流量。

因此,放空初期,放空流量很大,随着压力下降,放空流量迅速降低。因此,可以通过控制放空阀门开度,有效降低放空初期的最大放空流量。还可以通过不同放空区域的延时泄放,错开放空流量高峰,从而有效降低处理厂总放空流量。

苏桥集注站分为注气区和采气区延时泄放,计算最大放空流量为 $1100 \times 10^4 \, \text{m}^3/\text{d}$,因此确定集注站放空系统设计规模为 $1100 \times 10^4 \, \text{m}^3/\text{d}$。

(三) 安全阀放空

(1) 选型计算。

安全阀的选型计算可按照以下思路进行:估算被保护设备、容器或管线的有效容积;依照 API RP 521 规定求解事故工况时允许的最小、最大泄放量;安全阀喉管面积计算;安全阀选型;校核采用所选安全阀时的最大泄放量和出口马赫数是否满足要求。

(2) 阀前管径计算。

配管安装时通常在被保护设备、容器或管线与安全阀之间加一直管段,但在安全阀泄放时,由于气体速率极高,该管段会产生部分压损。为了防止过大的压损产生震动,造成对泄放装置的危害,需要限制该压损的大小。按照 API RP 520 规定,该段压损不得高于安全阀设定压力的 3%,以此为边界条件反算最大泄放量时可允许的最小阀前管径,但最终选取管径不得小于安全阀入口口径。

(3) 阀后管径的计算。

安全阀阀后管径的计算主要受安全阀可允许背压大小的限制。计算思路为:阀后允许背压大小的确定;阀至放空火炬或放空立管间管线的允许压降;求得阀后管线允许最小管径;圆整计算管径并校核选用管径在管线放空时阀后背压的实际值。工程实际中往往采用总放空汇管,各放空支线在接入放空终端前就已汇入总管,此时可将支管线与总放空汇管的连接点作为新的放空终端,允许压降为安全阀背压减去连接点处压力,连接点处的压力需根据最不利工况来计算。

(4) 安全阀放空背压。

背压即放空时放空阀出口的压力,安全阀开启后的背压为安全阀开启前泄压总管的压力(附加背压)与安全阀开启后介质流动所产生的流动阻力(排放背压)之和。背压对安全阀的影响包括开启压力偏差、流量下降、不稳定性。

根据 GB 50251—2015《输气管道工程设计规范》第 3.4.5 条第 1、2 款规定:放空时,必须确保任一安全阀的背压不大于该安全阀定压的 10%。值得注意的是,此条规范并未指明安全阀是普通弹簧安全阀还是先导式安全阀。实际上,根据《工艺管道安装设计手册》及美国石油学会标准 API 521《泄压和减压系统指南》,对于一般弹簧式安全阀其允许背压小于整定压力的 10%,波纹管式安全阀其允许背压小于整定压力的 50%,先导式安全阀,其允许背压可为整定压力的 50%,甚至 60%。如果系统内有某些等级或某些安全阀背压不满足进入同一放空系统的背压要求,则必须另设独立的放空系统。

（四）集注站放空规模的确定

通过以上实例可以看出储气库运行工况的复杂以及不同工艺系统压力等级的不一致导致放空量的计算十分复杂，可先对集注站进行分区，分别计算不同系统的放空量，再针对每种放空因素进行分析计算所产生的放空量，并根据计算出的放空量分析采用哪种泄放逻辑进行控制。

五、放空流量控制方法

集注站放空流量应是可控的，可以通过设置泄放逻辑进行控制。总的来说放空量的控制方法有 3 种：放空阀直接放空、放空阀 + 限流孔板放空、放空阀 + 调节阀放空。

（一）放空阀直接放空

即不设置限流孔板或调节阀，全通径放空阀，放空时放空阀 SBDV 全开。

（二）采用放空阀 + 限流孔板放空

（1）自动泄放阀（BDV）选型计算。

BDV 阀选型计算的关键在于阀口径的计算，而厂家在确定口径时需要知道阀所具有的最大泄放量和以最大泄放量泄放时阀的流量系数（C_v 值）。最大泄放量和 C_v 值均可使用 HYSYS 来计算。根据 API 521 中有关泄放的规定：在事故工况下要求 15min 内，容器的压力将为原工况的 50%。具体计算程序为：站场有效容积的估算；利用 HYSYS 建立 Depressing 动态泄放模型；计算得出满足规范要求的最大泄放量和 C_v 值；选取满足要求的 SBDV 阀；根据所选阀门的 C_v 值校核阀的最大流通量。

（2）限流孔板计算。

限流孔板一般为同心锐孔板，用于限制流体的流量或降低流体的压力。流体通过孔板就会产生压力降，通过孔板的流量则随压力降的增大而增大。但当压力降超过一定数值，即超过临界压力降时，不论出口压力如何降低，流量将维持一定的数值而不再增加。限流孔板的工作原理是孔板可以作为流量测量元件来测量流量，也可以作为节流元件用来限定流量和降低压力。流体流经孔板时，孔板前后将产生一定的压差。对于一定的孔径，在一定的范围内，流经孔板的流量随着孔板前后压差的增大而增大。当压差超过某个数值（称为临界压差）时，流体通过孔板的缩孔处的流速达到音速，这时，无论压差如何增加，流经孔板的流量将维持在一定数值而不再增加。根据这一原理，可以采用限流孔板来限定流体的流量和降低压力。

放空系统中通常将限流孔板组放置于调节阀后，既可缩短安装距离又可延长调节阀的使用寿命，现在被普遍应用。选型计算程序为：安装位置最大泄放量的确定（同 BDV 阀最大泄放量）；根据限流孔板前后压差选择孔板的形式（单板还是多板）；按照孔径计算公式计算限流孔板的孔径 d_0；根据临界流率压力比（γ_c）、绝热指数（K）、孔径/管径（d_0/D）关系表查得 γ_c；判断孔板前、后压力之比（p_2/p_1）与 γ_c 的相对大小（若 $p_2/p_1 \leqslant \gamma_c$，则可使流量限定在一定数值，说明计算值 d_0 有效，否则需调整压降或管径，重新计算）；圆整孔径计算值。

（3）限流孔板后管径计算。

影响限流孔板后管径尺寸主要因素是孔板后的压力、最大泄放量和管内允许最大流速。已知泄放量和管内允许流速后反算孔板后压力，只要压力不高于气体的临界流动压力即可。

（三）采用放空阀 + 调节阀放空

全开加调节，即放空阀 + 调节阀（节流截止放空阀）。放空时间基本控制在 15min，放空气量基本维持不变。

调节阀通常采用按几种不同的预定开度进行分段泄压，也可通过调节阀连续开度调节进行紧急泄压，即在整个泄压过程中尽量保持同一泄放流速泄压，初期调节阀开度较小，随着反应系统压力的下降，调节阀开度逐渐开大，补偿因阀前压力下降而引起的实际流通 Cv 值的下降，以实现平稳泄压的目的。调节阀的设置采用分程控制的理论，即设置两个并联的调节阀分别适应不同泄放量的要求。

第四节　高低压放空系统

由于储气库集注站压力等级较多，有高、中、低压，故需要分析高低压放空系统分级设置的界限。在具体工程设计中，应对全站放空进行系统分析、计算后确定高低压放空分界点。下面以苏桥储气库集注站为例分析高低压放空系统的界限。

苏桥集注站注气和采气处理系统的操作压力较高，压力范围 4.95 ~ 40.9MPa，低压油气处理系统的操作压力较低，压力范围 0.2 ~ 2.5MPa，乙二醇再生系统的压力范围为 0.3 ~ 1.0MPa，排污、燃料气系统的压力为 0.4MPa 左右。

利用 Aspen Flare System Analyzer V7.1 软件建立放空系统模型，计算高低压放空系统的背压，如图 5 - 4 - 1 所示。

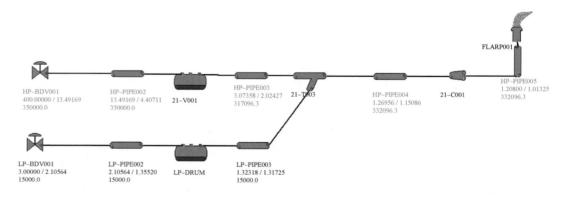

图 5 - 4 - 1　放空系统背压计算模型示意图

计算参数如下：

高压放空流量取 $1000 \times 10^4 m^3/d$（$42 \times 10^4 m^3/h$），高压放空总管直径 500mm，总长度 380m，高压放空分液罐直径 2800mm。

低压放空流量取 $25 \times 10^4 m^3/d$（$1.04 \times 10^4 m^3/h$），低压放空总管直径 250mm，总长度

380m,低压放空分液罐直径2000mm。

计算结果见表5-4-1。

表5-4-1 放空背压计算结果表(高压、低压放空总管直径分别为500mm、250mm)

放空流量 (10⁴m³/d)	起始泄放压力 (MPa)	分液罐入口背压 (MPa)	分液罐出口背压 (MPa)	放空阀后背压 (MPa)
高压1000	40	0.38	0.29	0.85
高压1000	10	0.43	0.32	0.9
高压1000	4	0.45	0.34	0.8
高压1000	3	0.46	0.34	0.83
高压1000	2	0.46	0.34	0.83
低压25	3	0.143	0.141	0.24
低压25	2.5	0.143	0.141	0.24
低压25	2	0.143	0.141	0.24
低压25	1	0.143	0.141	0.24
低压25	0.3	0.144	0.141	0.22

高压放空流量取 $1000 \times 10^4 m^3/d$ ($42 \times 10^4 m^3/h$),高压放空总管直径400mm,总长度380m,高压放空分液罐直径2800mm。计算结果见表5-4-2。

表5-4-2 放空背压计算结果表(高压放空总管直径400mm)

放空流量(10⁴m³/d)	起始泄放压力(MPa)	分液罐入口背压(MPa)	分液罐出口背压(MPa)	放空阀后背压(MPa)
高压1000	40	0.54	0.41	1.5
高压1000	10	0.62	0.46	1.5
高压1000	2	0.67	0.5	1.26

由表5-4-1、表5-4-2可以看出,放空流量一定的条件下,放空总管直径直接影响放空系统的背压,放空管直径越大背压越低,起始放空压力对背压有一定影响,但影响不大。

由表5-4-1可以看出,高压放空系统背压比低压放空系统明显偏高。放空分液罐入口、放空分液罐出口、放空阀后背压均高于0.3MPa,高压放空分液罐进出口压差在0.1MPa以上。考虑到低压系统最低起始放空压力为0.3MPa,为了保证低压放空区顺利排放至火炬,有必要分别设置高压放空分液罐、低压放空分液罐。

起始放空压力3MPa/2MPa天然气排入高压放空系统时,放空阀后背压0.83MPa,当排入低压放空系统时,放空阀后背压0.24MPa,均能顺利排放。因此高低压放空系统的分界点可以定为2~3MPa。对于苏桥储气库,凝液处理系统最高压力2.5MPa,为了方便运行管理,可以将高低压放空的分界线定为3MPa。

综合以上分析:储气库集注站应分别设置高压放空系统、低压放空系统,二者的分界线为2~3MPa,即高于分界线的排入高压放空系统,低于分界线的排入低压放空系统,高压放空气体和低压放空气体可以共用1座火炬,高低压放空系统设置示意如图5-4-2所示。

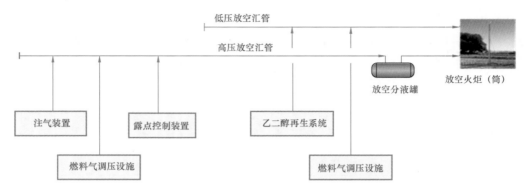

图 5 – 4 – 2　集注站高低压放空系统设置示意图

第五节　放空系统的布置

一、火炬与站内、站外设施的防火间距

火炬与周边设施的防火间距应该通过热辐射计算后确定。SY/T 10043—2002《泄压和减压系统指南》对火炬直径、火炬高度、火炬不同热辐射强度的范围等有明确的计算方法。

GB 50183—2015《石油天然气工程设计防火规范》和 SY/T 10043—2002《泄压和减压系统指南》中未给出站内、站外设施允许的热辐射强度。可以参考 SH 3009—2013《石油化工可燃性气体排放系统设计规范》中的相关规定,如下:

(1)厂外居民区、公共福利设施、村庄等公众人员活动的区域,允许热辐射强度应≤1.58kW/m²。

(2)相邻同类企业及油库的人员密集区域、石油化工企业内的行政管理区域,允许热辐射强度应≤2.33kW/m²。

(3)相邻同类企业及油库的人员稀少区域、厂外树木等植被,允许热辐射强度应≤3.00kW/m²。

(4)石油化工厂内部的各生产装置允许热辐射强度应≤3.20kW/m²。

(5)火炬设施的分液罐、水封罐、泵等布置区域允许热辐射强度应≤9.00kW/m²,但当该区域的热辐射强度大于6.31kW/m²时,应有操作或检修人员安全躲避的场所。

以放空量 $1000 \times 10^4 m^3/d$ 为例进行计算,计算结果表明合理的火炬直径为 900mm,高度 100m。计算此时不同热辐射强度的范围,计算结果见表 5 – 5 – 1。

二、放空分液罐位置

目前储气库集注站、天然气处理厂的放空分液罐位置不一致,有的设在站内,有的设在火炬下方,有的设在站外距离火炬一定距离。几种方式各有优缺点,对比情况见表 5 – 5 – 2。

表 5 – 5 – 1　不同热辐射强度的范围计算结果表

序号	内容	允许热辐射强度（kW/m²）	计算间距（m）
1	厂外居民区、公共福利设施、村庄等公众人员活动的区域	1.58	300
2	相邻同类企业及油库的人员密集区域、石油化工企业内的行政管理区域	2.33	210
3	相邻同类企业及油库的人员稀少区域、厂外树木等植被	3.00	190
4	石油化工厂内部的各生产装置	3.16	170
5	火炬设施的分液罐、水封罐、泵	9.00	0

表 5 – 5 – 2　放空分液罐位置优缺点对比表

放空分液罐位置	优点	缺点
集注站内	排液管线最短、方便管理	分液罐出口管线坡向分液罐，部分液体可能不能流回分液罐，而被高速放空气体带入火炬
火炬下方	分液罐出口管线最短，液滴被带入火炬可能性小	排液管线较长
站外与火炬有一定间距	分液罐出口管线较短，液滴被带入火炬可能性较小	占地面积较大

为了防止液体进入火炬，放空分液罐入口和出口的放空管道应有不小于 2‰ 的坡度，并且坡向分液罐。

从表 5 – 5 – 2 可以看出，不同放空分液罐位置各有优缺点。为了降低液滴夹带至火炬的可能性，建议火炬分液罐靠近火炬设置。当火炬高度足够时，放空分液罐可以布置在火炬下方。

第六节　火炬选型及管材选择

一、火炬选型

目前国内储气库站场内放空主要采用常规火炬，但有些天然气处理厂或化工厂在综合考虑占地、维护维修、安全、环保等方面原因后采用地面焚烧炉作为放空设施。

（一）常规火炬

1. 常规火炬分类

常规火炬即是一种在高空进行点火燃烧的放空方式，按支撑形式可分为自支撑式、塔架式和斜拉绳式三种，如图 5 – 6 – 1 所示；按火炬燃烧器的形式可分为单点燃烧火炬和多燃烧器火炬。

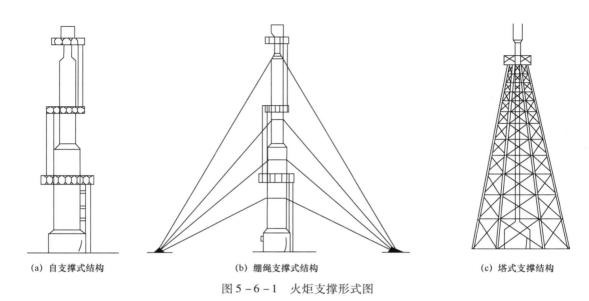

| (a) 自支撑式结构 | (b) 绷绳支撑式结构 | (c) 塔式支撑结构 |

图 5 - 6 - 1　火炬支撑形式图

2. 常规火炬系统组成

常规火炬发展至今作为主要放空形式已相当成熟可靠,其主要组成部分包括:火炬筒体、密封器(水封罐)、火炬头、点火装置、阻火器、分液罐等,具体如图 5 - 6 - 2 所示。

3. 放空系统流程

在事故状态下,放空气体(天然气)进入火炬进行放空燃烧。火炬采用远程遥控高空自动电点火方式。即当系统有排放气体时,安装在放空总管中的气体流量检测仪(或水封罐进出口的压差检测)将排放信号反馈到自动点火系统,由控制系统发出点火信号并控制安装在火炬头部的高空点火器自动点火,当火炬点燃后由火检系统获得火炬点燃信号反馈至点火系统停止点火,整个系统处于监控状态,如图 5 - 6 - 3 所示。

(二)地面焚烧炉

近年来随着国外生产工艺的引进,石化企业的总体布置呈现大型化、集中化趋势,作为事故泄放系统必不可少的一部分,火炬系统也有了很大的变化,从原先只有高架火炬到地面、高架火炬共同发展。其中地面焚烧炉由于占地少、维护方便、安全、环保性较好,在国外已得到广泛运用。

1. 地面焚烧炉类型和组成

地面焚烧炉通常指封闭火炬但也包括地面多燃烧器火炬,主要是根据事故泄放量来选择,前者主要用于泄放量较小的化工厂,后者主要用于泄放量大的乙烯和天然气项目。地面焚烧炉组成部件除具有一般火炬所包含的燃烧器、引火器及其点燃器和火焰探测器、密封器、气液分离罐、易燃易爆气体探测器、液封、管道、烟尘消除控制系统、辐射防护设备外,还有封闭体和燃气歧管。地面焚烧炉及附件如图 5 - 6 - 4 和图 5 - 6 - 5 所示。

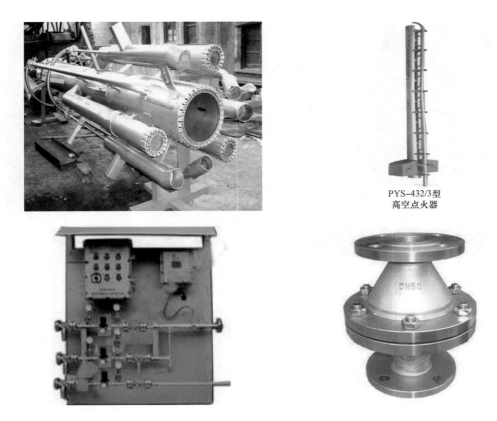

PYS-432/3型
高空点火器

图 5 - 6 - 2   火炬系统设备图

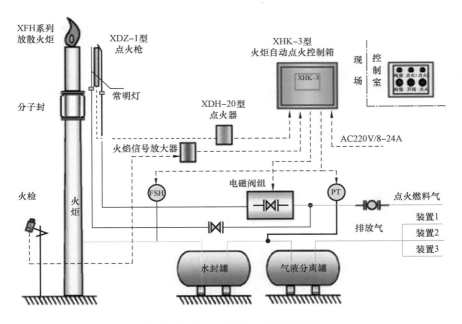

图 5 - 6 - 3   火炬放空系统流程图

图 5 – 6 – 4　地面焚烧炉

图 5 – 6 – 5　地面焚烧炉燃烧器

2. 地面焚烧炉特点

（1）火焰向四周扩散的热辐射较小,封闭体外的热辐射值能低于 $1.6kW/m^2$,可以减少防护区的面积。

（2）检修方便,除封闭体较高外,其余的设施均在地面上。

（3）最大限度地减少了对周围环境的空气污染、光污染和噪声污染,提高了操作的安全性。

（4）占地面积少,地面焚烧炉由于燃烧发生在地面,不会发生火雨,主要依据辐射热计算确定防火间距。

3. 国外地面焚烧炉的情况

基于地面焚烧炉的这些特点,20 世纪 70 年代初,国外就着手地面焚烧炉的研究和开发,开发出多种地面焚烧炉排放系统,主要分为大排量多级多燃烧器地面焚烧炉和封闭式地面焚烧炉。全世界十几个大型乙烯项目、一些大型的炼油生产和天然气开采项目都采用了多级多燃烧器地面焚烧炉,如 1991 年投用的 Malaysia 的 MTBE 装置火炬,排放量达到了 1066t/h,位于委内瑞拉的火炬,最大排放量为 810t/h。许多化工厂则采用了封闭式地面焚烧炉,如在韩国某化工厂的火炬,其单筒地面焚烧炉的最大排放量达到了 100t/h。

4. 国内地面焚烧炉的情况

国内也有一些企业采用了地面焚烧炉,如中海油丽水 36 – 1 气田陆上终端处理厂采用上海华力燃烧设备有限公司设计的 $144 \times 10^4 Nm^3/d$ 地面焚烧炉;上海石化低温丙烯罐采用中船重工 711 所设计的地面焚烧炉;上海赛科石化 $90 \times 10^4 t/a$ 乙烯工程和高化公司在化工区 $20 \times 10^4 t$ 苯酚丙酮项目也分别选用了地面焚烧炉。

5. 地面焚烧炉安全距离

地面焚烧炉从技术上讲是先进的,已成为石油化工生产装置排放废气及紧急装置事故排放的一种有效手段,但如何合理地设置焚烧炉同装置的安全防护距离是总图设计审核的焦点。

对石化企业中的火炬,GB 50160—2008《石油化工企业设计防火标准》主要是在总平面布置的原则即第4.2.6条进行了规定,而在第4.2.12条中提出了高架火炬设置的一般规定,对地面焚烧炉规范中并无规定。国外由于地面焚烧炉应用较普遍,对火炬的有关规范如API 521《泄压和减压系统导则》,API 537《通用炼油及石油化工设施火炬细则》和BP-RP44-3《处理系统设计指南》等,都包括了地面焚烧炉和高架火炬。

在地面焚烧炉处理系统中,以火焰的燃烧性质作为设计主要考虑的内容,API标准中从火焰的性质、烟雾、辐射、噪声和污染等方面提出了设计总辐射量对可能暴露在辐射下或靠近界区装置和人的影响。

在设计合理的情况下,火炬能够充分燃烧泄放气体,封闭体能够完全屏蔽火焰,地面焚烧炉与周围的最小的安全距离主要取决于辐射热。基于辐射热计算的距离应作为地面焚烧炉安全距离最主要的参考依据,但还必须考虑以下因素:

(1)地面焚烧炉的多个火炬头要保证火焰完全燃烧,火炬中部火焰的高度会比单个火炬的高度增加,而且火焰之间可能会互相粘连,会导致火焰偏高。对多级多燃烧器地面焚烧炉来说,火焰太高将有超出封闭体的可能,基于热辐射的计算将会毫无意义。所以必须对火炬的燃烧火焰及围栏的高度进行认真的核算,不让火焰超过围栏。此外,围栏高度也影响了对外热辐射的大小,围栏越高,对外热辐射越小,安全距离越小。封闭式地面焚烧炉由于排放量相对较小,火炬头较少,而且火炬筒较高,一般大于25 m,即使有火焰粘连火焰不可能超出封闭体。同样,其安全距离也同火炬筒高度有关,火炬筒越高,筒口温度越低,安全距离越小。

(2)火焰粘连加上风向引起火焰的偏移,会导致火焰偏高,多级多燃烧器地面焚烧炉火焰将有超出封闭体的可能,所以在计算封闭体高度时必须考虑风向的影响。封闭式地面焚烧炉的火炬筒较高,即使风向引起火焰的偏移也不会超过火炬筒,而且其外围的防风墙也能够有效减小风向引起火焰的偏移。

(3)在总泄放热量基本确定的情况下,还应保证火炬周边的装置不受到伤害。火炬本身既是火源也是油气源(火炬发生故障的同时有事故气体泄放),首先考虑火炬(作为油气源)与周边火源的距离关系,爆炸危险区内不应有其他的火源;进而规定火炬(作为火源)与周边油气源的间距,火炬周围不应布置大量散发可燃气体的装置或储罐,使火炬明火与达到爆炸极限浓度的可燃气体相遇的概率降至最低。

(4)地面焚烧炉周围一般都设置了可燃气体浓度报警,这样可以尽早发现装置或火炬的泄漏。

综合上述因素,我们认为地面焚烧炉同周围设施的安全防护距离可分为两种情况:

① 下列场所,地面焚烧炉同周围设施的安全防护距离应在辐射热计算的基础上加上30%的安全系数,对封闭式地面焚烧炉还应同明火散发点相比较并取二者较大值。

a. 可能有可燃气体散发的甲乙类装置、厂库房;

b. 有人集中的场所如控制室、办公室等。

② 符合下列要求的场所,安全防护距离可以按照火炬辐射热的计算。

a. 无可燃气体散发的丙类装置或者厂库房且火炬周围设置了消防水炮;

b. 无人员集中而且耐火等级较高的丁戊类仓库或者装置。

目前地面焚烧炉已在国内得到了一定的应用,而且随着国内企业安全、环保、节能要求的提高,地面焚烧炉必将得到广泛的运用,建议将地面焚烧炉的防火要求尽早纳入规范修订的内容,使得今后对地面焚烧炉的设计与审核有据可依。

二、放空系统选材

在高压系统放空过程中,泄放气体通过节流截止放空阀节流后进入放空管网,压力降至 0.2MPa 甚至更低(此背压由放空气量确定),在此过程中气体节流产生低温,故必须讨论材料的抗低温性能(表 5-6-1)。在具体工程设计中,需要计算最不利工况下的放空阀后温度作为材质选择的依据。下面以苏桥集注站为例进行分析。

表 5-6-1　系统内余压与泄放后气体温度一览表

序号	系统内余压(MPa)	泄放前气体温度(℃)	泄放后气体温度(℃)
1	10	-10	-82.6
2	8.0	-10	-68.3
3	7.0	-10	-60.5
4	6.0	-10	-52.6
5	5.0	-10	-44.8
6	4.0	-10	-37.1

利用 FLARENET 软件建立放空系统模型,计算高压放空系统放空阀后温度。选择最不利工况点计算:当起始放空压力为 40MPa 时,放空阀后温度为 -76℃、背压 1.4MPa。放空分液罐入口温度 -77℃、背压 0.54MPa,放空系统的设计压力一般按照 1.6MPa。设计温度按 -77℃考虑。

GB 150.3—2011《压力容器第 3 部分:设计》中附录 E"关于低温压力容器的基本设计要求"中,E.1.4 中对于碳素钢和低合金钢制容器,当壳体或其受压元件使用在"低温低应力工况下",若其设计温度加 50℃(对于不要求焊后热处理的容器,加 40℃)后不低于 -20℃,除另有规定外不必遵循关于低温容器的规定。

"低温低应力工况"系指壳体或其受压元件的设计温度虽然低于 -20℃,但设计应力(在该设计条件下,容器元件实际承受的最大一次总体薄膜和弯曲应力。一次应力是为平衡压力与其他机械载荷所必须的法向应力或切应力)≤钢材标准常温屈服强度的 1/6,且不大于 50MPa 时的工况。

E.2.2 中当壳体或受压元件使用在"低温低应力工况"下,可以按设计温度加 50℃(对于不要求焊后热处理的容器,加 40℃)后的温度值选择材料,但不适用于 Q235 系列钢板。"低温低应力工况"不适用于钢材标准抗拉强度下限值 $R_m \geqslant 540$MPa 的材料。"低温低应力工况"不适用于螺栓材料,螺栓材料的选用应涉及螺栓和壳体设计温度的差异。

GB/T 20801.2—2006《压力管道规范　工业管道　第 2 部分:材料》中,有以下规定:

低温低应力工况系指同时满足下列各项条件的工况:

(1)低温下的最大工作压力不大于常温下最大允许工作压力的 30%。

(2)管道由压力、重量及位移产生的轴向(拉)应力总和不大于 10% 材料标准规定最小抗拉强度值(计算位移应力时,不计入应力增大系数)。

(3)仅限于 GC2 级管道,且最低设计温度不低于 –101℃。

直管和对焊管件类元件的最大允许工作压力按 GB/T 20801.3—2006 计算确定;法兰、阀门类元件的最大允许工作压力按相应标准规定的常温压力额定值选取。

经计算,放空分液罐属于符合低温低应力工况条件的压力容器,可以按照设计温度加 40℃选择材料。最低操作温度 –77℃,加上 40℃仍低于 –20℃,因此不能选择普通碳钢材质,可以选择 16MnDR 材质,不必选择不锈钢材质。

放空阀后背压较高,管道操作压力不一定低于设计压力的 30%,因此不一定属于低温低应力工况。当提高管道设计压力或者扩大放空管道口径降低背压后,可能满足低温低应力工况的条件,按照加 50℃选择管线材质,即按照 –27℃选择管道材质,仍然不能选择普通碳钢。

综上,高压放空分液罐、高压放空管道的操作温度可能很低,不能选择普通碳钢材质。放空分液罐可以按照低温低应力工况进行设计,高压放空管道,通过采用增大口径、降低背压或者提高设计压力等方式,满足低温低应力工况条件。按照低温低应力工况选材要求,高压放空分液罐可选择 16MnDR 材质、高压放空管道可选用 Q345D 材质。

参 考 文 献

[1] 赵立丹. 天然气长输管道站场放空系统计算[J]. 油气田地面工程,2011,30(8):51.

第六章 自 控 技 术

自动控制系统对地下储气库安全可靠运行、降低事故风险,具有重要意义。基于安全控制理念,针对地下储气库运行特点,目前已形成自控系统设计技术,实现了数字化检测与自动化控制管理,保障了储气库的安全生产。国内已建的储气库都采用了以计算机技术为核心的控制系统,达到了较高的控制水平和管理水平。

第一节 自动控制系统

结合控制系统结构要求,地下储气库主要包括以下控制系统:

(1)井场 RTU 系统。

(2)DCS 控制系统。

(3)紧急切断系统(即 ESD 系统)。

(4)集注站火气系统(F&GS)。

控制系统建成后达到的控制水平如下:在井场和线路截断阀室可实现自动控制,无人值守,过程参数上传至集注站控制系统,可接受集注站控制系统下达的远程命令。系统运行平稳后可由倒班公寓及综合办公基地的调控中心进行适度调整,但不能控制开井数量。集注站站控系统可实现对集注站各装置的过程控制和安全联锁保护,并接受来自井场和线路截断阀室部分上传的数据,同时可向各井场和线路截断阀室下达远程命令。

储气库综合计算机控制系统自动、连续地监视和控制储气库各站场的运行,实现储气库各井场、集注站和线路截断阀室部分的生产、管理网络化和数字化。综合计算机控制系统控制分为三级:

一级控制:倒班公寓及综合办公基地的调控中心以通信方式对井场、集注站和线路截断阀室设备进行监控;

二级控制:井场、集注站和线路截断阀室控制系统对现场设备进行监控;

三级控制:在现场进行操作。

集注站作为整个工程的控制中心完成对生产过程的数据采集、监控、顺序控制、联锁保护、计量、运行管理,确保生产安全、可靠、平稳、高效和经济地运行。

集注站设置一个中控室,实现对整个储气库的操作和管理。主要实现:系统服务器持续扫描所有井场 RTU 的数据、状态、报警信息,检查数据的有效性并更新数据库、完成对集注站有关信息的传送、接收和下达执行命令;提供最新的报警状态及可选择的实时及历史报警记录。系统服务器数据库为各操作站提供持续的数据获取服务,完成所属井场开、关控制;紧急关断指令下达;及时关断所属井场、安全阀、井场进出口切断阀等。

集注站通过光纤网接口与井场和线路截断阀室进行通信:井场、集注站和线路截断阀室的数据通过通信服务器和 WEB 操作站采用冗余通信信道与主调度中心进行通信,主信道为专用光纤,备用信道为公网数字电路,采用专用光纤备用调度中心进行通信。集注站的 ESD 系统完成本站的紧急停车,同时接受调控中心下达的 ESD 命令[1]。

一、井场控制系统

目前井场采用无人值守、定期巡检的管理模式。井场控制系统选用 RTU(远程终端单元),分别完成各自区域过程控制的集中监控,并通过以太网通信将数据上传至 DCS 系统。集注站操作员可在 DCS 系统上位机监控井场的过程参数。

注采井一般为注采合一井,生产过程中注采井强注、强采,周期性承载交变载荷的变化。因此,储气库注采井要求气密封性好、服役时间长,对其井口安全控制系统提出了更高的要求。

(一)井口安全控制系统主要设备[2]

安全控制系统主要由井下和地面设备组成,结构示意图如图 6-1-1 所示,井下由安全阀和封隔器配套形成井下防线,地面由地面安全阀和传感器以及控制盘组成。主要设备如下:(1)井下安全阀;(2)地面安全阀;(3)采集压力信号的高低压传感器;(4)熔断塞;(5)紧急关井用的紧急关断阀;(6)单井控制盘和井组的总控制盘。

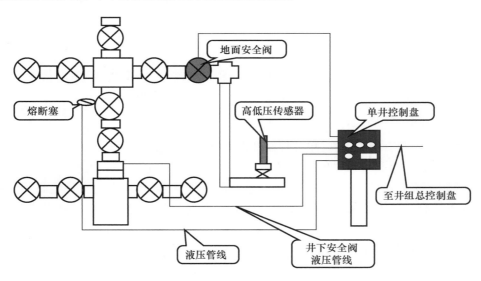

图 6-1-1 安全控制系统示意图

注采井井口安全控制系统设计采用地面和井下二级双重安全控制,通过井下和井口安装的压力传感器和易熔塞,将异常高低压和火灾信息传递给控制面板,由其发出报警信号,自动关闭井下和井口安全阀。井口安全控制系统也可实现就地手动控制,对开关井所需的各种功能和状态进行自动监控,监控信号可通过远程控制终端(RTU)实现远传至注采站 ESD 系统。井口安全控制系统组成如图 6-1-2 所示。

井口安全控制系统是一种结合现场实际工况的 ESD 系统,是地下储气库 ESD 系统的重要组成部分,可以实现以下功能:

(1)能够实现对注采井地面安全阀和井下安全阀的有效控制,在紧急情况需要关闭井口

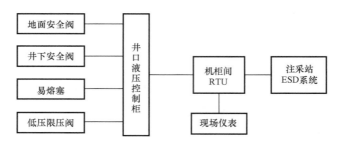

图6-1-2 井口安全控制系统组成

时,依次关闭地面安全阀和井下安全阀。

(2)完全关井时地面安全阀和井下安全阀的先后关井时间可调节;任何关井状态必须手动复位,重新手动开井。

(3)井口注采管线上的低压限压阀检测到低压信号时,关闭采气树上的地面安全阀,切断气源。

(4)地面安全阀和井下安全阀的液压控制回路可自动补压,超压自动排放,以维持安全阀正常开启。

(5)井场失火时易熔塞在超过允许温度时熔化,井口液压控制柜自动关断地面安全阀、井下安全阀,实现关井。

(6)井口安全控制系统信号(包括井口压力/温度、油套压力/温度、易熔塞状态、注采管线压力、地面及井下安全阀状态等),接受中控室ESD系统远程关断信号。

(二)安全控制系统安装方式

安全系统的安装有两种方式:单井控制和多井联合控制方式。

(1)单井控制就是每一口井的安全设备自成系统,不与其他井发生联系。

单井控制系统能监控井下和井口压力传感器的工作状态,在压力超出规定高压或低压范围、现场起火或有害气体泄漏等情况时,自动地对要求紧急关闭的报警信号做出快速反应,实现自动紧急关井。单井控制的优点是简单、有效。它可以无需安装控制盘,各个设备直接控制井下安全阀和地面安全阀的关闭。

(2)多井联合控制就是通过一个控制盘控制一个井组。多井联合控制适用于井口较集中的陆上丛式井井场和海上平台。

结合储气库注采井布置特点,可采用单井和多井联合控制相结合的形式,该形式的优点是可以在紧急情况下统一关井,如个别单井发生问题不影响其他井的正常生产。安全控制系统要与地面设计紧密结合,既满足完井工程整体安全控制要求,又符合地面工程的要求。

二、集注站控制系统

集注站采用"自动控制、有人值守"的管理模式,过程控制系统DCS的基本功能是提供数据采集、过程控制、报警指示、报警记录、历史数据存储、生产报表打印以及设备管理,并为生产操作员提供操作界面。通过终端人机界面(LCD)能够显示工艺过程参数值以及工艺设备的运行情况,多画面动态模拟显示生产流程及主要设备运行状态、工艺变量的历史趋势。通过终端人机界面,操作员能够修改工艺参数的设定点,并控制设备的启停。DCS 系统应在流程画面上显示各机泵设备的总运行时间、本次运停时间,并有更换设备的操作选项,当设备更换或大修后总运行时间清零。

对过程控制中出现的任何非正常的状况,系统将按优先级排序,通过声光报警的方式通知操作员,报警信息将通过报警打印机打印出来,在人机界面的底端自动显示报警发生的时间、报警值的大小,以及对该报警状况的描述,同时在系统中存档以备将来查询。

在设备的操作过程中,系统能恢复保存的历史数据,并将数据转换成任意格式的报表提供给操作员。这些报表根据要求可作成周期性的报表,如日报表、月报表、年报表等。

过程控制系统 DCS 的 I/O 模件为积木式结构,方便系统的扩展。I/O 模件具有抗机械冲击和抗电磁干扰能力,同时还具有电气隔离功能和抗浪涌功能,允许带电插拔,方便地进行在线更换。

过程控制系统 DCS 的软件配置采用模块化。用户应用软件具有友好的中文界面,方便的交互式点击操作功能;应用软件窗口的功能、大小、位置及窗口的内容可以在组态时由用户确定。在任何一个操作站上都可以调出或显示系统中任何一个信息、画面,但为了操作方便和操作的可靠性,可人为地对每个操作站所能管辖的区域和范围加以限制,这种限制可以通过"用户"或"分组"的方式来实现,对不同级别的操作员、维护人员和系统工程师规定不同的操作权限。授权的技术人员可以通过工程师界面站,很容易地对程序进行修改,并支持远程检查功能。

对操作独立性强的橇装设备,如压缩机组、脱水装置等,可采用独立的可编程序控制器(PLC),由成橇设备厂家成套提供。

三、安全仪表系统

储气库的安全仪表控制系统设计与常规的天然气处理站设计有所差别,建设一套安全、可靠、稳定的安全仪表系统系统将对储气库的平稳运行起到极其重要的作用。

安全仪表系统(Safety Instrumented System,SIS),是指当生产过程发生危险情况时,自动地按照预先设定的安全功能规范进行保护,以防止危险事故的发生或者减轻其后果的系统,简称SIS。它是根据美国仪表学会(ISA)对安全控制系统的定义而得名的,也被称为紧急停车系统(Emergency Shutdown Device,ESD)。

集注站设置独立 ESD 控制系统,当关键的过程参数超出安全限度或人为触发紧急停车按钮时,ESD 系统自动发出紧急停车命令,并通过通信系统向井场控制系统下达 ESD 命令,使整座储气库处于安全状态。ESD 应采用故障安全型,ESD 与 DCS 共用操作站,ESD 系统整体安全等级为 SIL2 级。所有数据在 DCS 系统上位机中显示控制,并可将数据上传控制中心。集注站机柜间内设有火气报警盘,所有火焰探测器、可燃气体探测器信号进入火气报警盘,将报警信号上传到 ESD 系统。

储气库、双向输送管道或外输管道分输站一般由不同的单位管理,储气库 ESD 系统与管道分输站的 ESD 系统不直接联动。

(一)安全仪表系统的基本组成[3]

安全仪表系统包括传感器(变送器)、控制器(逻辑运算器)和最终执行元件(紧急切断阀),即检测单元、控制单元和执行单元。SIS 系统可以监测生产过程中出现的或者潜伏的危险,发出告警信息或直接执行预定程序,立即进入操作,防止事故的发生,降低事故带来的危害及其影响。

(二)安全完整性等级

安全完整性等级(Safety Integrity Level,SIL),按照国际标准 IEC61508 的规定,分为 4 级,即 SIL1~4。其中 SIL1 级安全等级最低,SIL4 安全等级为最高。安全完整性的估计由每小时发生的危险失效概率来区分,见表 6-1-1。

表 6-1-1　SIL 等级划分

失效概率 P	SIL 等级
$10^{-5} \leqslant P < 10^{-4}$	SIL4
$10^{-4} \leqslant P < 10^{-3}$	SIL3
$10^{-3} \leqslant P < 10^{-2}$	SIL2
$10^{-2} \leqslant P < 10^{-1}$	SIL1

生产过程所需要的安全等级由专门的安全评估公司进行 HAZOP 评估确定。一般对安全要求比较高的工艺生产过程需要的安全等级为 SIL2 级或 SIL3 级,目前已建储气库均按照不低于 SIL2 等级进行设计。

(三)安全仪表系统的设计基本要求

1. 控制器

(1)以 IEC61508/61511 作为基础标准,符合国际安全协会规定的仪表的安全标准规定。

(2)安全完整度等级选择不低于 SIL2 等级。

(3)容错性的多重冗余系统,SIS 一般采用多重冗余结构以提高系统的硬件故障裕度,单一故障不会导致 SIS 安全功能丧失。

(4)故障安全型,在失电失信时,系统自动置为故障安全位。

(5)具备自诊断功能,利于维护及隐患排查。

(6)响应速度快,从输入变化到输出变化的响应时间一般在 10~50ms 之间。

(7)控制器的电源、软件、通信负荷和其他各种负载的利用率不应超过 60%,硬盘容量的利用率不应超过 30%,系统的总负荷不应超过 60%。

(8)配辅助操作台,安装紧急联锁开关和指示灯等部件,当出现紧急事故时,可通过辅助操作台上按钮,发出紧急停车命令。

2. 传感器

在天然气集输处理工艺参数中,影响安全生产的最重要参数是管线压力。压力的异常波动可以认定是工艺设施处于危机状况,应该触发安全仪表系统(紧急停车系统),所以储气库的自动联锁仪表应选择压力传感器。

压力传感器的安全完整度等级应达到 SIL2 等级以上,以保证整个安全仪表系统每个回路的安全完整度等级。压力传感器冗余设置,设置原则采用确保安全的方式,传感器设置原则是

2oo1,即逻辑"或"的 SIS 触发方式。

3. 执行元件

(1)阀门选型。

执行元件应根据工艺流程安全关断时间、故障安全型以及阀门泄露等因素选择合适的紧急切断(放空)阀。天然气集输工况一般处于高压(10MPa 以上)场合,密封性及耐压性较好的球阀是最佳选择。

(2)执行机构选型。

当站场具有仪表风系统(配置空压机),执行元件尽量选用气动执行机构(单作用形式),气动执行机构的三通电磁阀选择冗余配置,进一步提高气动执行机构的可靠性。

当站场没有仪表风系统(配置空压机),执行元件可选用电液/气液联动执行机构。气液联动执行机构因其有自力关断功能,一般应用于天然气集输干线的首末端管线处。

(3)执行元件。

阀门及执行器的安全完整度等级应达到 SIL2 等级以上,以保证整个安全仪表系统每个回路的安全完整度等级。

(四)安全仪表系统的关断等级划分

紧急关断系统逻辑应按照注气模式、采气模式分别设置,储气库安全仪表系统根据联锁条件的重要及危害程度,可分为 3 级或 4 级,4 级关断如下:

(1)0 级关断:全厂关断。由进出干线的压力参数引发的关断或由安装在中控室内辅助操作台手动关断按钮触发的关断。此级关断将关断所有的生产系统,打开全部放空阀,实现紧急泄压放空。

(2)1 级关断:压力安全联锁关断。由流程中重要参数引发的关断或由安装在中控室内操作员站手动关断软按钮触发的关断。此级关断所有的生产系统,但系统不放空。

(3)2 级关断:单套装置关断。由单套装置重要参数或由安装在中控室内操作员站手动关断软按钮触发的关断。此级只关断单套装置,对其他系统无影响。

(4)3 级关断:手动就地关断。当前 3 级关断都失效的情况下,由人为现场手动关断。

第二节　仪表选型

爆炸危险场所内安装的电动仪表等设备防爆等级应符合 SY/T 6671—2017《石油设施电气设备场所Ⅰ级 0 区、1 区和 2 区的分类推荐作法》的规定。现场安装的仪表应能防尘、防水,可根据具体情况选用不同的防护等级。

所有仪表的防爆形式均采用隔爆型,其防爆等级不低于 ExdIIBT4,防护等级不低于 IP65,户外仪表直接露天安装,不加保护箱。

一、温度仪表

温度检测仪表应选用铂电阻或一体化温度变送器。所有温度仪表均应配套焊接型温度计套管,套管的压力等级不应低于管线设计压力,并考虑一定的腐蚀余量。储气库工程工况压力较高,套管与工艺管线(设备)之间可采取法兰连接。

二、压力仪表

压力、差压的检测仪表选用智能压力变送器及差压变送器。

开关量的压力检测选用压力开关。

三、液位仪表

目前常用仪表主要特点见表6-2-1。

表6-2-1 常用仪表特点汇总表

仪表名称	测量原理	适用范围	应用场合	主要技术指标
单法兰液位变送器	差压法测量	常压容器且物料密度基本没有变化	消防水罐	差压测量精度可以达到0.1%,但大气压的变化会影响测量精度
双法兰液位变送器	差压法测量,但与单法兰相比,采用上下两个隔膜进行测量,消除了压力的影响	带压容器,物料密度基本没有变化且测量范围不大(一般小于4m)	油水分离器	差压测量精度可以达到0.1%
雷达液位计	通过发射和接收雷达波,并测量发射和接收的时间来转换成液位高度	适用范围较广,但测量介质应具有一定的介电常数,一般应大于3	原油罐、柴油罐等	测量精度高,高性能液位计测量精度可达到1mm
伺服液位计	液位计所配套浮球在介质中上下移动,带动伺服电动机转动,达到浮力和拉力的平衡后计算钢缆的长度从而得到液位高度	适用范围较广,且不受压力和介质密度变化和介电常数的影响,但不适用于黏度大的介质(容易挂料影响精度)	汽油罐和液化气罐	测量精度高,高性能液位计测量精度可达到1mm,并且可以测量界面和介质密度
浮筒液位计	差压法测量:浮筒浸泡在介质中,根据介质对浮筒产生的浮力转换为液面高度	带压容器,物料密度基本没有变化且测量范围不大(一般小于3m)	高压或高温容器	测量精度可以达到0.1%。但浮筒一般采用外浮筒形式,需要引出介质,在北方地区需要保温和拌热处理,安装要求高

结合储气库的具体情况,并根据各种液位计的特点合理选择液位仪表。分离器就地液位仪表宜选用侧装式的磁翻柱液位计或石英玻璃管液位计,液位计的取样阀应具有自锁保护功能。

常压水罐液位计宜选用单法兰液位变送器。

储气库运行压力高,一般在10MPa以上,各注采井工况会有所不同,这样就造成进分离器的介质组分会发生一定的变化,但变化不会很大。目前能够在如此高压下进行测量的液位计为双法兰液位变送器、差压变送器、外浮筒液位计、导波雷达液位计和射线型液位计等。

双法兰液位变送器、差压变送器和外浮筒液位计均为差压测量方式,通过公式 $H = P/$

（ρg）计算得出，因此此种方式的液位计不能真实反映液面实际高度，但误差并不太大，对生产不会造成太大影响。双法兰液位变送器在实际应用中曾出现过水合物附着在膜片上造成测量误差很大的情况，目前 10MPa 以上的双法兰液位变送器只有少数厂家能生产。外浮筒液位计需要从容器中引源，因此在我国北方其使用受到很大限制，需充分考虑其伴热，在没有很好的伴热条件的情况下应慎重考虑。差压变送器可避免双法兰液位变送器出现的问题，而且差压变送器压力等级高，绝大多数厂家都能生产，但在设计时应采取隔离措施，目前在储气库有成功的应用，但仍不能解决不能真实反映液面实际高度的问题。

导波雷达液位计的测量原理是通过接收液面的反射波，计算雷达波的发射到接收的时间从而得出液面的高度，从原理上可以实现测量实际液面高度。但雷达液位计受限于测量介质的介电常数，一般最小的介电常数为 1.3。高压型的导波雷达液位计为双平行杆结构，两杆间相互绝缘，每个导杆上均开有小孔以平衡压力。因此在实际应用中应充分考虑介质的介电常数，以大于 3 为宜。由于进入容器的气体经过了两次节流（井场和 J－T 阀），因此进入容器的气体温度较低，特别是低温分离器会降到 －10 ～ －5℃，一般低于产生水合物的温度，容易产生水合物并附着在导波杆上造成测量的巨大偏差。因此导波雷达液位计的使用不仅要充分考虑介质的介电常数而且要了解产生水合物的临界温度。

射线型液位计可不在容器上开口，通过射线进行测量，但此种仪表有一定的放射性，应尽可能避免使用。

综上所述，虽然差压型液位计在使用的过程中会有一些弊端，但相对而言是目前解决液位计量的最佳手段，因此液位远传检测宜选用差压型液位计。

四、流量仪表

分输站流量计宜采用超声波流量计，前后直管段均应取前直管段长度的要求（即应按上游最长直管段考虑），并应进行降噪处理。

集注站内流量计运行压力高、流量波动大，且为间断式运行（只有在采气时运行），流量参数为过程控制用，精度要求不高。基于此流量计宜采用耐用的速度式流量计。

五、调节阀

（1）调节阀的流量特性的选择。

调节阀的流量特性宜首选等百分比特性，液位调节也可选用线性特性。

（2）调节阀形式的选择。

由于调节阀前后压差大，而且液体可能出现闪蒸和空化，液位调节所采用的调节阀应选用平衡阀芯式套筒阀。

（3）执行机构的选择。

集注站若设置有仪表风系统，则应首选气动执行机构。

没有气源的情况可选用电动执行机构或自力式，如井场和分输站。

（4）调节阀执行机构的选用。

调节阀的执行机构一般采用气动薄膜执行机构，当要求执行机构需较大输出力时（如 J－T 阀和集注站出站调节阀），应选用气动活塞式执行机构。

（5）调节阀作用方式的选择。

调节阀气开、气关形式及流开、流关的选择应按工艺操作的安全要求选择。

六、切断阀

紧急切断阀应采用气动（带弹簧复位）切断球阀，由 ESD 实施远程关断。

干气外输紧急切断阀当管径超过 400mm 时从节约投资的角度宜选用气液联动紧急切断球阀，气液联动阀需要在输气干线上开孔，以便引动力源和信号源，其与管线连接的取压阀门连接形式应为焊接。

井口紧急切断阀选用自力液压紧急切断阀，配套的压力检测开关进行高、低压力自行关断外，还可由 ESD 实施远程关断。由于井口采出的气体均为湿气，为防止压力检测开关的根部阀发生冻堵，其根部阀宜采用球阀，且内径不应小于 20mm。

井下安全阀由单井控制盘完成控制，并可实现远程关断。

七、可燃气体检测仪表

（1）检测器的选用。

一般宜选用催化燃烧型检测器，也可选用其他类型的检测器。

当使用场所空气中含有少量能使普通催化燃烧型检测元件中毒的硫、磷、砷、卤素化合物等介质时，应选用抗毒性催化燃烧型检测器。探测器对可燃气体浓度变化的响应时间 $T_{50} \leq 10s$，$T_{90} \leq 30s$。

可燃气体检测器的有效覆盖水平平面半径，室内宜为 7.5m，室外宜为 15m。

（2）报警器的选用。

宜配套可燃气体报警器进行声光报警，报警器输出触点信号进控制系统进行报警和联锁。

当检测点较少时，可燃气体检测信号可直接进控制系统进行显示和报警。

八、有毒气体检测仪表

（1）检测器的选用。

现场可能出现有毒气体泄漏的场所应设置有毒气体检测仪表，设置点如下：

① 有毒气体压缩机。

② 有毒气体的液体取样口和不正常操作时可能携带有毒气体的液体排放口及管法兰、阀门组。

有毒气体检测器与释放源的距离，室外不宜大于 2m，室内不宜大于 1m。

（2）报警器的选用。

宜配套报警器进行声光报警、报警器输出触点信号进控制系统进行报警和联锁。

当检测点较少时，有毒气体检测信号可直接进控制系统进行显示和报警。

九、火焰检测仪表

（1）检测器的选用。

压缩机罩棚内宜设火焰探测器，探测器类型宜选用三频红外型。火焰探测器的探测角度不应小于90°,探测范围应至少能探测到100ft(30.5m)内1ft²的火焰。探测器应是万向型,可随意调整其探测方位。火焰探测器应具有较高的灵敏度,其对火焰的探测反应时间应≤2s。

(2)报警器的选用。

宜配套火焰报警器进行声光报警、报警器输出触点信号进控制系统进行报警和联锁。

十、在线气相色谱分析仪

气藏储气库采出的天然气组分与注入的天然气组分不同,宜在分输站内设置在线气相色谱分析仪。在线气相色谱分析仪及其辅助设备主要应包括:取样、样气处理系统,检测分析系统,计算、显示及信号传输系统,信号传输系统应将所有的数据以通讯的方式上传到控制系统内。为保证分析仪表的正常工作和使用效果,在线气相色谱仪分析仪及其附属设备应安装在专门的分析小屋内。小屋内应有配电系统、防爆照明灯具、防爆自动加热系统及保温设备,以保证分析仪表及辅助设备的正常工作。同时,为保证安全,小屋内应设红外式可燃气体检测、报警器。一旦发生天然气泄漏,检测/报警器应检测并向上位机发出报警信号,同时自动启动通风设备并切断气源。

参 考 文 献

[1] 李晶晶,等. 自动控制系统在地下储气库中的设计[J]. 中国科技信息,2014(24):81 – 82.
[2] 腰世哲,丁亚涛,申云鹏,等. 文96储气库注采井井口安全控制系统[J]. 油气储运与处理,2018,36(3):24.
[3] 祝小鲸,王卫,李朋,等. 新疆呼图壁储气库工程安全仪表系统设计[J]. 仪器仪表用户,2017,24(7):22 – 23.

第七章 标准化、模块化设计

我国储气库建设起步晚,为了大规模高效建设储气库,中国石油推广了以"标准化设计、模块化建设、信息化管理、市场化动作"为核心的储气库地面工程"四化"建设配套技术。

第一节 标准化工程建设

一、传统设计、施工和管理方式存在的问题

"十一五"以来,中国石油面对油气需求快速增长、资源劣质化严重、地面建设条件恶劣、建设与管理方式落后等严峻挑战。同时,随着天然气产量和消费量的日益增加,如何实现天然气的平稳、安全供气显得越发重要。由于地下储气库与天然气调峰的其他方式相比有着独特的优势,近年来中国石油地下储气库的建设数量迅速增加,建造速度也大大加快。而传统的工程建设方式难以适应新的形势和建设要求。

(一)工程设计

传统的工程设计及计价方式工作量大、效率低、水平不统一,难以满足油气田地面建设节奏和速度要求,具体体现在以下 5 个方面:

(1)每个工程项目的设计均是"从零开始"重新设计,仅有个别设备、少量小型定型设施等采用复用设计或通用设计,但都限于较小的范围。

(2)设计差异大,不同的设计单位和不同的设计人员在设计水平、设计风格和设计手段等方面不同,设计思想和做法难以统一,针对同类项目,总体布局、工艺流程、设备和材料选型等存在着较大的差异性,设计成果质量、水平差异较大,造成效率、进度、质量等方面难以有效控制,同时耗费大量的人力和时间等资源。

(3)设计手段落后,基本以二维平面设计为主,无法进行自动碰撞检查,设计图校对及审核完全需要人工进行。开料通常是尺子量、人工计数、估计以及乘系数的方式,不能准确开料,常出现不足、遗漏、过多等现象,给后续的施工阶段留下较多的隐患。

(4)概预算编制复杂、低效,每项工程均由大量的最基本元素加和而成,没有整体或模块观念。

(二)工程施工

传统的建设方式现场施工工作量大、作业环境差、效率低、施工质量保证困难,难以满足建设进度和质量控制要求,具体体现在以下 4 个方面:

(1)每个建设项目均是设备材料分散采购,分散管理,地面站场建设采用分散施工建设方式。

(2)施工以现场人工作业为主,预制水平低,仅有非常简单的管件预制,施工效率低,劳动

强度大。

（3）工程建设受环境条件影响大。

（4）现场施工，机具和人员密集，人员安全保障难度大，对环境影响较大。

近年来，中国石油在油气田地面建设领域解放思想、转变观念，探索形成了标准化油气田建设与管理的理论和方法，并在中国石油全面推广，从根本上转变了传统的油气田建设方式和生产管理方式，显著提升了油气田建设和生产管理水平，促进了中国石油有质量、有效益、绿色安全、可持续发展。

（三）生产运行管理

传统的运行管理手段落后、管理效率低，层级多、用工多、成本高，具体体现在以下4个方面：

（1）传统的信息化建设标准低，信息化管理水平低；不同油气田公司信息化管理技术水平差异大、管理平台不统一。

（2）不同油气田管理模式差异较大，管理层次不明确，大部分管理层级多、链条长。

（3）中小型站场有人值守，大型站场分岗值守，大部分生产运行数据人工采集，用工量大，生产成本高。

（4）安全、环保等保障水平相对较低，站场事故工况缺乏自动保护，事故处理大都需人工操作。

二、标准化工程建设的作用

标准化建设就是针对不同类型站场设施特点进行科学分类，对同类型站场进行系统分析、总结共性、优化简化，按照统一"工艺流程、平面布局、模块划分、设备选型、三维配管、建设标准"的原则，开展标准化设计，形成技术先进、通用性强、可重复使用的标准化、模块化、系列化的定型设计文件；以标准化设计为基础，开展模块化建造，实现工厂化并行作业、批量预制、模块现场组装。应用数据采集与监控、网络传输和生产管理平台技术，建设数字化油气田，实现信息化管理。积极引入市场竞争机制，实施市场化运作，促进标准化设计、模块化建造和智慧化油气田建设高效实施。

通过标准化设计、模块化建设和信息化管理，转变传统的设计方式、施工方式、采购方式和管理方式，提升了工程建设水平和管理水平。

（1）工程设计方面。通过采用标准化设计、模块定型图拼接组合或直接采用站场定型图完成站场设计，提高了设计效率，有效缩短了设计工期，最大限度地减少重复工作，降低了设计工作者的工作强度；标准化设计注重设计方案的优化，在优选建设模式，优化技术方案的基础上，固化了一批先进的工艺技术和设备材料，与传统设计相比，投资更省、运行成本更低；在设计手段上，标准化设计采用三维立体配管设计代替常规的二维平面设计，实现计算机自动纠错，大幅度降低了错、漏、碰、缺等设计差错；在设计内容上，标准化设计是经过反复优化、精雕细刻形成的高质量设计产品，并在不断重复利用的过程中扩大了标准化设计的质量效应，设计质量自然得到提高。

（2）采购方面。通过统一和定型了主要的设备材料，解决了传统采购设备种类多且型号复杂的问题,实现集中采购、规模采购,从根本上改变了传统的采购模式,节约了采购成本,降低了综合采购价格,缩短采购周期,全面提升了保障生产和降低投资的能力。

（3）施工方面。由于采用了工厂化预制和模块化的建设,实现了工厂批量化流水作业、现场组装化安装,提高了预制和安装效率,缩短了施工工期。工厂化预制减少了恶劣天气和施工环境的影响,消除了施工的"淡季",实现了四季均衡生产。同时,由过去大量的现场零散人工施工作业变为预制厂批量化、流水化施工作业。预制厂加工和检验设备先进齐全,施工环境良好,易于实施精细化管理和全过程质量控制,促进了施工质量的提高。

（4）运行管理方面。通过生产运行数据自动采集、生产过程自动监控、紧急状态自动保护、生产场所智能防护、油气田统一调度管理等功能,促进油气田生产组织和管理模式向数字化、扁平化的转变,保障了油气田生产安全,提高了生产效率。同时,优化生产流程和业务管理流程,生产组织方式和劳动组织架构,减少一线用工、改善劳动条件,提升管理和决策水平。

第二节　储气库标准化设计

储气库标准化设计可以进一步按照"统一工艺流程、统一场站分类、统一模块划分、统一平面布局、统一设备选型、统一建设标准、统一视觉形象、统一三维配管、统一施工技术要求、统一技术规格书"这"十统一"的技术路线,系统分析,从个性中找出共性规律,最终形成统一技术规定、中小型站场定型图和模块定型图、施工技术要求文件、技术规格书。

一、工艺流程定型

（1）必要性。

针对不同的油气原料特性和不同的净化产品需求,可能存在多种生产方法;同一种生产方法,又存在更多种工艺流程可供选择。工艺技术的确定和工艺流程设计是工艺设计的核心。

在整个设计中,设备选型、工艺计算、设备布置、产品指标等工作都与工艺技术和工艺流程有直接关系。只有工艺技术和工艺流程确定后,其他各项工作才能开展。因此工艺技术和工艺流程的定型是开展模块化定型设计的先决条件。

（2）可行性。

不同的储气库具有不同的特点,这对实施标准化、定型化和模块化的开发模式、具体技术提出了不同的要求,因此有必要对储气库的基本特征进行分析、总结,归纳出共性,在此基础上开展标准化。经过分析,作为一个系统,储气库具有以下共性特征:

① 都是由若干子系统组成的,尽管各个子系统的性能、功能各异,但它们在结合时都是遵循整体功能的要求,相互协调的;

② 构成储气库的各要素之间是有机联系、相互关联的,它们之间有着相互作用、相互制约的特定关系;

③ 储气库可以按功能分解的原则层层剖分,直至分解为最小的模块。

对于储气库地面建设而言,尽管地下储气库按地质对象分为枯竭油气藏型、含水层型和盐穴型几种类型,且它们的地质物理参数各不相同,但在储气库建设方面它们仍具有一些共同的特性。如生产井和注气井的数量和产量、日采气量和注气量、采气气体温度和压力、注气压力、采出气体组分(凝析液和水分含量)等。它们都以某种方式影响技术方案的确定。对各种地下储气库而言,天然气采集、分配和处理工艺设计上的区别并不在原理上,而在具体构成和设备上。这就为地下储气库的建设从工艺流程设计到设备选择实现技术方案的标准化提供了可能性。

具体来说,对于不同储气库,存在功能相似或相同的生产单元,如天然气三甘醇脱水单元,相关公用工程单元等也大都存在共性。对于同类的储气库,相同或相似的元素就更加普遍,这些都是可标准化的,是开展模块化设计的基础。

基于上述原因,储气库可以在不同程度上开展标准化、定型化工作,并均可按照功能分解的原理对结构或系统进行模块的划分和组合,开展模块化设计。

因此,以定型设计为基础,储气库工程设计产品的形成可以用以下关系式来表示:设计文件 = 定型部分 + 准定型部分 + 专用部分。

根据储气库的不同特点,进行不同程度的定型设计、准定型设计及专用设计。

为统一中国石油内部储气库建设标准,提高设计效率,中国石油发布了《气藏型储气库地面工程标准化有关技术规定》《气藏型储气库地面工程初步设计编制规定》《气藏型储气库地面工程标准规范清单》《气藏型储气库集注站总平面布置及建筑标准化设计规定(试行)》等4项技术规定,发布了典型工艺流程图等2套标准化图纸。

二、模块化设计

油气田地面建设领域的模块化设计是指对于一定范围内的不同功能,或者相同功能条件下不同性能和规格的设计对象,在对其进行功能分析的基础上,划分并设计出一系列的功能模块,通过对模块的选择和组合,可以构成不同种类的站场定型图,以用来满足生产的不同需求。

与传统的设计方法相比,模块化设计具有如下特点:

(1)模块化设计面向设计成果系统:传统的设计方法都是针对某一专项的任务,从设计对象的具体功能、具体结构出发进行设计,而模块化设计方法则是面向某一类型的设计成果系统。

(2)模块化设计是标准化设计:传统的设计方法为专用性的特定设计,而模块化设计的对象则是一种通用设计,各种模块可在各种工程中通用,在设计过程中需要全面系统地理解并运用标准化理论。

(3)模块化设计程序是由上而下:传统的设计方法主要着眼于功能设计、详细设计,它的基本特征是由下而上的。而模块化设计首先着眼于模块的方案设计而不是详细设计,在模块的方案设计评审和决策后才进入详细设计,是由上而下的进行设计。

(4)模块化是组合化设计:传统设计的构成模式是整体式的,而模块化设计的构成模式则是组合式的,其组合的单元常作为定型文件而存在,在设计的过程中需要充分考虑系统的协调性、互换性及组合性。

(5)模块化设计需要以一定的新技术为支撑:传统设计主要凭借扎实的专业功底和丰富的设计经验,而模块化设计仅有这些是不够的,必须对系统工程的原理和方法、标准化、模块化理论和方法等有较全面的理解,全面了解预制、施工、吊装、运输等各环节的工作要点,才能够设计出一个有生命力的模块化系统。

(6)模块化设计有两个对象:传统设计的对象为设计产品,而模块化设计的产物既可以为设计产品,也可以为模块。可以说传统的设计方法及其思想提供了供模块化设计借鉴的理论基础和实践经验,而模块化设计将传统的设计方法提升到了一个更高的层次,因此,模块化设计和建造技术的核心思想就是:以少变应多变,以模块化应付外部的个性化及多样化,用少量的模块品种组合成较多的设计产品,以便高效、优质、最大限度地满足不同生产的需求。

(1)模块。

模块是可组成系统的、具有某种确定功能和接口结构的通用独立单元,是模块化设计和制造的基本功能单元。模块是设计、制造、运输和管理的基本单元,也是模块化设计与制造所研究的基本对象。模块具有如下含义:

① 模块是系统的组成部分。

② 模块具有确定功能的单元。

③ 模块是一种标准单元。

④ 模块具有能构成系统的接口。

模块具有三大特征:

① 相对独立性,可以对模块单独进行设计、制造、调试、修改和存储,这便于由不同的专业化企业分别进行生产。

② 互换性,模块接口部位的结构、尺寸和参数标准化,容易实现模块间的互换,从而使模块满足更大数量的不同产品的需要。

③ 通用性,实现跨系列模块的通用。

一般来讲,与模块相关的名词包括:

① 功能模块:功能模块是具有相对独立的功能,同时具有功能互换性的功能部件,其性能参数和质量指标能满足通用、互换或兼容的要求。

② 结构模块:结构模块是指具有尺寸互换性的结构部件,其安装连接部分的几何参数满足某种规定的要求,并且能保证通用互换或兼容,在许多情况下,结构模块是不直接具备使用功能的纯粹的结构部件,即只是某种功能模块的载体。

③ 单元模块:针对生产单元建立的模块,单元模块是既具有功能互换性,又具有尺寸互换性,它是由功能模块和结构模块相结合形成的单元标准化部件,是两者的综合体。

④ 模块接口:描述模块组合时相互间几何、物理关系的结合面,其标准化决定着模块的通用化程度。

⑤ 定型模块:定型模块是系统分解而得到的典型化、通用性很强的模块,它不但具有相对比较稳定的结构,还是形成系列模块的基础。

⑥ 准定型模块:在定型模块的基础上,针对特定的功能需求改变定型模块某些功能、结构和参数而派生出来的模块。

⑦ 专用模块:根据实际生产需要而重新设计的具有较强个性的功能模块。

(2)模块化。

　　模块化是以模块为基础,综合了组合化、集成化、系列化的特点,解决复杂系统类型多样化、功能多变的一种标准化形式。模块化是标准化设计工作的核心方法,体现在标准化设计的整个过程,包括模块化设计、模块化制造和模块化装配。

　　在模块化设计中,模块分为具有功能属性的功能模块和具有结构属性的结构模块两种类型,同一种功能模块经过结构化设计产生出多个结构模块,模块化方案的设计实质上是在生产需求的驱动下,完成功能模块的选择和结构模块的设计。

　　模块的划分应该在功能独立的前提下划分模块,把产品分为若干单元,把这些单元称为功能模块,由功能模块系统来实现产品的总功能。模块分解与组合示意图如图7-2-1所示。

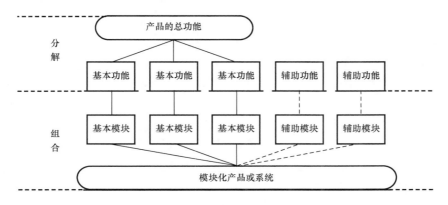

图7-2-1　模块分解与组合示意图

　　模块化的目标是建立模块系统和模块设计成果文件系统:建立模块系统是实施模块化设计的前提,形成模块化设计成果文件系统则是模块化的最终目的。

　　(3)具体做法。

　　标准化、模块化设计的具体做法是:将标准化流程按功能分解成模块,模块根据压力、规格、材质等参数形成系列,将系列化模块内的流程、配套设施、安装尺寸固化形成定型图,使用时根据需求将系列化的模块进行组合、拼装,形成完整的设计文件。如井场装置一般有注入泵模块、分离模块、污水模块。在此基础上,将工艺、自控仪表、配电等主要功能进行集成,形成具有多功能的集成模块化装置,如甲醇注入模块、分离计量模块、高架油水罐模块等,将结构及安装尺寸定型化,实现规模化采购,批量预制,减少现场安装量,也便于重复利用。下面列举2个实例说明井场和脱水装置的标准化、模块化设计。

三、注采井场标准化设计

(一)工艺定型

　　典型井场定型工艺流程如图7-2-2所示。

(二)模块化设计

　　在工艺优化和定型的基础上,对井场注采气工艺、设备进行模块化设计,将卧式重力式分离器、角式节流阀、靶式流量计、电动球阀及注气、采气、排污等管线集中安装在一个可移动橇架上。

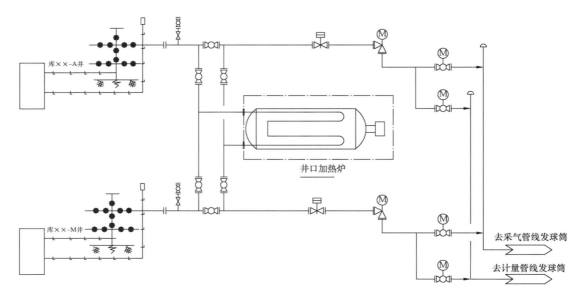

图 7-2-2 典型井场定型工艺流程图

模块的支撑主要分布在分离器及承重管道下方,便于管托、阀门支座的安装。使模块整体重量平均分布在支架上。

卧式重力式分离器包括安全阀、放空阀、液位计、排污阀、注水口等附件。当分离器压力高于设定时,安全阀自动打开,分离器自动泄压。

注气、采气管线分布于分离器两侧,阀门、仪表则布置在分离器两侧的注、采气管线上,以便于管理和操作。

井场出口管线设置高低压报警系统及紧急切断阀,便于出现紧急情况时实现紧急切断,同时保护靶式流量计免受非正常工况破坏。

注采气模块、注采气井场三维效果图如图 7-2-3、图 7-2-4 所示。

图 7-2-3 注采气模块三维效果图

图 7 - 2 - 4   注采气井场三维布置图

四、储气库脱水装置模块化

(一)工艺定型

TEG 脱水装置是常用的工艺技术,也属于较为成熟化、常规化、标准化的工艺流程。本装置主要包含有天然气 TEG 脱水部分和 TEG 再生两大部分;天然气脱水吸收部分主要设备包含原料气进口过滤聚结器、TEG 脱水塔、产品气分离器;TEG 再生部分主要设备包含 TEG 闪蒸罐、TEG 重沸器 & 储罐、贫富液换热器、TEG 循环泵及过滤器、尾气分离器、尾气焚烧炉等设备。TEG 再生加热方式主要包括直接加热工艺和间接加热工艺两种。直接加热工艺采用常压火管加热法,是常用的再生方法之一。

常规脱水单元的典型流程为湿净化气在压力 3 ~ 7MPa(G),温度 40℃ 条件下经过过滤分离器,进入 TEG 吸收塔下部分离段。在塔内原料气自下而上与自上而下的 TEG 贫液逆流接触,脱除天然气中的绝大部分饱和水。脱除水分后的天然气经干气—贫液换热器与 TEG 贫液换热,调压后经系统管网外输首站。产品气压力 2.9 ~ 6.9MPa(G),温度 20 ~ 41℃,产品气水露点 < -5℃(在出装置压力条件下)。

从 TEG 吸收塔下部出来的 TEG 富液经液位调节阀降压至 0.5MPa(G),经 TEG 重沸器上富液精馏柱顶换热盘管换热,然后进入 TEG 闪蒸罐闪蒸,闪蒸出来的闪蒸气调压后去燃料气系统用作工厂燃料气。闪蒸后的 TEG 富液经过 TEG 预过滤器、活性炭过滤器、TEG 后过滤器除去溶液中的机械杂质和降解产物,然后经 TEG 贫富液换热器换热后进入到富液精馏柱中。气提气从贫液精馏柱下端进入。TEG 富液与重沸器来的水汽和气提气在富液精馏柱中接触,TEG 富液在富液精馏柱中被提浓,然后进入到 TEG 重沸器中被加热至 202℃ 左右,经贫液精馏柱二次气提后经缓冲罐进入 TEG 贫富液换热器换热到 80℃,经 TEG 循环泵送至干气—贫液换热器,冷却至 48℃ 左右进入吸收塔顶部,完成 TEG 的吸收、再生循环过程。

TEG 富液再生产生的废气(主要为水蒸气、CO_2、微量烃类)经废气分液罐后排入大气。

设有溶液补充系统,以在生产运行过程中及时补充 TEG 溶液。工艺流程示意图如图 7 - 2 - 5 所示。

基于现有工程工况,脱水单元定型规模可以分为设计湿净化气处理量 $150 \times 10^4 \text{m}^3/\text{d}$、$300 \times 10^4 \text{m}^3/\text{d}$、$600 \times 10^4 \text{m}^3/\text{d}$ 等类型。

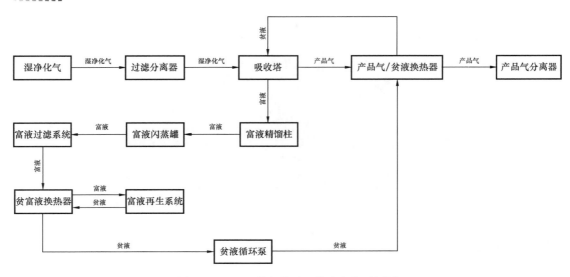

图 7 - 2 - 5　脱水单元工艺流程定型框图

(二)模块化设计

对于 TEG 脱水装置,由于 TEG 脱水塔和尾气焚烧炉比较高,不适宜开展模块化以外,过滤分离和再生部分的设备尺寸相对来说均比较适中,适合做模块化定性设计。以 150×10^4 m³/d 及 300×10^4 m³/d 的天然气脱水单元为例。

该装置的整体布局,考虑到 150×10^4 m³/d 及 300×10^4 m³/d 的天然气脱水站均为 4 级以上站场,根据 GB 50183—2015《石油天然气设计防火规范》的要求,明火设备 TEG 火管式重沸器必须要和 TEG 脱水塔或其他气体处理设备的间距最小保持 15m 以上的要求,因此把装置分为高压气体模块和 TEG 再生模块,将 TEG 配制罐放置在两个模块之间,以减少整个装置的占地。

表 7 - 2 - 1 为 TEG 脱水装置的模块化清单,包含了模块的划分情况,每个模块包含的主要设备和设施情况。

TEG 脱水装置模块化装置整体布局三维图如图 7 - 2 -6 所示。

表 7 - 2 - 1　TEG 脱水装置模块化清单

序号	模块名称	主要设备/设施	数量/个	长×宽×高(m×m×m)	备注
1	天然气过滤及分离模块 1	原料气过滤聚结器、产品气分离器及 TEG 富液闪蒸罐	1	$10.0 \times 3.5 \times 3.0$	一层
2	天然气过滤及分离模块 2	计量阀组、调节阀组	1	$10.0 \times 3.5 \times 3.5$	二层
3	TEG 再生模块	TEG 火管式重沸器、缓冲罐、循环泵、贫富液换热器、前过滤器、活性炭过滤器及机械过滤器、尾气分液罐	1	$11.0 \times 3.5 \times 3.5$	一体化集成模块
4	TEG 补充罐模块	TEG 补充罐	1	$8.0 \times 3.0 \times 3.0$	无底座橇

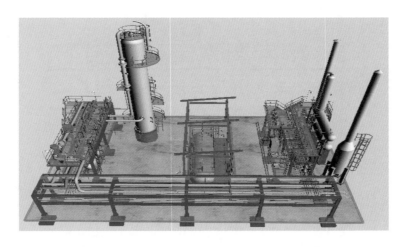

图7-2-6 TEG脱水装置模块化装置整体布局三维图

对于天然气过滤及分离模块,根据安全规范的要求、工艺流程的特点、设备及管道阀门的操作特性,考虑了模块的吊装、运输及现场组装的方便性等方面的因素,对这部分的模块进行了两层的布置设计,一层模块主要包含原料气过滤聚结器、产品气分离器、TEG富液闪蒸罐、进口阀组及设备底部相应的排污管线阀组;二层模块主要包含出口产品气计量、不合格产品气的关断放空、燃料气调压阀组、TEG脱水塔底部富液调节阀组等设施。一层主要是布置设备,可以实现设备的集中布置和操作;二层主要是阀组的布置,这样二层的重量比较轻,利于结构设计的优化和减少钢结构的用量,如图7-2-7所示。

对于TEG再生模块,根据工艺流程的特点,便于设备及管道阀门的操作特性,尽量减少模块的拆分,并考虑了模块的吊装、运输及现场组装的方便性等方面的因素,将TEG再生系统按照一体化装置的形式来进行,并集成了TEG再生系统所有的设备和关键设施,且满足模块集成最大化、便于安装、操作及检维修、运输、吊装等的要求。

图7-2-8为TEG再生模块的三维模型图。

对于TEG配制罐模块,由于设备及配管相对比较简单,无需设置专门的底座,设备和顶部的操作平台将一起成橇,便于现场快速的安装就位。

五、模块化设计关键技术与方法

(一)模块划分和总体布置技术

结合储气库的特点,根据功能、工艺流程顺序、操作特性、防火防爆分区、安全距离等因素,综合考虑模块化装置的划分、构成和设备布置。应尽可能将相同、同类或类似设备或工艺安装集中模块化布置。

储气库模块化可以采用平铺布置和分层布置。在分层布置中,宜将重量相对较大、规格尺寸较大的设备置于下层布置,配管及重量较轻的设施置于上层;设备布置时还应考虑液体的自流及泵的吸入条件等因素;对于操作性少的设施也宜布置于上层;布置应特别注重维检修及安全逃生通道的设置。

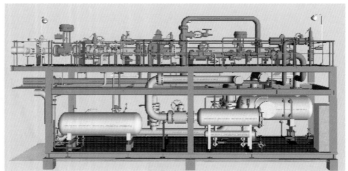

(a) 立面图

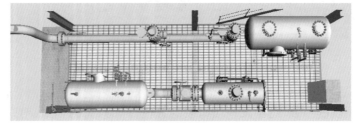

(b) 一层俯视图

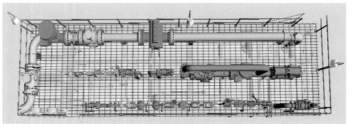

(c) 二层俯视图

图 7 - 2 - 7   天然气过滤及分离模块三维效果图

图 7 - 2 - 8   TEG 再生模块的三维模型图

（二）模块拆分技术

为满足模块的运输条件，往往需要对模块进行拆分，形成便于运输的子模块、单体模块或模块组件。模块的拆分需要综合考虑工艺流程、模块规格、模块接口、模块重量和重心、运输规格要求、车船运输能力、道路条件、运输成本、现场吊装能力、现场可施工性，以及安装顺序等确定最优方案。一般情况下，在总图专业、工艺专业、设备专业、管道专业、结构专业、包装运输专业等多专业人员协同下完成。

（三）模块接口技术

对管道在模块间的分割断开，制定统一的接口原则和技术要求。如，管道接口根据不同要求采用焊接、法兰连接和螺纹连接，接口长度便于施工安装等。同样，对电气、仪表专业在模块中的设计，也制定统一的连接和接口规则。

（四）钢结构及基础优化设计技术

在模块化设计中，将部分设备和管道的基础和支撑集成在模块钢结构内，优化、简化了结构混凝土基础的设计，减少了结构基础的种类，简化混凝土基础施工，提高模块的集成度，进一步提升建设效率。

（五）三维协同模块化设计技术

首先，需要建立形成完善的管件、结构和设备的原件库；在此基础上，进行系列化的单体模块设计、单元模块设计，并建立形成相应模块库。通过单体模块的拼接组合形成单元模块，通过单元模块拼接组合完成站场设计。

通过全面采用三维协同设计平台，实现多专业协同设计，大幅提高设计效率，减少错、漏、碰、缺等现象发生，提高设计质量。分阶段组织开展30%、60%和90%三维模型综合审查，加强与建设单位及生产运行单位的沟通，减少设计问题。

（六）安全评估技术

模块化建设转变了传统建设模式，因此，对安全评估的要求更加严格和全面。根据不同的生产装置特点，开展多项的安全评估。根据 HAZOP（危险与可操作性）分析结果做好模块化装置的安全及可操作性布局；对于危险场所，开展 SIL（安全完整性等级）安全完整性分析，根据生产和操作需求，保证装置安全逃生通道的空间；制造、运输、现场吊装、生产运行等各种工况下的结构整体力学稳定性分析，包括强度、刚度、振动、脉动等的分析；各种工况下管系整体稳性分析，包括应力、振动和噪声分析。

（七）模块化定型设计技术

油气田站场模块化定型设计是在模块化设计的基础上，基于系统分析和标准化的思想，突破传统纵向设计思路，开展横向研究和开发，根据不同类型站场设施的特点，在工艺技术优化简化的基础上，结合工艺定型和设备定型，研发形成的以模块为核心和基本组成单元的面向工厂化预制的标准化、定型化系列设计文件，在条件具备时通过模块拼接组合，直接应用于生产实践。

六、标准化设计在集中采购中存在的优势

标准化设计促进了规模化采购和市场化运作,缩短了采购周期、降低采购成本、提高了采购质量,方便了运行维护。

在标准化设计中,对在用的设备、材料进行普查评价,作为标准化设计定型设备选择的基础;在此基础上,规范和统一了设备和材料选型,为实现规模化采购创造了条件。依据标准化设计确定的定型化设备材料,建立设备材料及采购技术规格书、供货商库,并实现信息共享,为设计优化方案和现场生产维护提供更多的支持。各单位根据产能建设计划,依据标准化设计,对同类设备材料进行归类,提前制定规模化采购计划。物资采购部门有针对性地加强市场形势研究和预测,利用标准化设计创造的有利条件,把握采购时机,节省采购成本。同时,物资采购部门优选供应商,供应商定级与排名。

中国石油集团储气库压缩机标准化采购的实践证明,实施标准化采购是降低压缩机类物资全寿命周期成本的一种有效方法。储气库压缩机标准化采购对降低压缩机类物资全寿命周期成本发挥了重要的作用。为缓解每年冬季出现的天然气供应紧张局面,从履行政治责任和社会责任的高度出发,中国石油选出辽河油田、长庆油田、华北油田、大港油田、新疆油田和西南油气田6个单位,于2010年1月27日启动10个地下储气库建设,新增调峰工作气量$116 \times 10^8 m^3$。其中,储气库的关键设备、压缩机类物资采购存在设备规格多样、采购计划不能有效集中、采购规模不大、设备采购成本高等问题。物资标准化、采购需求标准化是解决问题的关键措施,可以实现资源和市场的更好集中,发挥集中采购对企业降本增效的作用。

(一)传统压缩机类物资采购现状

用户单位在采购压缩机类物资时,为了提高企业安全生产水平,提高设备运行的可靠性与经济性,往往会提出较高的技术要求,要求供货商定制化制造的情况也时有发生,采购压缩机备件时,更是求多求全。这种做法虽然对提升设备运行可靠性有一定帮助,但同时带来了设备规格多样、采购计划不能有效集中、采购规模不大、设备采购成本高等问题,甚至出现用过高的标准采购回来的压缩机性能富余度过大、备件使用率低、周转率差、占用资金费用高,设备规格多样导致管理难度加大等全寿命周期设备管理的深层次问题。中国石油集团对压缩机按一级物资实施集中采购管理,但多数还是按照"一单一采"的采购模式在执行,未能形成采购规模。究其原因,主要是压缩机属工程项目中资金占用大、重要关键物资,采购计划多在项目核准后才能提报,造成压缩机类物资不定期采购的特点。而且由于这类物资在油气田开发、管道、炼化等上中下游的使用工况复杂,用户提出的压缩机技术条件差异较大,用户单位采购需求多样,导致采购计划集中整合难度大,提出的压缩机拟选供应商也大相径庭。例如,同是往复式压缩机,在油气田开发领域,压缩介质多为天然气,结构型式多为高速橇装,驱动机是燃气发动机或异步电动机;在炼化领域,压缩介质多为工艺气体,结构型式为低速重载、油站水站分体布置,驱动机多为同步电动机。压缩机属技术与资金密集型产品,行业进入门槛高,市场供应商资源集中,采购时与供应商议价难度大;加之用户需求多样化,使得压缩机产品标准化程度低,定制情况普遍。这些因素常常导致压缩机一次采购成本较高。另外,按照中国石油集团现有的管理规定,设备采购与管理分属不同的归口部门,设备采购与备件采购也是各有分工。在实

际工作中,备件库存量不科学、周转率低、用户单位间同类别备件互换通用性差等情况比较普遍,造成压缩机后期维护成本较高。

(二)标准化采购

储气库压缩机是项目建设中的长周期设备和关键设备,在采购数量多、总采购金额大、涉及用户单位多、采购需求多样、采购周期短的情况下,中国石油集团总部坚持集中采购,执行标准化采购策略,取得了突出的成绩。

(1)统一技术规格和需求,有效集中资源与市场。

标准化是为了在既定范围内获得最佳秩序,促进共同利益,对现实问题或潜在问题确立共同使用和重复使用的条款以及编制、发布和应用文件的活动,也是企业加强生产经营管理的一种有效方法。物资采购标准化工作有两个很重要的内容:一是采购需求标准化,二是物资标准化。采购需求标准化主要是解决用户提出的技术规格和技术标准的统一问题,物资标准化主要解决物资规格多样和不规范问题。只有实现采购需求标准化和物资标准化,才能实现资源和市场的有效集中,才能更好地发挥集中采购对企业降本增效的作用。统一各储气库压缩机的设计条件,制定并执行统一版本的储气库压缩机技术规格书,减少各用户单位的需求差异,最大程度地统一设备选型,有效集中资源与市场,奠定标准化采购基础。标准化采购实施后,47台储气库压缩机规格只涉及 Ariel/KBU6 一种机型(表 7-2-2)。

表 7-2-2 中国石油集团储气库第一批注气压缩机组机型

储气库名称	数量	压缩机型号
辽河双 6 储气库	8	Ariel/kbu6
华北苏 1 储气库	2	Ariel/kbu6
华北苏 4 储气库	6	Ariel/kbu6
华北苏 49 储气库	2	Ariel/kbu6
大港油田板南储气库	3	Ariel/kbu6
西南相国寺储气库	8	Ariel/kbu6
新疆呼图壁储气库	8	Ariel/kbu6
长庆陕 45 储气库	2	Ariel/kbu6
长庆榆林南储气库(试验)	2	Ariel/kbu6
长庆榆林南储气库	6	Ariel/kbu6

(2)通过战略协议锁定主力供应商,保证物资质量与价格。

通过签订战略采购协议,与实力强、信誉好的供货商建立稳定的物资供应渠道,保持长期而稳定的合作关系,从而确保物资质量优、价格低、服务好。框架协议中明确了国外供货商关于价格优惠和技术合作等承诺内容,47台压缩机最终采购金额节资率在20%以上,并承诺"3年内提供本项目的压缩机报价不高于销售给任何其他公司价格";在技术合作上,走技术与贸易相结合的路子,促成国外供货商与中国石油集团压缩机制造企业——成都压缩机厂签署成橇技术合作协议,为推进设备国产化铺平了道路。

（3）集中建立备件库,国内专业厂家负责设备维护。

储气库压缩机备件采用集中采购、集中储备与专业厂家运行维护的模式。按照"统筹管理、控制规模、科学分布、统一调配、供应及时、保障生产"的原则,确定了储气库压缩机主机、压缩缸、联轴器、电动机、空冷器、机组阀门、机组仪表、机组电气8个大项近1000小项的备件集中储备清单(表7-2-3),覆盖了6个油田用户采购与管理需求。同时在成都压缩机厂建立备件集中储备库,按照市场化原则提供备件配送和专业化压缩机维修服务,创新了设备管理模式,也进一步检验并巩固了压缩机标准化采购成果。

表7-2-3 储气库压缩机备件集中储备分类

备件类别	数量、规格、型号	备件集中储备项数
主机部分	47台,1种,Ariel-KBU6	220
压缩缸	294只,11种,Ariel	491
电动机	47台,3种,Seimens	10
联轴器	47台,1种,GCH-1100-92	4
PLC控制柜	47台,1种	21
MCC柜	47套,3种	31
就地仪表、控制间	约3800只,99种,FISHER/CAMON	117
手动阀	约3100只,53种,WKM	53
空冷器	47台,1种,AIR-X-LIMITED	13
总计		960

(三)成效

实施标准化采购可以增强企业的资源获取能力,降低库存规模,减少资金占用,可防止陷入非标采购、缺乏竞争的困境,有效降低设备全寿命周期成本。

（1）投资成本。

中国石油集团实施储气库压缩机标准化采购,压缩机的一次采购成本大幅下降,节资率达到20%以上,这是任何一个油田用户单独采购都享受不到的价格,各用户单位通过标准化采购得到了实惠。实施标准化采购,通过签署战略协议锁定主力供应商,可长期保证采购产品的质量和价格优势。在中国石油集团储气库压缩机第二轮集中采购时,依然执行了所签订的战略协议,成果被各用户单位继续享用。

（2）维护成本。

压缩机备件如果由中国石油集团各用户单位分散储备,初步估算备件项数将达到3100项,势必导致总采购金额高、品种较少、重复储备率高、使用效率低的问题。集中储备优化了方案,将所需备件项数减至1000项,增加了20%的备件品种,还储备应对压缩机突发故障所需的主要部件,提高了整体的保障能力。而且备件实际采购金额约为预算金额的20%,节资效果非常明显。

七、视觉形象标准化

2010 年,面对中国石油规划建设的第一批储气库项目,为规范气藏型储气库集注站总平面布置,统一建设标准和视觉形象,控制建设投资和运行成本,加强安全生产和环境保护,提升地面建设整体水平,促进储气库集注站与周围环境的和谐,展示先进的企业文化,中国石油制定了《气藏型储气库集注站总平面布置及建筑标准化设计规定》,给出了一般情况下储气库集注站常用的几种典型站场平面布局及配套建筑单体。按照规模不同编制有 6 个系列的集注站总平面布置图及鸟瞰图,编制的系列建筑单体图及效果图包括:4 个系列控制中心、5 个系列辅助用房、4 个系列注气压缩机房、4 个系列 35~110kV 变电所。集注站分区布置,将整个站场划分为辅助生产区、生产装置区、变电所和放空区,典型的集注站鸟瞰图如图 7-2-9 和图 7-2-10 所示,以《中国石油油气田站场视觉形象标准化设计规定》为基础,确定了储气库门卫及安全教育室、控制中心(综合楼)、变电所的视觉形象,效果如图 7-2-11 至图 7-2-13 所示,该设计在中国石油内得到了推广应用,统一了不同设计院的设计风格,树立了良好的企业形象。

图 7-2-9　含 1 套采气装置、3 台注气压缩机集注站鸟瞰图(平屋顶)

图 7-2-10　含 1 套采气装置、12 台注气压缩机集注站鸟瞰图(平屋顶)

图 7 - 2 - 11　门卫及安全教育室效果图

图 7 - 2 - 12　控制中心(坡屋顶)效果图

图 7 - 2 - 13　变电所效果图

图 7 - 2 - 14   100 人小型公寓示意图

第三节   模块化建造

模块化建造技术是目前世界上最先进的工程建设技术之一,在提高工程质量、保证施工进度、提高安全环保水平、节约建设成本、改善施工人员作业环境等方面,均较传统以现场施工为主的建设方式表现出极大的优势,是工程建设的一次技术"革命"。模块化建造技术的优势正日益凸显,逐渐成为现代标准化建造技术的前沿和核心。

针对传统的施工方式以建设现场施工为主,预制率低,施工工序不能并行开展,现场工作量大、作业环境差、效率低、施工质量保证困难等问题,开展模块化建造。转变传统的串行施工组织方式为并行施工组织方式,打破传统作业队建制,实现工厂化批量预制、多生产线同时运行。设计、采购、预制、安装、现场施工等环节深度交叉。

一、模块化建造关键技术

模块化建造主要包含模块工厂化建造、包装运输和现场安装等环节。在多年的模块化工程建设实践中,中国石油已经建立形成了模块化建造的关键技术体系。

(1)模块工厂建造技术。

建立预制安装管理系统子模块和模块组件的工厂预制、预组装技术;工艺模块相关的电气、仪表、防腐等的工厂化预制技术;模块预制过程中的误差控制技术,包括采用先进的定位设备、采用合理的焊接工艺及合理设置黄金焊口等。

(2)模块工厂建造管理技术。

建设模块建造管理平台,根据三维模块化设计图纸,合理安排管道、结构和设备等工厂智能化、流水化预制。科学开展模块预制生产质量管理（ITP）、进度管理、安全管理、材料入场检验管理、物资采购管理，以及模块出厂验收（FAT）等管理技术。

（3）模块包装技术。

根据模块不同的运输要求及其他特殊要求，设计采用裸装、雨布包裹、木箱包装或铁皮包装。需要防潮、防腐保护时，可采用锡箔袋、干燥剂或抽真空。模块包装技术的重点是防撞、防倾覆保护设计及防松脱保护设计。

（4）模块吊装及运输技术。

运输技术包括确定运输限制条件、运输路径、运输方式、运输速度及加速度、运输保护和防变形等；模块吊装技术包括确定重心位置、重量、吊点、吊耳设计、专用工具、起吊方案，以及模拟吊装过程中的横摆角度、柔性变形等。

（5）模块现场安装技术。

包括模块和设备的安装顺序、钢结构总装技术、大型设备的安装技术，以及模块整体和局部安装误差的控制技术等。

（6）制造和安装的计划制定与控制技术。

以现场土建施工与模块预制安装平行施工为主线制定项目计划，制订模块制造、工厂组装和现场安装的专项计划，制造和安装的内容、程序、持续时间、衔接关系与进度总目标、资源优化配置是并行施工的关键。计划制订充分考虑设计可行性、人员、施工资源、原材料的到货进度、流程逻辑性、季节、其他专业施工进度等因素的影响。

二、模块化建造与现场安装的经济性比较

（1）采购及施工费用。

采用传统的现场安装时，虽然对设备的单独采购成本较低，但由于还要经过现场的组装、检测和调试等环节，必然会引起人员培训费用、设备现场安装费用以及现场调试费用。

而采用模块化成套的设备采购成本虽然较高，但专业化的制造有效地控制了设备的组装、检测的成本，大大地降低了现场施工费用，节省了过去现场安装的各项费用及电气焊设备、工完余料等的往返运输费用。由于设备出厂前进行了全面的检测工作，现场调试的工作量小，调试费用低。

（2）维护费用。

现场安装施工，由于供货商不止一家，对设备出现的问题以及备品备件的采购，需要供货商提供足够的技术支持，后续的运行维护费用和管理费用较高，一般约占设备采购总成本的10%～15%。

模块化装置由于整体供货，一旦出现问题可由供货商及时解决，提高了运行的稳定性和维护的可靠性，有效降低了维护费。维护费一般约占设备采购总成本的5%。

（3）重复利用性。

由于采用现场安装，设备多且型号复杂，对单一的大型设备拆卸重复利用时，往往会出现设备的损坏，导致设备不能二次利用，据不完全统计，采用现场安装的方式，设备的重复利用率为40%。

　　而采用模块化安装后,由于设备的可移动性、可靠性、稳定性增强,橇装模块可多次、多地重复整体搬迁使用,在拆卸的过程中也避免了对设备的损坏,使得设备的复用利用率高达90%。

第八章　信息化、数字化、智能化建设

储气库信息化、数字化、智能化建设就是深度融合信息技术与自动化技术,建立覆盖储气库地下、井筒、地面生产各环节的生产物联网系统和智能化生产经营综合管理平台,满足油气田公司、采油采气厂(或储气库管理中心)、储气库三级用户的生产管理需求,实现数据采集、远程监控、运行分析与辅助决策、设备完整性管理等功能,促进生产方式转变,提升管理水平和综合效益,改变传统的业务模式,按流程构建新型劳动组织结构,减少管理层级,实现扁平化和精细化管理,目前在数字化建设方面已取得了较大成效,并初步构建了智能化建设框架结构。

第一节　信息化、数字化建设

一、信息化、数字化建设现状

储气库信息化、数字化建设的原则是:坚持"统一规划、统一标准、统一管理"的原则,以业务需求为导向,配合劳动组织的优化,适当减少或合并岗位设置,从而实现管理创新、减少劳动用工、改善劳动条件。遵循低成本原则,除因特殊生产工艺及流程要求外,应尽量采用国内主流技术和国产设备。

信息化、数字化建设的内容为根据储气库地面信息化、数字化、建设标准要求,利用物联网技术,建设数据采集与监控子系统、数据传输子系统以及储气库管理信息系统,实现注采井、注采阀组、集注站、输气站、阀室等生产数据、设备设施状态信息的集中管理和控制,提高决策的及时性和准确性,降低运行成本。

(一)管理层级与职能

储气库信息化、数字化建设覆盖油气田公司、采油采气厂(或储气库管理中心)、储气库三级管理层级。一般在储气库设置生产管理中心、采油采气厂(或储气库管理中心)设置生产调度中心、油气田公司设置生产指挥中心。

储气库生产管理中心负责对整个储气库生产流程进行监测,对关键过程进行调度和管理,对生产工艺和工况进行诊断分析,进行应急指挥调度工作,直接监控井及小型站,实现远程控制。通过储气库地面信息化、数字化建设提高储气库对前端(井、小型站)的监控能力。在生产安全允许的情况下,提倡储气库集中监控模式,整体掌控储气库生产运行情况。

采油采气厂(或储气库管理中心)可作为生产调度中心,负责对整个流程进行监测,对生产工艺和工况进行诊断分析,对生产计划和配产进行综合分析等工作。信息化管理系统实现产量对比,注采气量统计,各类报警预警提示,视频显示等功能。通过生产实时监控和智能工况诊断分析,及时发现生产问题,实现精细化管理,减少停工时间,降本增效。

在油气田公司可设立油气田公司生产指挥中心,负责整体监测并进行应急指挥调度,及时发现地面设施、管网中的问题,进行整体优化和提升。

(二)子系统与功能

储气库地面信息化、数字化建设宜包含三个子系统:数据采集与监控子系统、数据传输子系统、生产管理子系统,系统总体架构如图8－1－1所示。

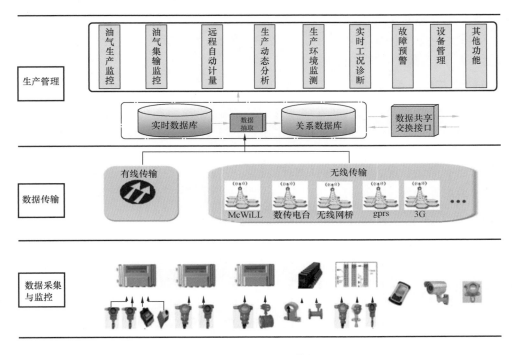

图8－1－1　系统总体架构

(三)数据采集与监控子系统

采用传感和控制技术构建的储气库生产各环节的生产运行参数采集、生产环境监测、生产过程控制和设备状态监测的系统。主要实现参数自动采集、环境自动监测、设备状态自动监测、生产过程监测及远程控制等功能。

参数自动采集实现储气库各环节相关业务的生产数据采集;环境自动监测实现视频、可燃气体、有毒有害气体浓度等信息的采集和告警;设备状态自动监测实现设备的标识、位置、工作状态等信息的采集与监视;生产过程监测提供气井监测、注入井监测,实现站库场、集输管网的生产对象的工艺流程图实时数据显示和报警;远程控制及气井远程关断控制等。

主要采集各类生产场所、装置的生产运行数据,包括温度、压力、流量、液位、组分、电流、电压、功率、载荷等。由人工采集数据和自动采集数据两部分组成。人工化验或记录的数据、生产过程的一些管理数据由人工录入系统,井场、站(厂)、管道等数据采集和监控采用SCADA系统、DCS或PLC自动采集。

数据采集与监控子系统采用模块化建设思路,由远程终端装置、站库监控系统、区域生产管理中心三部分组成。

(1)远程终端装置(RTU):完成井场数据采集、处理和控制,并上传数据至所属站场监控系统,接受其控制指令。在井口部署自动化传感器和执行器,实现生产数据自动采集,实时监测注采井生产状况。合理设计自动化控制能力,如远程启停、紧急关断等,满足现场生产需要,保障现场生产安全。

（2）站库监控系统:站库监控系统完成本库及其所管辖井场的数据采集和集中监控,并上传数据至区域生产管理中心。

（3）区域生产管理中心:接收站场监控系统的数据,实现对区域所辖井场、站库和管道的生产运行数据存储、集中监视和管理。

（四）数据传输子系统

采用无线和有线相结合的组网方式,为数据采集与监控子系统和生产管理子系统提供安全可靠的网络传输通道。储气库地面信息化建设中的传输系统所承载的业务数据主要包括实时生产数据、控制命令数据、视频图像数据及语音数据。数据传输子系统的设计、建设要充分考虑储气库已有网络状况,适应当地自然环境和发展需求,实现模块化建设。数据传输子系统要具备自动监测通信连接状态的功能,并具备断点续传能力。

（五）生产管理子系统

采用数据处理和数据分析技术构建的涵盖生产过程监测、生产分析、预警预测、地面工程管理、物联设备管理、数据管理等功能的管理系统。

生产管理子系统提供储气库运行管理、地理信息管理、生产过程监测、生产分析与工况诊断、设备管理、视频监测、报表管理、数据管理、辅助分析与决策支持、系统管理、运维管理等功能。生产管理子系统基于云技术开发建设,将各功能封装成功能模块,以实现系统的高效部署、灵活应用与便捷交互。

（六）信息化、数字化建设方法

储气库地面信息化、数字化建设按项目启动、需求分析、详细方案设计、系统配置与测试、数据准备与用户培训、系统上线和验收 7 个阶段开展实施。

以下从系统架构、数据采集与监控子系统、数据传输子系统、生产管理子系统、数据管理、信息安全、数字化建设 7 个方面详述储气库地面信息化、数字化建设方法。

1. 系统架构

数据采集与监控子系统部署在井场、储气库层级,对生产现场的数据进行采集,并实现监控功能;数据传输子系统部署在井场、储气库等层级,采用有线及无线方式实现数据通信;生产管理子系统部署在采油采气厂（或储气库管理中心）、油气田公司及总部,满足各级人员的油气生产监测、分析诊断、预测预警等需求。

2. 数据采集与监控子系统

该系统可按两种模式设置,模式一为集注站集中监控,SCADA 系统建在集注站,对下辖所有井、站、管道进行集中监控,储气库对下辖生产单元实施统一集中监视管理。模式二为储气库对无人值守井、站实施统一监控,SCADA 系统建在储气库,对无人值守井、站、管道由储气库集中监控,有人值守站厂自设监控系统。储气库对所辖生产单元实施统一监视管理。数据采集与监控子系统建设要考虑采集与监控参数、物联网设备关键参数、数据存储及接口、监控系统、组态界面、视频监视等。

3. 数据传输子系统

数据传输子系统网络包括以下三部分：从注采井场、站场监控中心至储气库生产管理中心部署生产网，可延伸至采油采气厂或油气田公司层级；从储气库生产管理中心至采油采气厂级生产指挥中心、油气田公司级生产调度指挥中心部署办公网（局域网）；从油气田公司级生产调度指挥中心至集团公司部署办公网（广域网）。

办公网网络建设要根据储气库地面信息化需求，由网络建设管理单位负责完善。各储气库应根据网络现状及需求确定生产网网络边界的位置。生产网应采用核心层、汇聚层、接入层的层次化架构设计，采用环型拓扑结构组网，在关键主干链路环节设备采取备份冗余模式。

传输系统的功能和方案以各储气库规模、现有通信设施、实际业务需求为依据，选择适合的技术和网络结构。传输系统应具有统一、规范、开放的数据接口，支持标准的通信协议，能够与其他相关系统实现可靠的互联。储气库应结合实际情况选择租用或自建有线链路，租用链路应满足系统的最低数据传输需求，自建链路应满足《油气田地面工程数字化建设规定》要求。无线传输网络建设应遵循国家无线电管理委员会的有关规定，频率应根据储气库当地已使用的频率资源来规划与确定，应充分利用已经申请到的无线频率资源。

有线传输网络技术选型应符合 Q/SY 1335—2010《局域网建设与运行维护规范》中相关规定。受地理环境的制约，在运营商有线链路不可达或不具备自建有线链路条件的接入层网络节点，可采用无线传输方式。无线传输网络应根据各储气库自然环境、业务需求和已有无线网络情况，通过现场勘查和测量进行覆盖、带宽、频率、容量等方面的规划，综合考虑施工难度、建设投资的成本和效果，并结合各类无线传输技术特点，选用适合的无线通信技术进行组网。

4. 生产管理子系统

该系统部署在办公网，可按照以下两种模式设置，模式一在油气田公司设置系统服务器，供油气田公司、采油采气厂、储气库共同使用，在储气库设置实时数据库。模式二对于因跨省、地域广、环境复杂等原因而与油气田公司不能保持可靠稳定网络通信的采油采气厂，可在采油采气厂设置生产管理子系统服务器，供采油采气厂、储气库使用，储气库设置实时数据库。

系统平台相关要求如下：平台应采用关系数据库作为数据源；平台应支持主流的应用服务器和 Web 服务器；平台应提供对物联网设备信息的展示；平台应支持根据储气库实际的工作日历，对各层级机构的日数据自动进行汇总；平台应支持二次开发，支持与其他系统的融合；平台应支持 Chrome、IE8 以上版本的浏览器；平台应支持多语言版本。

系统硬件相关要求如下：硬件设备应根据各部署点的实际情况、数据量以及用户访问量进行设计、部署和升级；服务器类型包括：前端 Web 服务器、负载均衡器、应用服务器、报表服务器、关系数据库服务器、实时数据库服务器、视频服务器、组态服务器、工况诊断服务器以及服务器相应存储设备等。

5. 数据管理

系统数据模型遵循 EPDM 规范。对于可以复用的 EPDM 数据模型，应直接沿用，在直接复用 EPDM 数据模型无法满足需求的情况下，在 EPDM 原有模型的基础上进行扩展或新建。与统建系统数据接口在总部和油气田公司层级实现。

关系数据库设计要求如下:生产管理子系统中关系库数据模型遵照 EPDM 模型标准扩展,可以复用的模型直接使用,不对模型做修改;无法复用的模型,进行扩展或新建,但具有相同含义的数据项采用 EPDM 原有编码。新建数据表采用两层编码方式进行编码:第一层(分类码),由 2～3 个字母组成数据表分类代码。由于是新建数据表,第一层统一为 PC;第一层码与第二层码之间用字符"_"进行连接;第二层(表名称码),由数据表名称关键英文单词组成。根据实际需要,表名称码前端可包含数据表分类代码。数据表名称的英文单词之间应用字符"_"进行连接;第二层码应以"_T"结尾;新建数据表编码总长度不应超过 30 个字符;在表创建完成前,应为表添加注释。

实时数据交换协议要求如下:数据采集硬件与软件(包括组态软件与实时数据库)之间通信协议宜采用标准或统一扩展的 MODBUS 协议,支持 DNP 3.0 协议。不同数据采集软件(包括不同品牌组态软件与实时数据库)之间数据交换协议宜采用标准 OPC 2.0 协议。同类、同品牌数据采集软件之间数据交换应采用相应软件本身自带数据同步协议或组件。

6. 信息安全

信息化建设中,在集团公司、油气田公司和储气库分布部署的设备机房,应符合 Q/SY 1336—2010《数据中心机房建设规范》中的建设规定,各级部署如下:在集团公司部署的设备机房,宜按照 A 级数据中心机房要求建设或整改;在油气田公司部署的设备机房,宜按照 B 级数据中心机房要求建设或整改。

室外设备安全应满足以下要求:主要仪器仪表宜加装安全防护箱,箱体材料应选用不易生锈、耐磨损的材料,并具有一定承重能力;重点井、重点地区、高危地区、社会敏感地区宜安装摄像头,便于实时视频监测,防止设备被盗;设备宜有备用电力供应。

安全域边界防护应满足以下要求:在生产网与办公网之间部署隔离网闸,保证生产网的安全,隔离网闸是生产网与办公网数据交换的唯一通道;在储气库生产网核心交换机前端部署防火墙设备,以保护储气库内部核心生产网络的安全,抵御来自无线传输网络的安全威胁;宜在生产网储气库核心交换机旁路部署入侵检测设备,并能与防火墙联动,一旦检测到网络攻击行为能通知防火墙进行阻断。

服务器安全应满足以下要求:要对部署油气田公司的应用服务器和数据库服务器安装服务器安全加固产品,提供如强身份鉴别、安全防护、强制访问控制、安全审计、恶意代码防范等安全防护;为服务器安装防病毒软件,提供病毒查杀功能。

操作终端安全应满足以下要求:宜充分利用中国石油已部署的终端安全管理平台,实现对管理终端和用户终端的安全性检查,包括终端安全登录、操作系统进程管理和设备接入认证等;为操作终端安装防病毒软件,提供病毒、木马和蠕虫查杀功能。

短距离无线传输(传感器到 RTU)采用具有传输加密、网络认证及授权和网络封闭等安全措施的短距离传输技术。长距离无线传输(偏远井站 RTU 到有线接入点)数据安全基于信元和信道两方面进行规范:对于有特定需求的油气田公司的重点特殊区域可部署安装信元加密设备;宜采用具有无线链路加密技术的无线传输方式来保障无线信道传输安全,防止系统重要数据通过无线传输网络外泄。

关系数据库与实时数据库安全应满足以下要求:为油气田公司的关系数据库部署数据库防护网关,实现对关系数据库强身份认证、数据加密、访问控制等安全防护措施;使用数字证书作为数据库系统身份认证方式;强制规定密码复杂度规则、密码有效时限、密码长度、密码尝试次数、密码锁定等;仅设置一位管理员具备系统权限,其余数据库账号仅授予能够满足使用需求的最小权限;对实时数据库采集器采取冗余措施,使得单点故障不会中断数据采集,避免脚本故障切换数据丢失,以保证数据完整性;对实时数据库管理员和用户的登录、操作行为进行审计;监视数据库系统安全漏洞补丁情况,及时安装安全补丁。

7. 数字化建设

储气库数字化系统应由数据库层、平台层、基础服务层、综合展现层组成。

数据库层集成系统中涉及的相关数据库应包括基础地理数据、三维模型数据、设备设施基础数据库、应急资源、人文资源数据库、应急相关文件数据库,以及其他生产监控相关的动态数据库。数据库实现对基础数据和实时数据的统一整合。

平台层应使用成熟的云平台产品作为整个系统的基础平台,保证系统运行在一个稳定可靠的平台上。

储气库系统平台建设应整合厂区相关的地理信息资源、设备设施资源、应急资源、隐患等,实现储气库整个厂区的日常安全管理、生产流模拟、应急模拟演练等功能业务。

二、信息化、数字化系统运行维护

随着地面信息化、数字化系统建设的推进,系统业务日益增多,功能日趋复杂。一方面设备种类和数量增多,管理不断细化,另一方面系统涉及面广,容易引发故障的环节增多。信息化、数字化系统运行维护工作可确保系统质量,是系统应用的重要环节,加强运维管理具有重要意义。

信息化、数字化系统的运维管理工作应具备及时性、有效性和计划性,运行维护工作应与储气库现场业务充分结合,与新技术应用充分结合。建立健全运维管理组织,建设专职运维队伍,形成清晰的作业流程及完善的管理层级,实现运维管理方式的优化创新。

(一)日常运行维护管理

前端设备管理:设备管理的目标是及时有效发现设备故障、处理设备故障,提高设备完好率和无故障率,确保前端采集工作顺利进行。其主要工作包括:设备档案管理、设备状态监控、设备现场维修、设备日常维护、设备周期校验与保养、设备故障统计分析。

传输网络:网络设备日常维护负责网络设备的日常管理与维护,如设备清洁、外观检查等,及时掌握网络设备运行情况,发现隐患及时上报生产管理中心并处理。网络资源管理负责规划、分配及管理生产网内的 IP 地址和无线频率资源。网络状态监控及修复负责监测网络运行状态,当发现网络异常时,派发作业工单,通知专业维护人员进行维修工作,专业维护人员根据工单内容,进行现场排查与检修,记录作业过程,将维修结果上报生产管理中心。

网络安全管理:是指制定网络安全审核和检查制度,规范安全审核和检查,定期按照程序开展安全审核和检查,其主要工作内容包括:网络安全体系管理、日常网络安全管理、网络安全检查。

系统和数据管理:数据管理指对各类基础数据、实时数据进行日常维护。数据管理的目标是保证数据的及时性、准确性、完整性与一致性,其主要工作内容包括:基础数据管理、数据准确性管理。系统维护指对系统的用户信息及相关软、硬件设备进行维护,其主要工作内容包括:用户管理、软硬件设备日常运行维护、数据备份与恢复、版本更新与系统升级。

(二)突发事件管理

突发事件管理包括编制突发事件处理预案、应急演练、处理突发事件和事件总结4个环节。编制预案包括编制突发事件处理流程和模拟演练方案,有关部门编制所辖区域的突发事件处理预案并上报审批;依照突发事件处理预案的模拟演练方案,应定期组织应急演练;遇到突发事件,各级人员应遵循预案处理问题;突发事件处理结束后要及时总结并编写突发事件处理总结报告,上报相关部门存档。

三、信息化、数字化建设发展方向

储气库自动化系统建设标准高、覆盖面广,设备设施先进,基础设施良好,所以井站采用光缆传输通讯,实现了视频监控和周界防范,基本实现了数字储气库,达到了国内先进水平。储气库生产管理全部采用自控系统管理、控制,自动化程度的提高在一定程度上节约了劳动力,提高生产效率和管理水平。但仍在实践应用的过程中存在着一些不足,例如:

(1)储气自动化系统,服务器、控制站、工程师站、操作员站,操作系统、工控平台分属不同厂商和型号,参差不齐,各系统互通性不高,软硬件维护维修难度大,需进行平台统一整合。

(2)缺乏自有生产实时数据库、历史数据库、数据管理、发布和智能应用分析系统,大部分数据和报表还需人工录入计算,后期数据利用率不高,分析应用程度偏低,离数字化、智能化差距很大[1]。

针对以上不足,建议在以下方面加强储气库生产管理水平。

(1)远程异地自动监控。设立自动化信息专网,将现场井站监控、调度、数据管理迁移至异地,根据网络条件,设立远程中心控制室,实现对现场站库远程异地监控管理、调度,减少现场场站工作人员,提升远程管理水平。

(2)完善信息化基础设施,全面实现数字储气库。在目前储气库自动化程度高、设备设施先进、覆盖面全的良好基础上,加强信息化、自动化基础应用和完善,全面实现数字储气库。具体包括以下方面:

① 实现生产数据桌面化。储气库井站在基本实现了生产关键参数自动采集、关键过程自动连锁控制、生产现场实时视频监控的基础上,需要开展实时、历史数据收集、整理、建库对数据进行有效存储、开发、分析和利用。因此。建立自动化实时数据库、历史数据库、生产管理数据库,按照物联网建设要求规范数据结构,实现生产自动化数据秒级存储、历史数据永久保存,使数据采集、传输、存储、管理达到常态化。

② 实现网络管理桌面化。规划核心办公信息网络,建立网络监控、预警和管理系统,规划区域 Vlan,实现网络设备、服务器、办公计算机、工控设备、视频设备、视频会议终端等网络设备自动 IP + MAC 管理,实时网络监控,为网上办公、视频传输提供了高速、稳定、安全、可靠的网络环境。完善作业区工控冗余内网,架设双向网闸,实现工控网与办公信息网安全、高效数据传输,消除数据鸿沟和信息孤岛,实现生产数据快速传输、共享和应用。

③ 实现业务工作桌面化。根据储气库生产、管理需求,定义业务信息化流程,开发业务信

息应用系统,实现生产业务、管理业务、决策业务等的信息化、桌面化。

④ 实现数字油田桌面化。以储气库实体为对象,以地理空间坐标为依据,通过实时、历史大数据存储和异构数据的融合,用多媒体和虚拟现实技术,建立以储气库工艺流程、生产运行、地理信息、科研管理、决策指挥为基础的数字储气库,实现储气库地上地下的多维空间展示,实现储气库的空间化、数字化、网络化和可视化。达到数据共享化、科研工作协同化、生产运行监控自动化、生产指挥可视化和分析决策智能化,全面实现储气库数字化管理。

第二节 智能化建设

智能储气库是数字储气库的高级阶段,是在充分完成数字化的基础上,建立各类管理和决策分析模型,辅助储气库生产的智能分析和决策。

(一)智能化特点

智能储气库建设的工作重点是对储气库大数据挖掘、知识管理、过程控制和人工智能,特点是"全面感知、自动操控、预测趋势、优化决策"。具备以下几点功能:

(1)通过全面采集地下、地面生产数据,直观展示储气库注采生产全过程。

(2)建立储气库注采、天然气处理各种工况知识库和系统单元模型,通过实时、历史、预警大数据分析,逐步实现参数自动调节,实现生产全过程智能控制。

(3)预测储气库气藏、工艺、设备趋势变化,实时生产异常预警,必要时自动切换工作流程,避免严重事故发生。

(4)挖掘储气库注采、天然气处理各系统关系,优化生产过程,降低运行成本,为科学决策提供全面支持。

(二)框架结构

根据储气库特点及生产管理要求,智能储气库总体上以"自动化设施为基础、以网络为纽带、以智能系统为核心",实现数据采集、存储处理、集中调控、决策分析的综合应用(图8-2-1)。

数据采集:实现全面采集地下、地面、工艺、设备生产数据,远程操控,视频传输。

存储处理:对实时数据、历史数据进行大数据分析、处理,建立气藏地质、地面工程、GIS空间等数据模型。

集中调控:实现生产指挥系统、自动化调控系统、数字储气库系统等实现储气库智能化调控管理。

决策分析:实现生产管理、生产指挥、气藏研究、注采工艺研究、数据共享、数据管理、经营管理。

(三)重点方向

基础设施方面:全面建设和完善信息基础设施、数据采集设备以实现生产工况的"全面感知"。

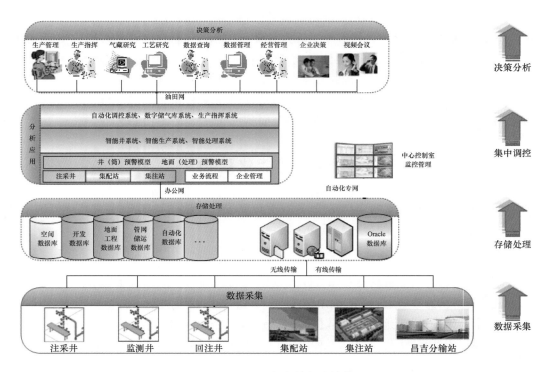

图 8 - 2 - 1   智能储气库结构图

自动控制方面:深入研究储气库生产各环节的特点和规律,充分应用采集实时、历史、预警数据,进行大数据分析,建立生产(故障)模型,实现生产全过程的自动控制。

系统建设应用方面:深化数字储气库应用,按照物联网建设要求,研究开发相关智能储气库子系统,包括智能气藏管理系统、智能注采井管理系统、智能产量管理系统、智能生产运行指挥系统、智能应急管理系统、集输管网智能调峰系统、专家辅助系统等。

第三节   往复式压缩机智能诊断技术

注采压缩机作为地下储气库注采气作业的核心设备,与常规压缩机相比,具有系统机械结构复杂、电控参数多、功率和排气量大、压缩比高、进出口压力高且波动范围大、注采工艺切换与启停机操作频繁等显著特点。上述特殊性增加了储气库注采压缩机在生产运行过程中的失效风险。注采压缩机一旦发生故障,轻则造成生产停机,延误正常注采气作业,严重时更会导致火灾、爆炸等恶性事故,造成重大安全、环境影响。如何提高注采压缩机的可靠性和安全性,确保地下储气库安全平稳生产,是设备管理者面对的重大挑战。

集注站中风险最高的是压缩机组,图 8 - 3 - 1 为某储气库集注站风险等级矩阵图。针对往复式压缩机组,建立了基于组合式神经网络的储气库注采压缩机组自适应故障诊断方法,利用部件不同工况的振动数据训练建立诊断网络,能够在变工况条件下较准确地诊断出部件的故障类型,为压缩机的预防维修和储气库的安全运行提供有力证据。

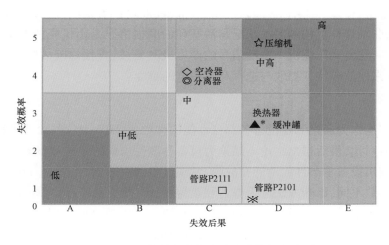

图 8-3-1　某储气库集注站风险等级矩阵图

一、往复式压缩机的常见故障分析

(一)往复式压缩机的常见故障和机理

往复式压缩机的常见故障主要有两大类:机械性质和流体性质。机械性质是指机械动力性能出现故障,故障的主要原因是运动零件的结构出现裂纹、间隙有变化等,故障的主要表现是机械运动时有异常的震动、发热和响声;流体性质是一种机械热力性能故障,该故障具有温差、压力异常、排气量不足的主要特征,出现故障的主要原因是吸气滤清器、活塞环、气阀、冷却水路等部位出现故障,对于这类现象可以用参数法进行诊断。

(二)往复式压缩机机械功能故障分析

在机械运动过程中,比较典型的机械故障包括连杆螺栓、活塞环、曲轴、阀片、十字头等断裂,汽缸和汽缸盖破裂,烧瓦、电动机故障等。在往复式压缩机的实际操作中,气阀故障的诊断是十分重要的,因为连杆、活塞杆等断裂是较常见现象,且压缩机的运动部件很多,所以大部分故障问题还是机械性能故障。

(三)往复式压缩机热力性能的故障分析

根据多年的生产经验分析,往复式压缩机热力故障的原因通常是气阀和填料函等部件的损坏。填料函若出现故障会造成压比失调、降低排气量等。统计表明,往复式压缩机故障中有60%为气阀故障,气阀若出现故障会增加排气的温度,降低排气量,造成压比失调等,情况严重的会导致整个机组报废。在现场操作中,工作人员经常根据气阀来诊断压缩机的故障问题。

二、往复式压缩机故障诊断方法

往复式压缩机故障诊断技术可划分为 3 大步骤,分别为信号检测、特征提取与选择、状态识别,其他的故障诊断技术也与往复式压缩机故障诊断技术基本一致。"信号检测"是往复式压缩机故障诊断技术步骤中的关键,参数法(压力、温度、流量等)、振动法是往复式压缩机采用的主要监测方法,往复式压缩机气阀、活塞、气缸等故障特征,是以气缸内气体压力、温度作为判断依据的;曲轴连杆机构的振动状况与活塞环的磨损情况是由机壳的振动与活塞杆的下沉来进行判定的,往复式压缩机中振动信号的产生极其复杂,直接诊断故障特征必须明显,方可诊断,这样一来使故障特征提取与选择存在一定的难度[2]。

（一）参数方法

该方法具体操作为通过测定设备各部位性能的参数值,随后对这些参数进行处理,再同标准参考数值进行对比,最后得出结论。结论为设备各部件出现的差错和整体性能的正常与否,该方法还可以测出设备零部件的性能和故障,发现设备的故障点,并可以为其他研究做数据提供。因为诊断参数不同,诊断方法分为电力和热力两种。热力诊断针对热力故障,对于其他故障有心无力。在压缩机中,多级压缩很容易产生故障。产生故障应该以级间压力和温度变化来判断,这是热力参数方法的简单运用,但让人犹豫的是这种方法所获得的数据并不全面,我们还需要更具体的诊断方法,诊断水平不能只到这个程度。另外的方法是根据气缸压力信号和示功图源。这种方法诊断往复式压缩机的时候能提供较深层次的数据。但是在实际的应用中,示功图的获取并不那么容易,所以这种方法还是受到了极大限制。

（二）振动方法

因为机械在工作的时候会受到很多从不同的方向传来的不同的频率的振动,所以在机械的工作过程中非常容易产生噪声和震动。这些噪声和振动会随着机械不同的结构变化出现微小的改变,所以产生了通过监测噪声和振动来检测机械故障的方法。这种方法能十分清晰地反映出机械内部的问题,这样维修人员就可以用其外部的噪声和振动的信号作对比,然后判断机械的状态和变化,在此基础上判断故障位置和故障原因。从理论上来说,振动信号和噪声信号都能反映出机械的状态变化。但是在实际的工作中,振动传感器要比声音传感器更容易布置和安放,而且噪声测量受到周围环境所造成的影响较大,所以大都以振动测量为主。但是往复式压缩机的震动很复杂,多种信号混合在一起给测量带来了很大难度,所以这种方法的关键就是提取对我们有用的信号来进行判断。对于特征信息的获取,常见的有频域征兆的获取和时域征兆的获取。频域征兆在故障诊断中应用较多,在震动功率谱中会有特征的峰值出现。

往复式压缩机的特征提取方法可分为3类:一是提取法;二是频域提取法;三是时频提取法。以上3种方法,对于往复式压缩机监测信号的平稳性、环境噪声的干扰等性能方面监测能力并不理想,如果作为初判监测来使用的话,还是可以应用在往复式压缩机的故障诊断技术中的。

往复式压缩机故障诊断技术中应用较为广泛的状态识别方法有:神经网络法、支持向量机法、人工免疫法。神经网络法需要训练样本,识别准确率不高,这些样本很难在实际操作中得到,因此该方法在往复式压缩机实际故障诊断技术中不能得到全面应用。找寻大量训练样本的这一难题,也随着支持向量机与人工免疫方法的问世,迎刃而解并得到实际的推广应用。往复式压缩机如使用单一特征描述与识别,必将是无法用于往复压缩机的故障诊断技术中,然而各种算法由于其局限性也不能够独善其中。因此,将以上几种步骤及方法融合于一体,便可使往复式压缩机的故障诊断技术更上一层楼。

三、完整性管理实施

（1）完整性管理的文件构成。

往复式压缩机完整性管理体系的建立与实施,需要制定能够描述管理体系策略和程序的文件,这些文件应能反映体现完整性管理的具体要求并指导现场实践。文件构成主要包括:完整性管理总则及管理、组织信息;往复式压缩机组主要单元配置信息;完整性管理风险评价技术指南;完整性管理检测、监测技术文件;往复式压缩机故障模式分析与检维修策略;检维修时间、频次和范围的记录等。

（2）故障模式与故障分析。

往复式压缩机的故障模式大致可分为热力性能故障和机械动力性能故障。热力性能故障具体表现为排气量不足、排气温度异常升高,产生的主要原因包括过滤器堵塞、气阀漏气、余隙容积过大、中间冷却器故障等;动力性能故障具体表现为机组超常的振动和响声、汽缸温度过高等,产生的主要原因包括活塞击缸、活塞杆下沉、活塞环磨损严重、曲轴断裂、气阀故障等。

从故障统计来看,往复式压缩机非正常停机主要与气阀、汽缸、活塞杆、十字头、连杆、曲轴、填料密封这些机组关键部件产生故障有关。因此,加强往复式压缩机关键部件的监测与日常维护对往复式压缩机完整性管理具有重要意义。

（3）状态监测与故障识别。

往复式压缩机的在线、离线监测、关键零部件的故障识别是共完整性管理的重要组成部分。当前往复式压缩机常采用的监测手段包括示功图分析法、振动信号监测、油样发射光谱分析技术、红外线检测技术、冲击振动分析法等[3]。各监测技术有其各自的优势,如示功图非常适用于热力性能故障的监测;油样发射光谱技术是监测机组润滑油系统的重要手段;红外线检测技术能够发现机组早起故障并预测故障发展趋势。从实际应用效果上看,由于往复式压缩机的故障非常复杂,单一的监测方法无法满足机组状态的实时监测。因此综合利用不同的监测手段对往复式压缩机进行监控,综合各特征提取技术对状态信号的识别,也许可以满足往复式压缩机状态监测完整性的要求。

近年来,随着振动与噪声理论、测试技术、信号分析与数据处理技术、计算机及其他相关科学技术的发展,为压缩机的状态监测与故障诊断技术提供了良好的基础。目前,以贺尔碧格、本特利、Prognost、Dynalco 为代表的国外企业已经开发出能应用于工业生产过程的往复式压缩机状态监测系统,可对往复式压缩机的关键部件进行在线、离线监控。而以北京化工大学、合肥通用机械研究院、西安交通大学为代表的国内研究机构也已开发出了一些在线监测与分析系统,并已经应用于部分石油化工企业。这些先进的智能化状态监测与故障识别手段为往复式压缩机的完整性管理提供了技术基础。

（4）加强故障诊断专家系统。

目前,往复式压缩机故障诊断领域开始应用到人工智能领域的神经网络技术及专家系统。所谓故障诊断专家系统,是指智能化计算机程序系统,该系统囊括大量的领域专家知识及实践经验,且多用来对高难度、复杂的系统故障进行诊断。实践表明,此诊断方法具有使用方便、解释机制强、推理预测简单及易建造等优点,同时也具有推理机制过度简单、专家知识准确性无保证、知识获取难度大等缺点,因此应用过程需扬长避短,以增强实际应用效果。

四、保养与检维修策略

以可靠性为中心的维修(RCM)作为完整性管理的重要技术支撑,对往复式压缩机的日常保养与维修策略具有重要指导作用。目前往复式压缩机的日常维护与保养通常采用"三级保养"策略,这种维护与检修策略往往会造成机组维修过剩。而通过 RCM 分析所得到的维修策略具有很强的针对性,其理念是通过风险评价技术为机组的失效模式进行风险度排序,根据风险排序制定具有针对性的检维修策略,并将检维修资源从低风险的部件向高风险的部件转移。因此,根据 RCM 分析结果制定的完整性管理检维修策略可以避免"多检测、多维修、多保养、多多益善"和"故障后再维修"的传统维修思想的影响,使维修工作更具科学性,有效减少甚至消除了过剩维修。

参 考 文 献

[1] 叶康林. 地下天然气储气库信息化建设现状与探讨[J]. 信息化建设,2019(7):125.
[2] 岑康,涂昆,熊涛,等. 地下储气库注采压缩机可靠性维修管理模式[J]. 石油矿场机械,2015,44(5):73.
[3] 肖雪松. 往复压缩机故障在线诊断技术[J]. 现代工业经济和信息化,2017(4):44.

第九章　国内外储气库地面技术对比与发展趋势

经过近20年的发展与研究,我国储气库地面工程建设总体技术路线、集输处理工艺与国外基本一致,但在运行安全性、稳定性、可靠性和经济性等细节技术上仍有提升空间。本章将在介绍部分国外储气库地面建设现状的基础上,结合国内地面技术水平,提出下一步的技术发展方向及研究趋势。

第一节　国外储气库地面建设现状

自1915年加拿大在Wellland气田开展首次储气实验,世界储气库发展已历经百年。截至2017年,全球范围内在运行储气库689座,总工作气量$4165 \times 10^8 m^3$,约占全球天然气消费量的11.8%,主要分布在北美、欧盟和独联体国家,其中美国为17.5%,俄罗斯为18.4%。

美国、欧洲和独联体等地区储气库发展成熟,亚洲、南美和中东等新兴市场储气库发展迅猛。2017年全球储气库分布及储采能力见表9-1-1。

表9-1-1　2017年世界主要国家地下储气库简况

国家	消费量($10^8 m^3$)	地下储气库数量(个)	工作气量($10^8 m^3$)	高峰采气能力($10^6 m^3/d$)	工作气量占比(%)
美国	7786	393	1360.8	3406	17.5
俄罗斯	3909	23	718.5	798	18.4
乌克兰	290	13	321.8	264	111
加拿大	999	66	265.8	266	26.6
德国	805	49	238.3	690	29.6
意大利	645	12	173.6	244	26.9
荷兰	336	5	123.8	278	36.8
法国	426	16	129.8	224	30.5
奥地利	87	8	81.2	93	93.3
中国	2373	13	76.6	90	3.2

注:数据来源于国际天然气联盟(IGU)2018。

全球储气库平均工作气量$5.18 \times 10^8 m^3$/座,储气规模小于$5 \times 10^8 m^3$的550座,占比76%。不同类型地下储气库中,气藏型储气库工作气量最大,约占总工作气量74%。

发达国家管网比较完善,用气结构以发电、燃气为主,对外依存度大于30%的国家,工作气量一般达到消费量的12%以上,如法国、德国等。天然气对外依存度越高,储气库工作气量占消费量比例越大,部分对外依存度超过50%的国家工作气量占消费量比例达到15%以上,如独联体国家乌克兰、哈萨克斯坦等。

国外储气库经过近一个世纪的发展,建设技术已经很完善,下面介绍几个国外储气库的地面设施情况。

一、德国 Rehden 储气库

Rehden 储气库由 Wintershall 公司建设运营,Wintershall 是 BASF 和 GAZPROM 的合资公司,包括 3 个分公司,其中 GASCADE 负责管网业务,WINGAS 负责储气业务(Rehden 储气库操作者),还有一个 OPALNEL 分公司负责销售等其他业务。该公司有 3 个储气库,其中一个在德国(Rehden 储气库),一个在奥地利,还有一个正在建设。该储气库为德国的 200 万个家庭供气,约占德国总供气量的 20%。

1954—1992 年,Rehden 作为气田进行开发,1991 年开始储气库建设,建成储气库配套管网,1992 年开始钻注采井。1993 年有 2 口注采井投入生产,配套建设 18MW 的注气压缩机,调峰气量 $10 \times 10^8 m^3$,最大供气能力 $75 \times 10^4 m^3/h$。1994 年、1997 年、1999 年分别对储气库进行了扩建,注采井达到 16 口,共有 7 台离心式注气压缩机,总功率 88MW。

Rehden 储气库埋深 1900 ~ 2100m,共有 3 个地层,其中的 Zechstein 层用于储气,另外两个地层作为气田生产(另外一个公司运营),目前老气田产量 50 ~ 2000m³/h。该储气库总面积约 $8km^2$,工作压力 11 ~ 28MPa,总库容 $80 \times 10^8 m^3$,总有效工作气量 $42 \times 10^8 m^3$,垫底气量 $28 \times 10^8 m^3$,最大采气能力 $240 \times 10^4 m^3/h$($5760 \times 10^4 m^3/d$),最大注气能力 $140 \times 10^4 m^3/h$($3360 \times 10^4 m^3/d$)。共 16 口注采井,井深 1900 ~ 2100m,水平井总长 3800m,地温 100℃。

该储气库与德国的 Midal 管网相连,双向输气管道管径 820mm,设计压力 10MPa,实际操作压力 6.5 ~ 8.0MPa。

压缩机全部采用西门子生产的离心式压缩机,采用两段增压。一段有 5 台,全部为燃气轮机驱动,其中 2 台 10MW、2 台 9MW、1 台 25MW,入口压力 6 ~ 8MPa,出口压力 21MPa;二段有 2 台,为电动机驱动,均为 12.5MW,入口压力 21MPa,出口压力 26MPa。1 台 25MW 和 2 台 12.5MW 的压缩机均为 1999 年扩建。燃气轮机排烟温度约 300℃,由于压缩机不是连续运行,未进行烟气余热回收,仅采取了保温防烫措施,烟气经 30m 高烟囱就地排放,每台压缩机设 1 个烟囱,德国对废气排放量的要求比较严,烟囱要测 CO_2、NO_x 的排放量。新建 25MW 的燃气轮机采用新燃烧技术,排放废气可以满足要求。燃气轮机由西门子收购的 ABB 提供。每台压缩机有 1 套西门子提供的操作控制系统,设于压缩机旁边的操作室内,压缩机只能在操作室启动。电驱压缩机供电电压 6kV,采用变频控制,控制范围 70% ~ 100%,12.5MW 的电动机有水冷。

注气系统设 4 套过滤分离设备。采气期注气压缩机也处于热备状态。

由于采取措施控制了储气库采气时采出物中不含重烃,无需控制烃露点,采出气处理采用三甘醇脱水工艺,建有 4 套三甘醇脱水装置。

出站气体组成见表 9 - 1 - 2。

表 9 - 1 - 2   Rehden 储气库出站气体组成(2012.8.29)

组分	C_1	C_2	C_3	$i - C_4$	$n - C_4$
含量(%)(摩尔分数)	96.748	1.572	0.397	0.065	0.019
组分	$i - C_5$	$n - C_5$	C_{6+}	CO_2	N_2
含量(%)(摩尔分数)	0.014	0	0.013	0.148	0.955

利用 HYSYS 模拟计算了该气体的烃露点,实际值取决于 C_{6+} 的性质,估算烃露点范围在 $-20 \sim -5℃(8MPa)$ 左右。

Rehden 储气库采用丛式布井,所有注采井均为水平井,16 口注采井分为 3 排布置在集注站内,这种布井方式非常有利于储气库的日常生产管理。井口单井注采管道采用了大半径弯头,可以有效防止高压气流的冲蚀、降低振动和噪音。

Rehden 储气库采出气处理装置区如图 9 - 1 - 1 所示。

图 9 - 1 - 1   Rehden 储气库采出气处理装置区

Rehden 储气库注采井在井下 50m 处设置了气动安全关断阀,井口设 ESD 阀,无安全阀。

外输计量采用超声波流量计。流量计量有独立的计量间,设于管道上方,计量间内温度保持 $20 \pm 2℃$,设 3 个压力变送器和差压变送器,设 2 路并联进行对比,每年仪表定期校验。采用气相色谱仪进行气体组分在线检测,只能测量,不能修改。

集注站总占地 $650m \times 180m$,分为注气区和采气区。注气区和采气区各设 1 座火炬,2 座火炬互为备用,直径约 250mm,高约 30m,均位于集注站内。管理区独立设在生产区以外的区域,生产区和管理区之间用铁丝网围墙隔开。储气库全景如图 9 - 1 - 2 所示。

Rehden 储气库建设特点:

(1)大型储气库,总有效工作气量 $42 \times 10^8 m^3$。

(2)采用水平井丛式布井,注采井分为 3 排布置在集注站内,集输流程简单,不需站外注采管网,节省了管网费用,方便日常管理,避免了高压管道泄露对周边环境的不利影响和安全风险。

(3)注采井的安全保护通过井下安全阀和井口紧急关断阀(ESD 阀)双阀两级关断实现,不设压力泄放阀(PSV)。

(4)注采井口的功能非常简单,仅设 ESD 阀门和温度压力检测仪表。

(5)通过技术手段控制采出气的组成,采出气中不含重烃组分,不需控制烃露点。采用三

图 9 – 1 – 2　Rehden 储气库全景图

甘醇脱水工艺,共有 4 套处理装置,处理规模大小搭配。

(6)注气采用了离心式压缩机,单台注气量大,操作维护简单。采用两段压缩工艺,一段压缩机大小搭配,方便气量调节。压缩机分期建设。

(7)平面布置上,生产区和管理区分开布置,并用铁丝网围墙隔开。注气区和采气区分开布置,功能分区明确。注气区和采气区分别设置火炬,两个火炬互为备用。

(8)注采井口安装有独到之处,采用大曲率半径的弯管,减少了注采气在井口的阻力、高压气流冲刷、降低振动和噪声。

二、荷兰 Norg 储气库

荷兰格罗宁根气田系统包括格罗宁根气田和 2 个储气库(Norg、Grijpskerk),是一个典型的气田和储气库统一调配运行的大型天然气供气系统。

壳牌与埃克森联合成立天然气公司 NAM,负责运营格罗宁根气田系统。格罗宁根气田系统在荷兰及欧洲天然气市场中扮演战略储备和调峰角色。1973 年伴随天然气价格的上升,荷兰政府意识到保护大气田的重要性,出台政策,优先开发小气田,控制格罗宁根气田的生产。尽管荷兰政府采取了大气田保护政策,但随着小气田的开发,格罗宁根气田的开发也受到了影响。2003 年,格罗宁根气田夏季平均日产小于 $1000 \times 10^4 m^3$,而 2010 年夏季则达到了 $5000 \times 10^4 m^3$ 以上。

格罗宁根气田 1959 年发现,面积 $900 km^2$,可采储量约 $2.8 \times 10^{12} m^3$,气田 1962 年投入开发,目前有生产井 298 口,注水井 3 口,观察井 32 口。现有气田生产能力 $3.3 \times 10^8 m^3/d$,2009 年生产天然气 $700 \times 10^8 m^3$,剩余可采储量约 $1 \times 10^{12} m^3$。

Norg 凝析气田 1983 年投产,1995 年转为储气库,采出程度为 38%,1997 年开始注气,储层为石炭系风成砂岩,原始地层压力 33MPa,储层厚度 170m,储层渗透率 512 ~ 1508mD,气水界面 2847m。Norg 储气库库容为 $280 \times 10^8 m^3$,目前工作气量为 $30 \times 10^8 m^3$,现有注采井 6 口,注入量可达 $(1200 ~ 2400) \times 10^4 m^3/d$,采出量可达 $5000 \times 10^4 m^3/d$。

储气库作为季节调峰和应急供应,要求较高的采出速度。格罗宁根气田系统可在 1h 内增加 $1.2 \times 10^8 m^3/d$ 的能力,可达到 $4.4 \times 10^8 m^3/d$ 的最大采出量,要求系统 20 年内不能有连续 1h 以上的故障时间。

Norg 储气库鸟瞰图如图 9 – 1 – 3 所示。该储气库地面统一规划、布局美观。

图 9 – 1 – 3   荷兰 Norg 储气库鸟瞰图

通过地上、地下结合,控制产出气体组分不含重烃,简化地面工艺流程。Norg 储气库虽然为凝析气藏,但由于产出气中物性变化小,采用单管注采合一流程,单井计量采用质量流量计、不分离计量工艺,井口集注工艺简单。采气树井口与地面设置 1 个紧急截断阀,设在采气管道上。井口不设单独放空,而是统一到站内放空。井口安装采用大半径弯头,防止冲蚀。荷兰 Norg 储气库井场如图 9 – 1 – 4 所示。

图 9 – 1 – 4   荷兰 Norg 储气库井场

Norg 储气库为凝析气藏储气库,通过技术手段,控制注入气和气层气不混相,保证采出气与注入气基本一致,也就是采出气中不含重烃组分,不需控制烃露点。天然气处理采用硅胶脱水工艺,三塔流程,单套装置规模达到 $2500 \times 10^4 m^3/d$。该储气库采用大排量离心式压缩机,单机排量 $1250 \times 10^4 m^3/d$,功率38MW,不考虑备用机组。通过采用分区延时泄放技术,优化了火炬,高度由120m降低到40m。面操作人员仅8人,其设备的维护与管理都由相关的合作者及专业队伍执行,大大降低公司工作强度,提高工作效率。

三、比利时 Loenhout 储气库

比利时国土面积较小,无天然气资源,天然气主要依赖进口,包括陆上的长输管道和海上的 LNG 接收及气化站,部分天然气管网为过境管道,天然气进出口位置共有10个。目前境内只有2座天然气储气库,位于其西北和北方,靠近国境线附近。

Loenhout 储气库由 FLUXYS 公司负责建设和运营。FLUXYS 公司是比利时天然气运营商,在欧洲西北部建立了天然气地下储气库公司,该公司是控股公司,有5个子公司,第1个是比利时公司,负责比利时境内的天然气输送、天然气储存和液化天然气终端接收业务;第2个是德国境内的 TENP 天然气输送管道;第3个是瑞士境内的 Transitgas 天然气输送管道;第4个是操作支持公司;第5个是中心服务公司。另外参股了气田一些管道、LNG 终端站及电力热力公司的业务。

Loenhout 储气库是碳酸盐溶洞、水藏型地下储气库,库容 $14 \times 10^8 m^3$,工作气量目前为 $7 \times 10^8 m^3$,储气库顶深1080m,底部深度在 $1300 \sim 1400m$,盖层为几百米厚的页岩,储层为石炭系碳酸盐岩,气藏含有少量 H_2S。Loenhout 储气库已运行了37年,经过不断的扩容才形成目前的规模,担负着比利时39万个家庭的调峰供气任务。

该储气库1975年投产,现有12口注采井、18口监测井,工作压力 $5 \sim 9MPa$,最大注入量 $35 \times 10^4 m^3/h$(折合 $840 \times 10^4 m^3/d$),最大采出量 $62.5 \times 10^4 m^3/h$(折合 $1500 \times 10^4 m^3/d$)。注采井采用丛式布井,单井注气能力 $65 \times 10^4 m^3/d$,采气能力为 $125 \times 10^4 m^3/d$,分布在 A、B、C、F 四个井场。

设置有5台压缩机,其中4台为燃气驱动的往复式压缩机,功率为2000kW,单台增压规模为 $8 \times 10^4 m^3/h$;新建的1台为变频电驱的离心式压缩机,功率为4000kW,单台增压规模为 $14 \times 10^4 m^3/h$。气源压力为6.6MPa,储气库注气压力为12.5MPa。

地面净化工艺为采用固法活性碳脱硫,由 $80mg/m^3$ 脱至 $1mg/m^3$,采用三甘醇脱水,设置有4套三甘醇脱水装置。储气库设置了氮气系统,用于低热值天然气的配制。未设正式的放空系统。

比利时的燃料气为低热值体系,燃料气热值为 $27MJ/m^3$,进口天然气热值达到 $43MJ/m^3$,为了满足比利时目前的燃气体系,在该储气库建设有低热值配制系统,采用掺混氮气工艺。

Loenhout 储气库具有如下特点:

(1)属于碳酸盐溶洞、水藏型地下储气库,埋深较浅。

(2)丛式井布置,采用了定向水平井,有4个注采平台。

(3)采气树井口与地面合并设置1个紧急截断阀,设在采气管道上,井口流程简单。

(4)注采集输采用了注采合一流程。

(5)注气压缩机采用了往复式压缩机和离心式压缩机,离心式压缩机功率大,易损件少,可靠性高,可降低后期维护工作量和运行成本。

（6）采出气处理采用了固体脱硫和三甘醇脱水处理工艺。

（7）井口不设单独放空，而是统一到集注站内放空。集注站不设火炬，没有采用全厂放空的设计，紧急情况下分区泄放，安全阀放空大多为就地放空。

（8）自控程度较高，值班人员很少。

四、法国 TIGF 储气库

法国 TIGF 储气库为水藏型气库，由 Total 公司建设及运行，邻近著名的拉克（Lacq）气田，目的层为浅层饮用水藏，埋深 500 ~ 900m。该储气库由 Lussagnet、Izaute 两个气库组成，总库容为 $56 \times 10^8 m^3$，占法国储气库库容的 22%。

Lussagnet 储气库 1957 年投产，Izaute 储气库 1981 年投产，两气库相距 10km，工作气量目前为 $27 \times 10^8 m^3$。仍在完善管网，计划进一步扩容至 $35 \times 10^8 m^3$ 工作气量。

Lussagnet 储气库库容（2535）$\times 10^8 m^3$，工作压力 4.5 ~ 7.5MPa。现有 27 口注采井、14 口监测井。Izaute 储气库有 11 口注采井、10 口监测井。

TIGF 储气库采用单管注采合一流程，单井计量采用文丘里管流量计，不分离计量工艺，井口集注工艺简单。TIGF 采用往复式 + 离心式两种压缩机。

TIGF 为含水层储气库，采出气不含有重烃组分，采出气主要控制水露点，采用三甘醇脱水工艺。

五、奥地利 Haidach 储气库

Haidach 储气库是欧洲第二大储气库，在欧洲天然气供应领域占有重要地位，储气库位于奥地利萨尔茨堡附近。该储气库由 RAG. AUTRIA. ENERGY 建设并运营，它包含 3 个股东，分别是 GAZPROM、RAG 以及 Wingas。HAIDACH 气藏发现于 1997 年，2005 年气藏开采枯竭，改建为地下储气库（一期），并由此起到了有效平抑冬夏季能源需求波动的作用，对奥地利及欧洲能源供应安全作出重要贡献。该储气库 2011 年 4 月扩建二期。

储气库储层面积 3.5km × 5km，埋深 1600m，储层中原始天然气储量 $43 \times 10^8 m^3$，工作气 $26.4 \times 10^8 m^3$。储气库包括 17 口井，分 2 座井场，单井采用 7in 管柱。最大采气能力 $110 \times 10^4 m^3/h$，最大注气能力 $110 \times 10^4 m^3/h$。联络管道约 39km，管径 900mm。储气库总投资约 3 亿欧元。

该储气库两期工程的主要参数见表 9 - 1 - 3。

表 9 - 1 - 3　Haidach UGS 两期工程主要参数

项目	一期	二期
开始时间	2007 年 5 月	2011 年 4 月
总储量（$10^8 m^3$）	12	14
注气量（$10^8 m^3/h$）	55	55
采气量（$10^8 m^3/h$）	50	50
井数	9	8
压缩机电机功率（MW）	31	31
建设时间	2005.5—2007.5	2009.4—2011.4

该储气库采气采用吸附脱水脱烃工艺,共设置 4 列吸附装置,每列装置采用 4 塔流程。4 塔中 2 塔用于吸附,并联操作,其他 2 塔同时再生。储气库采气装置主要参数见表 9 - 1 - 4。

表 9 - 1 - 4　采气装置主要参数

序号		项目	参数
一	1	介质	采出天然气
	2	处理规模	6.2MMSCMD/列
	3	负荷范围	0.3 ~ 7.2 MMSCMD/列
	装置参数 4	操作压力	44 ~ 90bar(G)
	5	入口温度	20 ~ 45℃
	6	装置压降	约 3bar[入口压力为 70bar(G)时]
二	1	产品气水露点	< -8℃[70bar(G)时]
	产品参数 2	产品气烃露点	< -5℃[0 ~ 90bar(G)时]
三	1	吸附塔数量	4 塔/列
	2	塔规格	塔径 2800mm,塔高 7500mm
	3	保温型式	内保温,保温层厚度 150mm
	4	吸附剂型式	WS&H
	5	单塔填充量	20000kg
	技术参数 6	加热炉	3 台/列,并联运行,2.9MW/台
	7	加热炉气源	天然气及闪蒸气
	8	再生气冷却器	空冷,负荷 8MW,3 组风扇,每组风扇 11kW
	9	装置内管道	16in/10in、600 lb/900 lb
	10	管道设备设计参数	100bar(G)、-27 ~ 340℃
	11	管道设备材质	P355NL1、P460NL1(SA - 516 - 70、A612)

采气吸附系统工艺流程为:采气进站经分离过滤后进入吸附塔吸附。经过吸附后天然气达到水露点、烃露点要求,然后经粉尘过滤器过滤后出站。天然气主管道采用控制阀分出一部分天然气用于再生操作。这部分天然气首先自上而下通过第 3 具吸附塔床层用于冷却再生后的吸附塔,然后经火管直接加热的加热炉加热至所需的再生温度,加热后的再生气自下而上穿过第 4 具吸附床层脱除吸附床层内被吸附的烃和水,然后该部分再生气经空冷冷却至天然气入口温度后经分离器分出脱附的水、烃后返回天然气入口。天然气入口分离过滤产生的液相排至三相低压分离器,分出的气用于加热炉气源。整个再生过程没有天然气损失。采气装置的各塔操作主要基于露点及经验切换,流程如图 9 - 1 - 5 所示。

该储气库每年 4 月至当年 11 月为注气期,采用 4 台 MAN 公司传统离心式压缩机,机组型号为 RB35 - 7,7 级压缩。采用 ABB 电动机,变频控制,气量调节范围 75% ~ 105%。压缩机采用远程启停。

图 9 - 1 - 6 为该储气库总平面布置,全站分 8 个区域,其中 01 为办公及中控室,02 为消防储水池,03 为公用系统区,04 为冷却单元,05 为压缩机组,06 为开关室及配电用房,07 为储罐区,08 为干燥单元。站场设备均为就地放空,未设置集中放空设施。

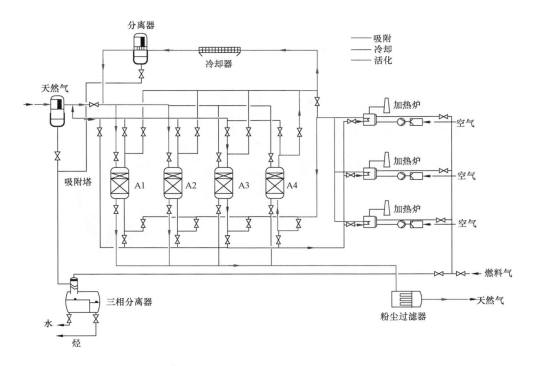

图9-1-5 Haidach UGS 采气工艺流程

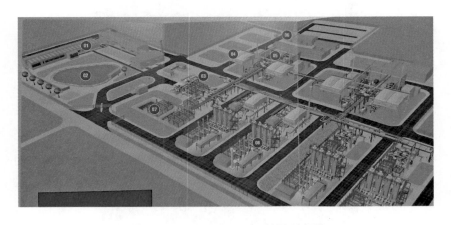

图9-1-6 Haidach UGS 总平面布置

储气库采气装置平面布置如图9-1-7所示,装置鸟瞰如图9-1-8所示。采气装置由5部分组成,图9-1-7中1为进气除雾器,2为吸附塔,3为加热炉,4为冷却器,5为出口除尘过滤器。

储气库采用远程操作(与储气库间距约7km),夜间无人职守,总定员为13人。该储气库建设特点如下:

(1)利用枯竭油气藏建库,规模较大,总有效工作气量 $26.4 \times 10^8 m^3$,商业运行。

(2)采出气采用硅胶吸附工艺,工艺简单,成熟可靠。设置4列处理装置,每列4塔。吸

图 9 – 1 – 7　Haidach UGS 采气装置平面布置

图 9 – 1 – 8　Haidach UGS 采气装置鸟瞰图

附塔采用内保温,吸附剂采用 WS 及 H。

(3)注气采用离心式压缩机,占地面积小,操作维护简单。

(4)平面布置分区合理,场区内无隔离围墙。采气处理系统、注气系统、变配电等所有储气库的生产设施全部布置在集注站内。

（5）集注站未设置全厂性集中放空系统，单体放空采用就地放空。

（6）站场消防系统储水池采用中控楼前露天水塘为水源，消防泵房设置在水塘旁边。

（7）站场自控程度较高，夜晚采用远程监控，无人值守。日间值班人员很少。

第二节　国内外储气库地面技术对比

与国外相比，我国储气库具有注采压力高、采出物组分复杂等特点：

（1）注采压力高。欧洲天然气骨干管网输送压力 6 ~10MPa、美国洲际天然气管道输送压力 10MPa，我国大部分天然气管网运行压力 10 ~12MPa，从而要求储气库的采气压力高。注气方面，由于我国部分储气库埋藏深，导致注气压力较高，部分可达 40MPa 以上，而国外储气库注气压力一般不高于 25MPa。

（2）采出物组分复杂。国外采取措施控制采出物中重组分含量，采出气处理只脱水不脱烃。而我国大部分储气库采出物为油气水三相，采出气处理需同时控制水露点和烃露点，流程相对复杂，油水处理则大多依托油田。

国外储气库地面技术一般具有以下特点：

（1）采用丛式布井技术优化地面集输流程，注采井可以和集注站合并布置，减少集注管道、方便管理、安全性高。国内集注管道投资较高，华北苏桥储气库群的集注管网 3.8 亿元，占地面工程费用 20%。辽河双 6 储气库集注管网 2.22 亿元，占地面工程费用的 10.5%。新疆呼图壁储气库集注管网 3.3 亿元，占地面工程费用 12.5%。

（2）通过气藏研究控制采出气组分，通过地上、地下结合，控制产出气体组分中油含量，简化地面处理流程。

（3）井口设施简单，注采合一、双向计量。井口仅设地面以下 50m 处气动关断阀、井口 ESD 阀、温度压力检测仪表，无节流、防止水合物、放空、排污等设施，井口安装采用大半径弯头，防止冲蚀。

（4）采出气处理工艺普遍比较简单，只考虑脱水，不需要控制烃露点。常用三甘醇脱水工艺及硅胶脱水工艺，处理装置的处理能力普遍较大。站内设多套处理装置，处理规模大小搭配，三甘醇脱水吸收塔多采用填料塔。

（5）国内外储气库注气系统流程基本一致，大部分采用了注气压缩机集中设置的集中注气工艺，注气压缩机入口均采用了过滤和分离两级预处理，以满足注气压缩机安全稳定运行的要求。国外大型储气库选用离心式压缩机，或者离心式和往复式搭配使用，驱动方式有燃气透平驱动机或者高压电机，存在不同规格压缩机搭配使用情况。

（6）火炬放空规模比国内小，采用延时泄放技术，减少放空量，有的不设火炬，有的在站内设较小的火炬，有的注气区和采气区可以分别设置火炬。火炬可以位于集注站内。目前我国基本是设独立的放空区，火炬规模也比较大，投资高、占地面积大。

（7）管理区相对独立设置，设铁艺围墙，保障人员安全。储气库的自控水平相对较高，管理人员少。

国内外储气库地面工程对比见表 9 - 2 - 1。

表9-2-1 国内外储气库地面工程对比表[1]

对比内容	国外	国内
井场	丛式布井,井场少	丛式布井为主,少量直井
井口设施	无放空和排污等设施	设有就地放空和排污设施,另外,金坛储气库设有清管阀
注、采管道设置及计量方式	采出气不含油,注采合一、双向计量	仅相国寺和金坛储气库注采合一、双向计量;其他储气库多为注采分开,注气单井计量,采出物轮换分离计量
水合物抑制措施	井口无节流,未设水合物抑制措施	井口采取注甲醇、加热炉、提高背压等水合物抑制措施
压缩机选型	离心式或离心式、往复式搭配	多采用往复式
放空系统	火炬位于集注站内,采用分区延时泄放,规模小	集注站设独立放空区

第三节 储气库地面技术发展趋势

随着经济的发展和对能源需求的日益增长,地下储气库将在中国的油气消费、油气安全领域发挥更加重要的作用,2017年我国天然气对外依存度高达38.8%。根据国外经验,当天然气对外依存度为40%时,储气库工作气量应占比20%,而我国目前仅占4.9%,2017年9月,国家发改委、国家能源局《关于进一步落实天然气储气调峰责任的通知》明确规定:天然气销售企业到2020年应拥有不低于天然气年合同销售量10%的储气能力。在2017年供暖季,中国石油储气库采出调峰量74.1×10^{8}m^3,与2013年相比增长236%,但与既定目标120×10^{8}m^3(消费量1210×10^{8}m^{3}的10%)相比,差距较大。据预测,2020年中国石油调峰需求接近208×10^{8}m^3,与现有水平仍存在130×10^{8}m^{3}的缺口。未来调峰短板凸显,大量建设储气库势在必行。下一步,西部要以油气藏、东部要以油气藏与含水层、南方要以盐穴与含水层为主开展储气库建设。未来将形成西部天然气战略储备为主、中部天然气调峰枢纽、东部消费市场区域调峰中心的储气库调峰大格局。

在储气库建设方面,在继续寻求枯竭油气藏型及盐穴型储气库的基础上,储气库类型将向含水层型储气库延伸,建库目标将从目前的调峰型向战略储备型方向发展,同时借鉴国外储气库发展模式,实现高效化及大型化,但是条件优良、适合建库的储层越来越少,更深的地层都将成为储气库建库目标,鉴于油气藏型储气库具有建库周期短、投资运行费用较低的特点,一定时期内该类型储气库仍为建库的首选类型。

在储气库建设模式方面,一是需根据我国天然气需求预测、国内天然气管网及已建储气库建设情况,在传统管道储气调峰及储气库季节调峰的基础上,提出两者联动调峰机制,实现两者的区域联动、功能联动、信息联动、运营联动,形成良性互动,实现上下游用气调峰及应急供气的增效运行,同时为储气库合理规划布局提供有效依据。二是储气库的平稳运行与用户、上游气田、输气管道的具体情况息息相关,直接受到自然条件、偶然事件的影响,生产上接受油田公司、管道公司、调控中心的调度指挥,运营指标受制于国家气价政策。因此,建议开展多方联动综合运营管理机制研究,提高运营效率及经济效益。三是学习、借鉴国外储气库建设的先进技术和经验,加强数值模拟技术的运用,建成集地下、地面于一体的三维仿真数值模拟数字化储气库,两化融合,实现储气库地下—井筒—地面一体化的设计、运行、管理。

在储气库地面工艺设计及装备制造方面,应契合不同类型储气库建库需求,同时以解决已建储气库生产运行实际问题为目标,在做好前瞻性研究及技术储备工作的同时,形成相关技术研究系列,为加快建库速度、缩短建库周期、提高建库质量提供技术支持,下一步主要针对以下方面进行研究攻关:

(1)持续进行储气库集输系统优化研究,尤其针对采出气计量流程的复杂性,开展带液计量装置的研究与发明,进一步优化集输流程。

(2)细化采出气吸附脱烃、脱水技术研究,通过试验及测试工作,与常规处理方法进行对比,探究吸附处理技术在储气库采出气处理中应用的可行性,解决目前常规处理方法单套规模小的现状,提高采气装置的灵活性,同时实现脱烃吸附剂的国产化,降低吸附处理装置的运行费用。

(3)根据实际需要,开展储气库专用高排量、高出口压力离心式压缩机组的国产化研究,降低注气装置投资。

(4)加强自控技术研究,进一步提高自控水平,减少定员,实现储气库运行管理的智能化。

(5)随着建库的地质条件趋于复杂,超高压、高含酸气田均有改建地下储气库的可能性,应提前开展相关地面技术储备工作。

在完整性管理方面,随着我国大批储气库规划建设与运行,储气库安全管理面临新的挑战和要求。储气库全生命周期完整性管理被普遍认为是保障天然气地下储气库本质安全的有效手段,并向着技术体系化、标准规范化、智慧化方向发展。我国储气库深度普遍高于国外,因而运行压力和随之而来的风险程度也远高于国外。我国储气库多位于人口稠密区,发生事故的后果不堪设想。我国建设储气库不到 20 年,而国外储气库近百年的发展史积累了丰富的经验和教训,虽然我们的建库技术已达到先进水平,但是运营和安全方面还有很多需要借鉴国外的成熟经验,将"零事故"的状态保持下去。目前,我国储气库完整性管理起步较晚,正处于研究阶段,完整性管理体系尚不健全,因此,针对我国储气库实际运行工况,应加强"地层—井筒—地面"三位一体的储气库的全生命周期完整性管理体系建设,加快储气库完整性设计、完整性管理规范,并搭建基于大数据的储气库监测预警管理平台,从而保障储气库安全、高效、平稳运行[2]。

在标准体系建设方面,目前地面建设主体设计、施工、验收及运行多参照油气田地面建设及输气管道相关标准规范,尚未形成完整的技术体系构架及标准体系。具体表现为已发布标准少,无专用国家标准,已发布的行标及企标内容分散重复,管理单位不同意执行及管理难度大,2019 年末,随着储气库专业标委会的成立,已初步形成覆盖全生命周期的储气库技术标准体系。基本以气藏和盐穴两大类储气库为研究对象,按照储气库前期评价、工程设计、施工、运行维护、废弃处理全过程,全面梳理了两类储气库的一、二级技术、管理体系框架并建立全过程管理的技术管理规定或规范标准,分亟需编制、标准培育及标准研究等方面,分期完善形成最终标准体系。

在国际合作方面,建议与美国、法国、德国等国家和地区建立学术交流与合作关系,加强学术和信息交流,开展更多的联合研究项目,以期及早解决相关技术难题。

参 考 文 献

［1］张哲. 国外地下储气库地面工程建设启示［J］. 石油规划设计,2017,28(2):2 - 3.

［2］张光华. 中石化地下储气库建设现状及发展建议［J］. 天然气工业,2018,38(8):6.